国家林业局普通高等教育"十三五"规划教材

高等院校草业科学专业规划教材

草坪工程监

王 琦 主编

中国林业出版社

内容简介

《草坪工程监理》是国家林业局普通高等教育"十三五"规划教材。教材以甘肃农业大学草业科学专业的教学和生产实践实习经验为基础，参考《草坪工程学》《工程建设监理》《水利工程监理》等编写而成。全书共分5部分13章。其主要内容包括：第1部分草坪工程监理基础知识，包括草坪工程监理概念、草坪工程监理组织、草坪工程监理招投标和草坪工程监理规划等基础知识；第2部分主要介绍草坪工程施工前业主、承包商和监理的准备工作；第3部分草坪工程监理目标控制，主要介绍草坪施工过程中的质量控制、进度控制和投资控制；第4部分草坪工程监理目标管理，包括信息管理、合同管理、安全生产管理等内容；第5部分草坪工程监理实例，包括运动场草坪工程监理和生态修复草坪工程监理。

本书可作为高等院校草业科学、运动场草坪管理、园林等专业本科生、研究生、函授生的必修课教材，也可作为农、林、牧、环境生态工程等相关领域工程技术和工程管理者的参考书。

图书在版编目（CIP）数据

草坪工程监理/王琦主编. —北京：中国林业出版社，2017.5

国家林业局普通高等教育"十三五"规划教材　高等院校草业科学专业规划教材

ISBN 978-7-5038-8991-2

Ⅰ.①草…　Ⅱ.①王…　Ⅲ.①草坪－工程施工－施工监理－高等学校－教材　Ⅳ.①S688.4

中国版本图书馆 CIP 数据核字（2017）第 094365 号

国家林业局生态文明教材与及林业高校教材建设项目

中国林业出版社·教育出版分社

策划编辑：肖基浒　　　　责任编辑：丰　帆　肖基浒

电话：83143555　83143558　　传真：83143516

出版发行　中国林业出版社（100009　北京市西城区德内大街刘海胡同 7 号）
E-mail：jiaocaipublic@163.com　电话：（010）83143500
http：//lycb. forestry. gov. cn

经　　销　新华书店

印　　刷　北京市昌平百善印刷厂

版　　次　2017 年 5 月第 1 版

印　　次　2017 年 5 月第 1 次印刷

开　　本　850mm×1168mm　1/16

印　　张　13.25

字　　数　331 千字

定　　价　29.00 元

《草坪工程监理》编写人员

主　编　王　琦

副主编　柴继宽　柳小妮

编　委　（以姓氏拼音为序）

柴继宽（甘肃农业大学）

柴　琦（兰州大学）

高彦婷（甘肃农业大学）

李晓玲（甘肃农业大学）

李玉珠（甘肃农业大学）

刘　欢（甘肃农业大学）

刘青林（甘肃农业大学）

柳小妮（甘肃农业大学）

王　琦（甘肃农业大学）

张小虎（兰州大学）

赵春旭（甘肃农业大学）

主　审　孙吉雄（甘肃农业大学）

序

我很高兴为《草坪工程监理》写序，由于学科和产业特征，草坪工程监理是草坪科学体系必不可少组成部分，同时，是草坪科学体系发展较慢和成熟较晚内容，《草坪工程监理》教材编写是一项极具挑战性和开拓性的工作。

"监理"通常是指有关执行者根据一定的行为准则，对某些行为进行监督管理，使这些行为符合准则要求，并协助行为主体实现其行为目的。监理就是以准则为镜子，对特定行为进行对照和审察，以便找出问题所在。具体而言，通过视察、检查和评价，监理对不规范行为进行"修正""雕琢"和"纠偏"，使其行为规范，达到目标控制和目标管理的目的。

草坪工程监理是对草坪工程建设项目所实施的监督管理活动，经过科学地规划所确定的草坪工程项目的投资、进度和质量目标。目标控制是草坪工程监理的中心任务。

自中国现代草坪业起步以来，中国草坪业发生了巨大变化。草坪由建植与管理的单一模式向规划、设计、施工、监理、验收、评价等方向发展和完善。中国草坪业服务领域从局部园林绿化向城乡物业、体育运动、文化娱乐、生态环境保护等领域发展。随着草坪工程技术不断开发和创新，我国现代草坪业已成为一个系统、综合、规范、工程属性强的社会服务产业。以草坪学和系统工程学理论为基础，以工程管理、生物工程、草坪技术为手段，以满足人类社会对草坪设施需求为目的是中国现代草坪业特征。草坪工程是草坪产业的基础和核心，是多学科交融和多行业参与的特色产业。

产业发展对草坪工程技术和管理提出新需求，要求《草坪工程监理》具有理论先进、内容具体、数据翔实、易读易懂和符合国情等特点，能指导草坪工程生产实践，利于人才培养，是该教材产生的时代背景。

本书以甘肃农业大学草业科学草坪管理专业的教学和实践经验为基础，参考《草坪工程学》《工程建设监理》《水利工程监理》等编写而成。甘肃农业大学草业学院草坪系作为全国最早开展草坪教学、科研和生产实践的单位之一，在我国草坪科研和教育领域取得辉煌成绩，做到10个第一：第一个开设《草坪学》课程（1983年）；第一个招收草坪学方向研究生（1982年）；创建第一个草坪研究机构暨产业实体（甘肃农业大学草坪研究所，1995年）；主编出版第一部《草坪学》教材（1989年）；在草坪方面，获第一个国家级科技进步奖（1992年运动场草坪建植管理技术获得国家科技进步三等奖）；设立第一个草坪专业——城镇绿化与草坪（1995年）；设立第一个草坪教研室（1996年）；创办第一本草坪专业杂志——"草原与草坪"（2000年）；2001年建立畜牧一级学科博士后科研流动站，招收草坪学博士后；建立第一个校园教学运动场草坪实训基地（2008年）。具有完成《草坪工程监理》（普通高等教育"十三五"国家级规划教材、面向21世纪课程教材）的夯实学科背景和团队基础。该教材主编王琦博士，曾经于新西兰林肯大学和清华大学学习灌溉专业，在甘肃农业大学草业学院从事草坪、牧草及作物节水灌溉方面的科研和教学工作。教学之余，已在 *Field Crop Research*、*Plant and Soil* 等国内外期刊发表相关学术论文60余篇，主持国家自然基金3项，成功申请国家发明专利2项，2015年主编出版《草坪工程监理》专著，为国家级教材的编写奠定了坚实基础。

我国草坪科学是一门年轻和新兴的学科，草坪工程监理则是草坪学科的一颗耀眼新星。草坪工程监理具备综合和系统服务功能，涉及草坪生物之外的多种知识和技能，需要多学科协同和支持。

实现高速率草坪工程建设、高水平草坪质量、高自给草坪建植材料、高比率草坪利用、高报酬草坪产业经济效益是当代草坪工作者的崇高追求和美丽"草坪梦"，无尽地索求和科学地践行才能实现美好梦想。

感谢奉献于本书的辛勤劳动者，衷心祝贺本教材的顺利出版，同时，将该教材推荐给我国草坪界。

孙吉雄

2016 年 12 月 20 日于兰州

前　言

　　草业科学、草坪科学、草坪管理、草坪工程、运动场草坪管理、园林等属于工程设计、建设和管理类专业，该专业涉及草坪规划、设计、施工、建造、管理和评定等内容，该专业培养从事草坪绿化、生态修复、运动场、护坡养护、草坪生产、草坪建植、草坪管理、草坪贸易、草坪教学和科研等人才，服务于草坪生态、草坪工程、草坪美学、草坪文化、草坪经济等领域。在草坪工程立项后，需要进行草坪工程勘察设计单位招投标、监理单位招投标、施工单位招投标；在草坪工程施工过程中，需要进行草坪工程质量控制、草坪工程施工进度控制、草坪工程投资控制、草坪工程合同管理、草坪工程信息管理、草坪工程安全管理等；在草坪工程施工完成后，需要进行草坪养护和管理监理、草坪质量评定、竣工验收等工作。在草业科学、草坪科学、草坪管理、草坪工程、运动场草坪管理、园林等的学术界和工程界，目前缺乏相关借鉴的草坪工程监理等方面资料。本书的编写出版将为国内从事草业科学、草坪科学、草坪管理、草坪工程、运动场草坪管理、园林等领域工程技术、科研、教学、行业管理等部门提供理论和技术依据。

　　本书以甘肃农业大学草业科学草坪管理专业的教学和生产实践实习为基础，参考《草坪工程学》《工程建设监理》《水利工程监理》等编写而成。

　　该教材存在以下主要特点：充分运用近些年草坪工程建设出现新问题和新挑战，紧密联系《草坪工程学》与《工程建设监理》和《水利工程监理》，将其《工程建设监理》和《水利工程监理》知识有机应用于《草坪工程监理》实践中；尽可能把握和处理好《草坪工程监理》与《工程建设监理》和《水利工程监理》之间的关系，避免简单、机械引用《工程建设监理》和《水利工程监理》的基础知识，重视工程监理知识在草坪工程实践中应用；考虑到目前草坪工程出现新问题和新挑战，把运动场草坪工程监理和生态修复草坪工程监理从相应的章节中提取出来，单独组成第5篇，作为该教材特点和创新之处。

　　本次教材修订编写分工如下：

　　王琦任主编（前言和第5章），柴继宽（第6和7章）和柳小妮（第13章）任副主编。其余编委分工如下：孙吉雄作序，李玉珠编写第1章，高彦婷编写第2和4章、李晓玲编写第3章，刘青林编写第8章，刘欢编写第9和11章，赵春旭编写第10章，柴琦编写第12章第1~2节，张小虎编写第12章第3~4节。

　　《草坪工程监理》是一门理论与实践相结合的学科，同时面临学科出现新问题和新挑战，在教材编写过程中，作者深刻感觉"学无止境"和"力有不逮"的压力。在书稿落成之际，掩卷思量，饮水思源，首先感谢草坪学创始人孙吉雄教授，其正直刚毅和严谨务实的学术精神成就《草坪工程监理》结构和内容，为本书奠定了理论基础；同时，感谢禹班

（北京）建筑修缮技术有限公司工程师张磊和赵凯，他们积累了丰富的工程实际经验，在运动场草坪工程监理和生态修复草坪工程监理编写过程中付出艰辛劳动。

　　由于编者水平有限，加之时间仓促，教材的体系构建和内容编写方面尚存在需完善之处，敬请同行及各界读者批评指正。

王　琦

2016 年 12 月 20 日

目　录

序

前　言

第1章　草坪工程监理基础知识 ……………………………………………（1）

　1.1　草坪与草坪工程基本概念 …………………………………………（1）

　　1.1.1　草坪及草坪业 …………………………………………………（1）

　　1.1.2　草坪规划 ………………………………………………………（3）

　　1.1.3　草坪工程施工 …………………………………………………（4）

　　1.1.4　草坪养护管理 …………………………………………………（7）

　1.2　草坪工程监理基本概念 ……………………………………………（10）

　　1.2.1　草坪工程监理的概念 …………………………………………（10）

　　1.2.2　业主、监理和承包商的概念 …………………………………（10）

　　1.2.3　草坪工程监理工程师 …………………………………………（10）

　　1.2.4　草坪工程监理工程师的素质要求 ……………………………（11）

　　1.2.5　草坪工程监理单位 ……………………………………………（15）

　1.3　草坪工程监理主要任务和原则 ……………………………………（16）

　　1.3.1　草坪工程监理主要任务 ………………………………………（16）

　　1.3.2　草坪监理人员的主要职责和权利 ……………………………（17）

　　1.3.3　草坪监理遵守原则 ……………………………………………（19）

　　1.3.4　工程监理资格获得 ……………………………………………（20）

　　小结 ……………………………………………………………………（22）

第2章　草坪工程监理组织 …………………………………………………（24）

　2.1　组织概述 ……………………………………………………………（24）

　　2.1.1　组织 ……………………………………………………………（24）

　　2.1.2　组织结构 ………………………………………………………（24）

　　2.1.3　组织结构的特性 ………………………………………………（24）

　　2.1.4　组织结构的设计原则 …………………………………………（27）

　2.2　草坪工程监理组织结构建立 ………………………………………（28）

　　2.2.1　监理组织机构建立的程序 ……………………………………（28）

　　2.2.2　草坪工程监理组织结构类型 …………………………………（29）

　2.3　草坪工程监理组织的人员配备和职责分工 ………………………（32）

　　2.3.1　人员配备 ………………………………………………………（32）

　　2.3.2　草坪工程监理人员的职责分工 ………………………………（33）

2.4　草坪工程监理的组织协调 ……………………………………………… (36)
　　2.4.1　组织协调的内容 …………………………………………………… (36)
　　2.4.2　组织协调的方法 …………………………………………………… (39)
小结 …………………………………………………………………………… (41)

第3章　草坪工程监理招标和投标 …………………………………………… (42)
3.1　草坪工程项目监理招标 ………………………………………………… (42)
　　3.1.1　草坪工程项目监理招标方式 ……………………………………… (42)
　　3.1.2　草坪工程项目监理招标的程序 …………………………………… (43)
　　3.1.3　草坪工程监理招标程序的几个重要环节 ………………………… (44)
　　3.1.4　评标标准和方法 …………………………………………………… (45)
　　3.1.5　开标、评标和中标 ………………………………………………… (46)
3.2　草坪工程项目监理投标 ………………………………………………… (47)
　　3.2.1　草坪工程投标组织 ………………………………………………… (47)
　　3.2.2　草坪工程投标程序 ………………………………………………… (47)
　　3.2.3　草坪工程监理投标文件 …………………………………………… (48)
3.3　草坪工程监理费用 ……………………………………………………… (49)
　　3.3.1　直接成本 …………………………………………………………… (49)
　　3.3.2　间接成本 …………………………………………………………… (49)
　　3.3.3　税金 ………………………………………………………………… (49)
　　3.3.4　利润 ………………………………………………………………… (49)
3.4　草坪工程监理合同 ……………………………………………………… (50)
　　3.4.1　草坪工程监理合同形式 …………………………………………… (50)
　　3.4.2　草坪工程监理合同内容 …………………………………………… (50)
小结 …………………………………………………………………………… (52)

第4章　草坪工程监理规划 …………………………………………………… (53)
4.1　草坪工程监理规划系列性文件 ………………………………………… (53)
　　4.1.1　草坪工程监理大纲 ………………………………………………… (53)
　　4.1.2　草坪工程监理规划 ………………………………………………… (54)
　　4.1.3　草坪工程监理实施细则 …………………………………………… (54)
4.2　草坪工程监理规划编写 ………………………………………………… (54)
　　4.2.1　草坪工程监理规划的作用 ………………………………………… (54)
　　4.2.2　草坪工程监理规划编写的要求 …………………………………… (55)
　　4.2.3　草坪工程监理规划编写的依据 …………………………………… (57)
4.3　草坪工程监理规划的内容 ……………………………………………… (57)
　　4.3.1　草坪工程项目概况 ………………………………………………… (57)
　　4.3.2　监理阶段、范围和目标 …………………………………………… (58)
　　4.3.3　草坪工程监理工作内容 …………………………………………… (59)
　　4.3.4　草坪工程监理控制目标和措施 …………………………………… (60)
　　4.3.5　草坪工程监理机构的组织形式 …………………………………… (61)

　　　4.3.6　草坪工程监理机构的人员配备计划 ……………………（61）
　　　4.3.7　项目监理工作制度 ………………………………………（62）
　4.4　草坪工程监理规划的审核 ……………………………………（62）
　小结 …………………………………………………………………（62）
第5章　草坪工程施工准备阶段监理 …………………………………（64）
　5.1　监理单位的施工准备工作 ……………………………………（64）
　　　5.1.1　草坪工程施工准备阶段 …………………………………（64）
　　　5.1.2　监理单位的施工准备工作 ………………………………（64）
　5.2　承包商的施工准备工作 ………………………………………（67）
　　　5.2.1　尽快向施工单位办理有关交接工作 ……………………（67）
　　　5.2.2　图纸会审和技术交底 ……………………………………（67）
　　　5.2.3　编制施工图预算 …………………………………………（67）
　　　5.2.4　施工组织设计审查 ………………………………………（68）
　　　5.2.5　施工组织机构的审查 ……………………………………（68）
　　　5.2.6　材料审查 …………………………………………………（68）
　5.3　施工准备阶段的协调工作 ……………………………………（68）
　　　5.3.1　编制施工准备计划书 ……………………………………（69）
　　　5.3.2　建立会议协调制度 ………………………………………（69）
　　　5.3.3　建立申报制度 ……………………………………………（69）
　5.4　草坪工程开工条件的控制 ……………………………………（69）
　　　5.4.1　草坪工程审查开工条件 …………………………………（69）
　　　5.4.2　草坪工程延误开工的处理 ………………………………（69）
　小结 …………………………………………………………………（70）
第6章　草坪工程质量控制 ……………………………………………（71）
　6.1　草坪工程质量控制概述 ………………………………………（71）
　　　6.1.1　草坪工程质量的概念 ……………………………………（71）
　　　6.1.2　草坪工程质量控制的基本原理 …………………………（71）
　　　6.1.3　草坪工程质量项目和测定方法 …………………………（72）
　　　6.1.4　草坪工程适用性 …………………………………………（77）
　　　6.1.5　草坪工程使用寿命 ………………………………………（79）
　　　6.1.6　草坪工程经济性及环境协调性 …………………………（80）
　　　6.1.7　草坪工程质量影响因素 …………………………………（80）
　　　6.1.8　草坪工程质量特点 ………………………………………（80）
　　　6.1.9　草坪工程质量控制 ………………………………………（81）
　　　6.1.10　草坪工程质量控制的意义 ………………………………（82）
　　　6.1.11　草坪工程质量控制的原则 ………………………………（82）
　6.2　施工阶段草坪工程质量控制 …………………………………（82）
　　　6.2.1　草坪工程质量形成过程 …………………………………（82）
　　　6.2.2　草坪工程施工质量控制的依据和程序 …………………（87）

　　　　6.2.3　草坪工程施工质量控制途径 ……………………………………（88）

　　　　6.2.4　草坪工程施工质量控制的手段 ……………………………………（89）

　　　　6.2.5　草坪工程施工质量控制的方法 ……………………………………（90）

　　　　6.2.6　质量控制点 ………………………………………………………（91）

　　　　6.2.7　施工活动的质量控制 ……………………………………………（92）

　　6.3　草坪工程施工质量验收 ……………………………………………………（93）

　　　　6.3.1　草坪工程质量验收的基本条件 ……………………………………（93）

　　　　6.3.2　草坪工程材料检查方法 …………………………………………（94）

　　　　6.3.3　草坪工程材料检查检验程度 ……………………………………（94）

　　　　6.3.4　草坪工程材料质量检验项目 ……………………………………（95）

　　6.4　草坪工程质量问题和质量事故处理 ………………………………………（96）

　　　　6.4.1　草坪工程质量事故产生的原因 ……………………………………（96）

　　　　6.4.2　草坪工程质量问题 ………………………………………………（96）

　　　　6.4.3　草坪工程质量问题处理程序 ……………………………………（97）

　　小结 ……………………………………………………………………………（97）

第7章　草坪工程进度控制 …………………………………………………………（99）

　　7.1　草坪工程进度控制概述 ……………………………………………………（99）

　　　　7.1.1　草坪工程进度控制的概念 ………………………………………（99）

　　　　7.1.2　草坪工程进度控制基本原则 ……………………………………（100）

　　　　7.1.3　草坪工程进度控制监理主要任务 ………………………………（101）

　　　　7.1.4　草坪工程进度控制措施 …………………………………………（101）

　　　　7.1.5　草坪工程进度控制目标系统 ……………………………………（104）

　　　　7.1.6　影响草坪工程进度的因素 ………………………………………（109）

　　7.2　进度控制监理主要工作 ……………………………………………………（110）

　　　　7.2.1　工程横道图进度计划编制方法 ……………………………………（110）

　　　　7.2.2　工程网络图进度计划编制方法 ……………………………………（111）

　　　　7.2.3　进度控制监理主要工作 …………………………………………（113）

　　　　7.2.4　监理单位对进度计划的审批 ……………………………………（116）

　　　　7.2.5　草坪工程进度检查和调整 ………………………………………（116）

　　　　7.2.6　草坪工程延期的控制 ……………………………………………（117）

　　小结 ……………………………………………………………………………（118）

第8章　草坪工程投资控制 …………………………………………………………（119）

　　8.1　草坪工程投资控制概述 ……………………………………………………（119）

　　　　8.1.1　草坪工程项目投资的概念 ………………………………………（119）

　　　　8.1.2　草坪工程项目投资的构成 ………………………………………（119）

　　8.2　草坪工程决策阶段的投资控制 ……………………………………………（120）

　　　　8.2.1　草坪工程投资决策的含义 ………………………………………（120）

　　　　8.2.2　草坪工程投资决策阶段投资控制的意义 ………………………（120）

　　　　8.2.3　草坪工程投资决策阶段监理工程师的主要任务 ………………（121）

8.3　草坪工程设计阶段的投资控制 ……………………………………… （121）
　　8.3.1　设计标准 ……………………………………………………… （122）
　　8.3.2　标准化设计 …………………………………………………… （122）
　　8.3.3　限额设计 ……………………………………………………… （122）
　　8.3.4　限额设计控制要点 …………………………………………… （123）
　　8.3.5　设计方案优化 ………………………………………………… （123）
　　8.3.6　审查设计概算 ………………………………………………… （124）
　　8.3.7　审查施工图预算 ……………………………………………… （125）
8.4　草坪工程招投标阶段的投资控制 …………………………………… （126）
　　8.4.1　招标控制价 …………………………………………………… （126）
　　8.4.2　合同计价方式选择 …………………………………………… （127）
8.5　草坪工程施工阶段的投资控制 ……………………………………… （127）
　　8.5.1　施工阶段投资控制的基本原理 ……………………………… （127）
　　8.5.2　施工阶段投资控制的措施 …………………………………… （128）
　　8.5.3　施工阶段投资控制监理工程师的主要任务 ………………… （128）
8.6　草坪工程竣工验收阶段的投资控制 ………………………………… （131）
　　8.6.1　草坪工程竣工结算 …………………………………………… （131）
　　8.6.2　审查竣工结算 ………………………………………………… （131）
　　8.6.3　协助业主编制竣工决算文件 ………………………………… （132）
　　8.6.4　草坪工程投资造价比较分析 ………………………………… （132）
小结 ……………………………………………………………………… （133）
第9章　草坪工程安全生产控制 …………………………………………… （134）
9.1　草坪工程安全生产控制的概述 ……………………………………… （134）
　　9.1.1　与安全生产相关的概念 ……………………………………… （134）
　　9.1.2　草坪工程安全生产的特点 …………………………………… （135）
　　9.1.3　草坪工程安全生产控制的意义 ……………………………… （135）
　　9.1.4　草坪工程安全生产控制的原则 ……………………………… （135）
　　9.1.5　草坪工程安全生产控制的任务 ……………………………… （136）
　　9.1.6　影响草坪工程安全生产的因素 ……………………………… （136）
9.2　草坪工程安全生产控制中施工主体的责任 ………………………… （136）
　　9.2.1　施工主体单位的安全责任 …………………………………… （137）
　　9.2.2　施工主体单位的法律责任 …………………………………… （138）
　　9.2.3　行政主管部门的监督管理职责 ……………………………… （139）
9.3　草坪工程安全生产控制监理工程师的主要任务 …………………… （139）
　　9.3.1　安全事故防范措施 …………………………………………… （139）
　　9.3.2　审查安全生产控制 …………………………………………… （140）
　　9.3.3　审查安全生产技术措施 ……………………………………… （140）
　　9.3.4　施工过程的安全生产控制 …………………………………… （140）
小结 ……………………………………………………………………… （141）

第 10 章　草坪工程合同管理 ································ （142）

10.1　草坪工程合同管理概述 ···························· （142）

10.1.1　合同的概念 ······························ （142）

10.1.2　合同的法律基础 ·························· （143）

10.2　草坪工程合同管理 ······························ （145）

10.2.1　招标和投标管理 ·························· （145）

10.2.2　草坪工程施工合同的管理 ················ （146）

10.3　草坪工程委托监理合同 ·························· （149）

10.3.1　草坪工程委托监理合同概述 ·············· （149）

10.3.2　草坪工程委托监理合同的管理 ············ （150）

小结 ·· （153）

第 11 章　草坪工程信息管理 ································ （155）

11.1　草坪工程信息管理概述 ·························· （155）

11.1.1　信息概念及特征 ·························· （155）

11.1.2　草坪工程监理信息分类 ·················· （155）

11.1.3　监理信息形式 ···························· （156）

11.1.4　监理信息作用 ···························· （157）

11.2　草坪工程信息管理手段 ·························· （158）

11.2.1　监理信息收集 ···························· （158）

11.2.2　监理信息收集的基本原则 ················ （158）

11.2.3　监理信息收集的基本方法 ················ （158）

11.2.4　监理信息加工整理 ······················ （159）

11.2.5　草坪工程监理管理信息系统简介 ·········· （160）

11.3　草坪工程监理文档资料管理 ······················ （161）

11.3.1　草坪工程项目文件组成 ·················· （161）

11.3.2　草坪工程文档资料管理 ·················· （161）

11.3.3　草坪工程施工阶段监理文件管理 ·········· （163）

11.4　监理月报表示例 ································ （164）

小结 ·· （167）

第 12 章　运动场草坪工程监理 ······························ （168）

12.1　运动场草坪工程简介 ···························· （168）

12.1.1　运动场草坪概述 ·························· （168）

12.1.2　运动场草坪工程概述 ······················ （170）

12.2　运动场土方工程监理 ···························· （171）

12.2.1　场地清理监理 ···························· （171）

12.2.2　临时施工道路工程监理 ·················· （172）

12.2.3　土方挖填和调运工程监理 ················ （172）

12.2.4　土方施工方法监理 ······················ （173）

12.2.5　运动场粗造型工程监理 ·················· （173）

12.3　运动场喷灌排水系统工程监理 ················ (174)
　　12.3.1　运动场排水系统工程监理 ··············· (174)
　　12.3.2　运动场喷灌系统工程监理 ··············· (175)
12.4　运动场种植层工程监理 ···················· (177)
　　12.4.1　坪床施工质量监理 ···················· (178)
　　12.4.2　草坪苗期养护质量监理 ················· (179)
小结 ···································· (179)
第 13 章　生态修复草坪工程监理 ··············· (181)
13.1　生态修复草坪工程概述 ···················· (181)
　　13.1.1　生态修复 ························· (181)
　　13.1.2　草坪与生态修复 ····················· (182)
　　13.1.3　生态修复草坪工程 ···················· (182)
13.2　生态修复草坪工程的修复技术 ················ (183)
　　13.2.1　针对环境美化的生态草坪工程技术 ··········· (183)
　　13.2.2　针对污染环境的生态修复草坪工程技术 ········· (184)
　　13.2.3　边坡防护生态修复草坪工程技术 ············ (186)
13.3　生态修复草坪工程施工准备阶段监理 ············· (188)
　　13.3.1　前期准备监理 ······················ (188)
　　13.3.2　规划和设计阶段监理 ··················· (190)
　　13.3.3　开工审批 ························· (190)
13.4　生态修复草坪工程施工过程监理 ··············· (191)
　　13.4.1　植草检验 ························· (191)
　　13.4.2　进度控制 ························· (191)
　　13.4.3　投资控制 ························· (191)
　　13.4.4　安全控制 ························· (192)
　　13.4.5　合同与信息管理 ····················· (192)
　　13.4.6　协调 ··························· (192)
13.5　生态修复草坪工程质量评价 ················· (192)
　　13.5.1　评价体系 ························· (192)
　　13.5.2　评价方法 ························· (193)
　　13.5.3　生态绩效评价标准 ···················· (193)
小结 ···································· (194)
参考文献 ································· (196)

第1章

草坪工程监理基础知识

　　草坪工程监理是指草坪工程建设监理单位接受业主的委托和授权，根据国家批准的草坪工程及相关工程建设文件、法律、法规和草坪工程建设监理合同，对草坪工程项目行使的管理活动。在草坪工程项目建设中，草坪工程监理确保建设行为符合国家法律、法规、技术标准和有关政策；确保建设行为的科学性、合理性和经济性；确保工程设计思想的实现和效果的体现；确保工程质量、进度和投资按计划和合同执行。下面简单介绍草坪工程监理基础知识。

1.1　草坪与草坪工程基本概念

1.1.1　草坪及草坪业

　　在美国著名草坪学家 A. J. Turgeon 著作 *Turfgrass Management*(1980)中，草坪(Turf)即草坪植被，是指以禾本科草或其他质地纤细的植被为覆盖，并以它们大量根或匍匐茎充满土壤表层地被，是由草坪草地上枝叶层、地下根系层以及根系生长表土层等构成。近年来，随着我国社会经济快速发展，对草坪提出更高要求，生态草坪应社会发展需求应运而生。孙吉雄教授在其主编的《草坪学》(第四版)中指出，生态草坪是指以低矮草本植物为主，具有相对稳定性自然或人工植物群落，是为人类提供环境保护、游憩及观赏等多功能的场所。

　　从产生方式来看，生态草坪可分为天然生态草坪和人工生态草坪。天然生态草坪(即天然草坪)是指生长在自然界环境下，其内部组成未经人为改造的天然草本植被群落。通常产生于草原及草甸生态系统，具有较大扩展面积。人工生态草坪是指人工参与，按照合理和丰富种群生态关系建植，具有低矮致密地被覆盖层的草本植物群落，是有一定生态稳定性和持续生产能力的人工草地系统。从应用及功能角度看，生态草坪可分为开放型生态草坪、观赏型生态草坪及保护型生态草坪。开放型生态草坪是指可供游人入内游憩或进行运动的草坪，如游憩草坪和运动场草坪等；观赏型生态草坪是以观赏为主要使用目的的草坪，如普通绿地草坪、高级观赏草坪、特殊观赏草坪等；保护型生态草坪则是以保护地面、防止水土流失等生态作用为主要功能的草坪，如水土保持草坪、生态恢复草坪、环境保护草坪等。

　　游憩草坪是指供人们休息、散步、玩耍、游戏、读书、文娱及体育活动等之用的草坪。游憩草坪广泛建于各类公园、游乐园、广场、学校、幼儿园、医院、工厂、机关、住宅小区、疗养度假区等绿地中，可以说是与人们日常生活最相关、人们接触最频繁和最密切的一类草坪。游憩草坪具有改善和美化环境的功能，人们置身其中游憩活动，能感受到充满生机的大自然的美妙，使人心旷神怡、精神焕发、疲劳消除。在特殊情况下，游憩草坪是防灾避难的良好场所。大面积游憩草坪中间所形成的空间能够起分散人流的作用。游憩草坪随处可建，无固定的形状和面积，一般是开放式，允许游人自由出入。游憩草坪为游人提供一个更加美好的游憩活动环境，因此根据具体情况，可以在草坪内适当配置一些孤立树、树丛、花丛、花坛、花架、花境、石凳、石桌、水池、假山、雕塑、小品等，在游憩草坪周围边缘也可配置花带或林丛。由于游憩草坪往往受到频繁的践踏，造成草坪质量下降和增加草坪养护管理难度。

运动场草坪是指以竞技和运动游戏活动为载体的专用场地，即在人工培育条件下生长，能承受人类体育运动能力的草本植物群落，如赛马草坪跑道、足球、网球、滚木球、曲棍球、马球、高尔夫球、橄榄球、射击、垒球、板球、儿童游戏活动等草坪场地。运动场草坪通常应具有耐频繁修剪、根系发达、再生能力强等特点，是多种草坪草组成的混播草坪场地，但有些特种运动草坪场地，如高尔夫球的果岭和发球台等，要求高度均一和单一草坪。

普通绿地草坪是人们生活、工作、学习、劳动、休息、娱乐等环境绿化和美化草坪的总称。通常由草坪构成景观主体，间以多年生观花地被植物（萱草、水仙、鸢尾、石蒜、韭兰、马蔺、点地梅、紫花地丁）组合而成的自然景色，多年生观花地被植物种植面积占草坪总面积比例一般不超过1/3，分布疏密相间和自然交错，使草坪具有绿中有艳和时花时草的情景。

疏林草坪是以草地为主体，地段内少量散生林木，叶大乔木夹杂少量针叶树组成的稀疏片林分布，形成草坪上平面与立面的对比、光与暗的对比、直线地平与曲折林冠线的对比。疏林草坪通常见于城市近郊旅游休闲地、工矿区周围、疗养区、风景区、森林公园等，其特点是林木夏季可以蔽荫，冬天有充足阳光，是人类户外活动的良好场所。因景观宜人和功能多样，疏林草坪成为城市绿地中应用最广泛的疏林造景方式。

高等级观赏草坪是设于城市绿地中，专供景色欣赏的草坪，也称"装饰性草坪"或"造型草坪"。如，雕像、喷泉等建筑纪念物处用草皮和花卉等材料构成的图案、标牌用作装饰和陪衬。观赏型草坪不允许入内践踏，栽培管理极为精细，草坪品质极高，作为艺术品供人观赏的高档草坪。观赏型草坪面积不宜过大，草以低矮、茎叶密集、平整、艳绿、绿期长的草种为宜。

屋顶草坪是指在平顶屋顶、建筑平台或斜面屋顶建植的草坪。屋顶绿化可以增加住宅区的绿化面积，使房子具有冬暖夏凉特点。大面积屋顶草坪对城市生态环境改善和气候的调节均会起到重要作用。同时，屋顶草坪是昆虫、鸟类生存的空间、繁衍场所和食物来源。屋顶草坪应选择抗逆性强的草坪地被植物。

水土保持草坪是主要建立在坡地和水岸地，如公路、水库、堤岸、陡坡等处，用以防止水土流失的草坪场地。水土保持草坪管理粗放，但建坪难度较大，通常可用播种、铺装草皮和植生带栽植营养体方法修建草坪场地。在坡度较大的地段，通常采用强制绿化方法修建草坪场地。水土保持草坪应选用适应性强、根系发达、草丛繁茂、耐寒、抗旱、抗病、覆盖地面力强的草坪草种，如马尼拉草、狗牙根草、百喜草、高羊茅、皇竹草、结缕草、假俭草等。

环境保护草坪是主要建立在污染物质产生和积累比较严重地区，用以吸收和转化有害物质的草坪场地，如粉尘、二氧化硫、噪声、微波辐射、放射性污染物、病原体、变应原，同时环境保护草坪具有调节空气温度、湿度等功能。

草坪业(Turfgrass industry)是第二次世界大战后世界兴起的一门新兴产业。草坪业以农学、耕作学、园艺学、土壤学、植物学、林学、肥料学、农田灌溉学、农业工程学、生态学、环境学、草坪学及运动体育、娱乐休闲等多种学科为基础，以草坪草与地被植物为对象，以人类美学为前提的生产产业。草坪业包括草坪绿地建造、生产、流通、经营、管理等，包括施工部门、制造出售部门、维护保养部门、教育科研部门。草坪业是一门社会产业，它以完备的草坪科学理论为基础；草坪业是一门应用产业，它以先进的草坪技术为生产手段；草坪业是一门经济产业，它必须遵循市场经济规律，草坪业是涉及科学理论、生产技术和经济规律的一门综合性社会产业。

1.1.2　草坪规划

草坪具有绿化、美化、环保、实用等功效。草坪具有独特的开阔性和空间性，在草坪规划中，不但草坪可以作为独景，而且草坪与山、石、水、其他植被、园林建筑、乔木、灌木、草花、地被等密切结合，组成各种不同类型景观，形成不同艺术风格，给人们提供美的感受。在整体草坪工程中，草坪规划设计占有重要位置。根据规划设计形式，分为规划式草坪和自然式草坪；根据草坪景观形成，分为天然草坪和人工栽培草坪；根据使用期，分为永久性草坪和临时性草坪；根据草坪植物科属，分为禾草草坪和非禾草草坪等。

草坪在现代景园绿地中应用较广泛，草坪覆盖地面可以防止水土流失和飞尘污染，创造绿毯般富有自然气息的游憩活动和运动健身空间。就环境地形而言，观赏和游憩草坪适用于缓坡地和平地，山地多设计树林景观草坪，陡坡多设计水土保持为主要功能草坪，水畔多设计起伏草坪，从而创造良好空间效果。根据草坪功能和环境条件选择草坪植物。游憩活动草坪和竞赛草坪应选择耐践踏、耐修剪、适应性强的草坪草，如狗牙根、结缕草、马尼拉、早熟禾等。干旱少雨地区应选择具有抗旱、耐旱、抗病性强等特性的草坪草，如假俭草、狗牙根、野牛草等。观赏型草坪应选择植株低矮、叶片细小、美观、叶色翠绿、绿期长等特性的草坪草，如天鹅绒、早熟禾、马尼拉、紫羊茅等。护坡草坪应选择适应性强、耐旱、耐瘠薄、根系发达的草坪草，如结缕草、白三叶、百喜草、假俭草等。湖畔河边或地势低凹处应选择耐湿的草坪草，如翦股颖、细叶薹草、假俭草、两耳草等。树下及建筑阴影环境应选择耐阴的草坪草，如两耳草、细叶薹草、羊胡子草等。

草坪规划之前，应该进行现场调查，现场调查资料包括地形、地貌、气象、土壤、水文、环境、植被、自然灾害等。撰写草坪规划方案或纲要，草坪规划方案或纲要包括建设条件评价分析、草坪规划原则、目标、草坪类型、规划控制指标、基本布局结构等。编写草坪工程系统规划成果，按照规划方案或纲要、技术等规定编写规划文本、规划说明书和规划图纸等。草坪规划内容包括规划背景分析、城市概况和草坪现状分析、规划总论(规划依据、原则、范围、期限和目标)、草坪布局(块状、条状、环状、楔形布局等)、配套工程规划(供排水设备、电路系统设备、栖息设备、景观建筑、道路等)、草种规划、草坪分期建设规划、投资估算及资金筹措等。草坪投资估算包括草坪建植投资、喷灌系统投资、排水系统投资、道路投资、养护管理投资等。

1.1.3　草坪工程施工

1.1.3.1　施工准备工作

草坪工程施工是由施工准备工作、坪床准备(清理场地、改良土壤、整地、翻耙、杂草防除、病虫害防治和施肥等)、排灌系统设置、建坪[草种选择、播种季节选择、建植方法选择(茎枝栽植、植生带、铺砌草块或草卷、撒播、喷播)]、草坪养护管理(浇水、施肥、修剪、清除杂草、病虫害防治等)等。草坪施工前准备工作包括设计图的掌握、现场调查、施工材料准备、施工队伍的组织和协调。现场调查是指现场条件(地形、土壤、土壤质地、土层、气象资料)、已有树木和花草、地下埋设物、地上物件、周边环境(道路、建筑物、交通等情况)、施工条件(料场、居住区、通行道路)等。

1.1.3.2　施工计划

草坪工程施工计划是指在草坪工程建植施工时，以设计图为基础，在施工期内用适当费用保证施工质量、施工进度和工程投资的工程管理计划。草坪工程施工计划包括工程概要、工程内容、施工机械、施工材料、施工方法、施工管理等。工程概要是指工程名称、地理位置、工期、资金、施工单位、监理单位、业主名称、工程内容等情况。工程内容主要指工种、级别、规格、面积或体积等。施工管理是指记录方法、奖惩办法、补救措施。材料计划指材料品名或种类、规格、数量、标准、运入预定期、制造公司名称、合格证及检疫证等。

1.1.3.3　施工管理

草坪工程施工管理指为了使草坪工程顺利有序有效地进行，对各工程部门(工种)进行统一管理，使施工计划、劳务计划、材料计划及其他筹备工作如实落实，同时保证工期、工程质量和投资，达到安全施工目的。草坪施工管理内容包含质量管理、图像管理(对部分隐蔽工程的施工方法、形状尺寸、位置)、投资管理、进度管理、合同管理、安全管理。安全管理主要由安全委员会建立、安全规则、危险区域标示、事故处理、预防水灾与火灾等组成。

1.1.3.4　施工内容

(1)土壤改良

理想草坪土壤应是土层深厚，排水性良好，pH 值在 5.5～6.5 之间，结构适中的土壤。土壤改良是为了改善建植基床土壤理化性质和维持、增加基床土壤肥力而施用土壤改良材料等的作业。当待建坪土壤的质地、有机质含量、肥力、酸碱性等远远达不到建坪要求，施用土壤改良材料尚不能达到良好改良效果时，需要铺新土(肥沃农田土或菜园熟土)，一般铺土厚度 20～30cm，换客土是一种彻底换新土方法；在没有必要完全换新土或换新土造价太高时，将待建坪土壤与新土按比例混合均匀作为坪床土壤。当土壤其他特征尚好，但质地太差，如黏性太重，通气透水性差，加一定比例细沙以改善通气排水性。当土壤的泥炭和有机质含量较高时，加一定比例沙土以改善土壤结构，提高土壤保水和保肥能力。当土壤呈酸性土壤时，添加石灰粉(碳酸钙或氢氧化钠)等改良材料以提高土壤 pH 值。当土壤呈碱性土壤时，添加石膏、粉煤灰等改良材料以降低土壤 pH 值。

(2)坪床制备

坪床清理指清理建坪前土壤表面的木本植物和岩石等，必要时进行杂草防除，杂草防除包括物理防除和化学防除。翻耕指为建坪和种植而准备土壤的一系列操作过程,操作过程包括犁地、旋地和耙地等,以达到改善土壤的通透性,提高持水能力,减少根系刺入土壤的阻力,增强抗侵蚀性和抗践踏能力。犁地是用犁将土壤进行翻转,犁具有旋转的表面,因而有将植物残体转移向土壤深部。在犁过或疏松的地段应进行耙地,破碎土块以改善土壤结构。利用旋耕机将土壤进行翻转和平整以清除表土杂物,将肥料及土壤改良剂混入土壤。

(3) 坪床平整

粗平整是床面的等高处理,通常是挖掉突起和填平低洼部分。作业时应把标桩固定在坡度水平之间,坪床应设一个理想的水平面。填方应考虑填土的沉陷,细质土通常下沉 15%,填方较深的地方时,要加大填量,同时需镇压,以加速沉降。坪床表面应设 2%~3% 坡面作为排水。在建筑物附近,坡度应是离开房屋等建筑物方向。运动场则应是隆起坡面,以便从运动场场地中心向四周排水。高尔夫球场草坪,发球台和球道则应有一个或多个方向上向障碍区倾斜坡面。在坡度较大而无法改变的地段,应在适当部位建造挡水墙,以限制草坪倾斜角度。细平整为种植准备平滑地表的操作过程。在小面积上细平整,人工平整是理想方法,用一条绳拉一个钢垫也是细平整的方法之一,在大面积上细平整,平整则需借助专用设备,专用设备包括土壤犁刀、耙、重钢垫(糖)、板条大耙和钉齿耙等。细平整应推迟到播种前进行,以防止表土板结,同时应注意土壤湿度。坪床镇压是坚实床土表层的作业。坪床镇压时要检查坡度是否符合要求和地面是否平整外,通常可用滚重 100~150kg 的碾轮或耕作镇压器镇压坪床。镇压应在土壤湿度潮湿(土在手中可捏成团,落地可散)进行,坪床镇压的方向应以垂直方向交叉进行,直到床面几乎看不见脚印或脚印深度小于 0.5cm 为止。

(4) 种子繁殖

种子繁殖是将种子直播于坪床内建植草坪的一种方法。大多数冷型草坪草采用种子繁殖,暖型草坪草中的假俭草、雀稗、地毯草、野牛草、普通狗牙根和结缕草也可采用种子繁殖。

从理论上讲,草坪草在任何季节均可播种,甚至在冬天土壤结冻时也可播种。在实践中,在不利于种子迅速发芽和幼苗旺盛生长的条件下播种往往是失败,冷型草最适宜播种季节是夏末,暖型草坪草最适宜播种季节是春末和夏初。草坪草种子的播种量取决于种子质量、混合组成及土壤状况。从理论上讲,每平方厘米需要一株成活草坪草幼苗;在混合播种中,较大粒种子的混播量可达 $40g/m^2$,在土壤条件良好和种子质量高时,播种量为 $20~30g/m^2$。确定播种量的依据是以足够数量活种子,确保单位面积上幼苗额定株数(10 000~20 000 株$/m^2$)。影响播量因素包括播种幼苗活力、幼苗生长习性、希望定植植株量、种子成本、预期杂草竞争力及病虫害可能性、定植草坪培育强度等。

草坪播种要求种子均匀地覆盖在坪床上,使种子埋深于 1~1.5cm 土层,如果种子埋深过深,种子萌发时间长,储藏养分枯竭而死亡,如果埋深过浅,种子风蚀、水蚀或被鸟吃掉或根系下扎深度浅吸收困难。草坪播种应控制适宜的深度,需要一个疏松易于掺合种子的土壤表面。草坪播种后,对苗床应进行镇压,以保证种子与土壤的良好接触。播种可用人工或专用机械进行播种。播种程序为用耙子将床面耙成浅沟→交叉方式撒播种子→垂直方向耙→碌子碾压→平整表面→浇水→覆盖。种植要求发芽率、绒毛致密表皮、表皮蜡质含量等符合标准。

混播是在草种组合中含 2 个以上种及品种的草坪组合。其优点是使草坪具广泛的遗传背景，因而草坪具有更强的适应能力。建群种(基本种)是体现草坪功能和适应能力的草种，通常在群落中比例在 50% 以上；伴生种(辅助种)是草坪群体中第 2 重要的草种，起辅助作用，当建群种受到环境障碍时，由伴生种维持和体现草皮功能和对不良环境适应能力，伴生种在群落中比例在 30% 左右；保护种是发芽迅速和成坪快的草种，在群落中充分发挥前期生长优势，对其他草坪草起到保护作用，但一般寿命短，1～2 年枯死。单播是指草坪组合中只含 1 个种的草种，并且只含该种中的 1 个品种。其优点是保证草坪最高的纯度和一致性，可造就最美和最均一的草坪外观。由于遗传背景较为单一，单播草坪对环境的适应能力较差，要求较高养护管理水平。

(5)营养繁殖

营养体是指草苗或茎段等能再生的草坪草全体及部分。营养繁殖法的优点是能迅速产生草坪，然而要使草皮旺盛生长则需要充足水分和养分，还要有一个通气良好的土壤环境。可采用速生草种建植草坪，等成坪后起草皮，将草皮撕成小片，以 10～15cm 间距种植用营养体，1～2 个月可形成密生和美观草坪。

铺草皮块是成本较高的建坪方法，但能在一年的任何有效时间内形成"瞬时草坪"，铺草皮块通常用来补救其他方法未能完成的草坪地块及局部的修整。从 11 月到翌年 3 月均可铺草皮块，秋季铺草皮块易受寒害和霜冻的危害。铺草皮块前应给床土施入基肥和土壤改良剂，并进行粗平整。草皮起出后尽可能早铺。当需放置 3～4 天时，要注意避免太阳直射草皮。在高温的条件下，应注意水分的蒸散，适宜补水。铺草皮块方法有平铺法、留缝法、方格花纹法、间铺法及沟铺法。铺草皮块过程是整地→铺草皮→覆细土→镇压，要求草皮质地均一、未受病虫害感染、能固结在一起、根系具有活力。

从母体上剪取草坪草的茎、叶、根、芽等插入土中、沙中，或浸泡在水中，等到生根后就可栽种，使之成为独立的新草坪草。主要适用于该营养繁殖狗牙根、匍匐翦股颖、半细叶结缕草和日本结缕草。每个茎必须含有 2 个以上活节。

(6)液压喷播

喷播是利用液流体播种原理把催芽后的草坪种子混入装有一定比例的水、纤维覆盖物、黏合剂、肥料(根据情况的不同、也有另加保水剂、松土剂等材料)的容器内，利用离心泵把混合浆料通入软管输送喷播到待播的土壤上，形成均匀的覆盖层保护下的草种层，多余的水渗入土表。此时，纤维胶体形成半透渗的保湿表层，减少水分蒸发，给种子发芽提供水分、养分和遮阴条件，纤维胶体和土表黏合使种子遇风、降雨、浇水不会冲失，具有良好的固种保苗作用。另外，覆盖物一般染成绿色喷播后很容易检查是否已播种及漏播情况，立刻显示草坪绿色。

喷播优点是使播种、施肥、覆盖在一次操作中完成，大大缩短了植被建植的工艺流程，提高工作效率，节约人力和财力，降低播种成本；采用高压设备，可以把配好的喷播材料喷到十几米甚至几十米高的高速公路边坡上，解决高边坡，尤其是陡峭高边坡植被建植难题；液压喷播材料中配有一定比例和数量的黏合剂和稳定剂，可以使喷播的种子稳固在边坡的表面，避免被雨水冲掉，这就解决了常规手工播种和一般播种机在坡面上难以有效播种的困难；与常规方法相比，喷播后形成的草皮质地更加均匀致密，能够更有效地保护边坡的稳定性，防止水土流失。

（7）植生带建坪

草坪植生带建植是在专门设备上按特定工艺将草种与添加物（种肥、保水剂、农药等）按一定的排列方式与密度均匀固定在载体间（能自行降解的无纺布、纸、布等）制成的草坪特种建植材料，是草坪业工厂化生产的工业产品。植生带建植草坪技术要点包括铺植前应精细整地，必要时表土过筛以清除杂物；施适量基肥后翻耕，深度以 20～30cm 为宜，搂平、细耙、轻镇压，确保坪床面平整一致；铺植前应浇足底水，覆土或覆沙用量为 0.3m³/100m²；铺植时将成卷的植生带自然地铺放在坪床表面，拉直、紧密衔接（重叠 1～2cm），确保植生带与表土紧贴；覆细土或沙 0.3cm 厚，用碾滚轻压，及时浇水；做好苗期管理工作。

1.1.4　草坪养护管理

草坪建植成功后，必须做好草坪养护管理工作。草坪养护管理工作直接与其质量、使用价值、使用年限等相关，应当从人力和资金上给予保证，避免出现重建植和轻养护的情况。草坪植物多属多年生草本植物，在自然情况下，其地上部每年生命周期一般经过幼苗萌发、生长、抽穗、开花、结实、茎叶枯黄等阶段，而作为草坪主要利用草坪植物生长前期，而不是利用草坪植物生长后期。因此，要通过养护管理来使草坪植物保持在前期生长阶段。

1.1.4.1　覆盖

覆盖是用外部材料覆盖坪床的作业。覆盖作用在于减少侵蚀，并为幼苗萌发和草坪的提前返青提供一个更适宜的小环境。草坪覆盖可以稳定土壤和固定种子，以抗风和地表径流的侵蚀；缓冲地表温度波动，保护已萌发种子和幼苗免遭温度变化而引起的危害时；减少地表水分蒸发，提供一个较湿润的小生境；减缓水滴的冲击能量，减少地表板结，使土壤保持较高的渗透速度。晚秋、早春低温播种及需草坪提前返青和延迟枯黄时，也可采用覆盖措施。覆盖材料可根据场地需要、来源、成本及局部的有效性来确定。目前最常用覆盖材料是无纺布。

1.1.4.2　修剪

修剪是草坪养护管理的主要措施之一，可以控制草坪高度和维持草坪使用价值；修剪可以控制草坪草生长，使其经常处于营养生长阶段，而不产生生殖枝；修剪可以增加草坪密度，促进草坪草分蘖和营养繁殖，在一定范围内使叶片变狭；修剪可以抑制杂草蔓延，尤其是对双子叶杂草。同时，修剪对草坪产生不利影响，草坪草修剪后，给草坪植株留下切开伤口，容易引起草坪草真菌感染等病害；修剪影响草坪草根系生长和使贮存性营养物质减少，使得草坪草根系入土深度变浅。目前使用剪草机主要有滚刀式剪草机、旋刀式剪草机和连枷式剪草机。剪草机根据行走方式可分为：手推式、自走式、座骑式。

草坪修剪基本原则是 1/3 原则，即每次修剪量不能超过茎叶组织纵向总高度的 1/3，也不能伤害根颈，否则，会造成地上茎叶生长与地下根系生长不平衡，进而影响草坪草正常生长。1/3 修剪原则对夏季逆境胁迫下的冷型草坪草特别适用。当草坪草遭受不良环境影响时，应提高修剪高度；在草坪草休眠期和早春，可适当降低修剪高度，以减少土壤表面遮阴，使土壤升温加快。修剪频率指单位时间内修剪次数，取决于草坪草生长速度，而草坪草生长速度依赖于生长环境、养护管理水平及草坪草种和品种。

1.1.4.3　灌溉

水是草坪草重要组成成分和草坪草生存物质基础，水分占草坪草组织的 80%~90%，草坪草含水量下降就会引起草坪草萎蔫，当草坪草含水量降至 60% 以下时，草坪草就会死亡。草坪草体内水分维持细胞膨压，是许多化合物的溶剂，是草坪草体内生化反应进行的物质基础，同时调节草坪草体内温度。

草坪灌溉时期确定是一个复杂养护管理难题。可用多种方法确定草坪灌溉时期，其主要方法是根据草坪草外表特征确定草坪灌溉时期。当草坪缺水时，草坪草显现不同程度萎蔫，进而叶片颜色由鲜绿色变为蓝绿色或灰绿色。根据土壤水分状况确定草坪灌溉时期，当表层土壤含水量低于田间持水量的 60%~70% 时，草坪草需要灌溉。灌水频率指单位时间内灌水次数，主要取决于草坪草生长特性和气候条件。气温高和干燥，灌水频率高；气温低和湿润，灌水频率低。灌水应当遵守原则是见干见湿，即灌溉之前，土壤要干燥，灌溉后，土壤湿润，这样有利于植物根系生长。一般来说，在一日内任何时间都可以进行灌溉，但灌溉最好时间是无风、湿度高、温度低的时候，有利于减少水分蒸发损失，夜间或清晨灌溉，水分蒸发损失较少，中午灌溉，水分蒸发损失达到 30%。夜间是灌溉最佳时间，尤其是高尔夫球场，不影响白天打球。喷灌是草坪灌溉的主要方式，尤其在地形有起伏情况下。

1.1.4.4　排水

草坪中水分主要来源于天然降水和灌溉水，草坪绿地排水系统主要分地表雨排水和地下排水。地表排水则是通过地表微地形起伏，将地表水汇集在地势低洼处，在此处建筑排水汇集入口（雨水井），通过地下输水管道或沟渠将水排出；地下排水是管道排水系统将土壤剖面多余水分缓慢和持续性地排走。运动场传统排水系统多采用陶土管（黏土管）或 PVC 管，管道周围和顶部铺设一定厚度粗砂（12~18in*），以防止黏土、沙土或砂石堵塞排水管道孔隙。

1.1.4.5　施肥

草坪施肥的频率、种类和用量与人们对草坪的质量要求、天气状况、生长季的长短、土壤基况、灌溉水平、修剪物的去留、草坪草品种等多种因素相关，肥料施用计划应综合诸因素，科学制定，无规范模式可循。可根据草坪的外观特征如叶色和生长速度等来确定施肥时间，当草坪颜色退绿和枝条变得稀疏时，应进行施肥。在生长季，当草坪草颜色暗淡和发黄老叶枯死，则需补氮肥；叶片发红或暗绿色，则应补磷肥；草坪株体节部缩短，叶脉发黄，老叶枯死，则应补钾肥。

1.1.4.6　滚压

为获得一个平整紧实草坪床面和使叶丛紧密而平整地生长，草坪需适时进行滚压。滚压通常在草皮铺植后、幼坪第一次修剪后、成坪春季解冻后或生长季需叶丛紧密平整时进行。滚压可用人力推动重滚或用机械进行。重滚为空心铁轮，可用装水、充沙或加取重体方法来调节重量。滚压时手推轮重一般为 60~200kg，机动滚轮为 80~500kg。

1.1.4.7　通气

通气是指对草皮进行穿洞划破等技术处理，以利于土壤呼吸和水分、养肥渗入床土中的作业，是改良草皮物理性状，以加快草皮有机质层分解，促进草坪地上部生长发育的 1 种培

---

*　1in = 2.54cm。

育措施。通气措施包括打孔(穿刺)、除芯土(芯土耕作)、划破、垂直刈割、松耙等。打孔是用实心的锥体扦入草皮,深度不少于 6cm。除芯土是用专用机具从草坪土地中打孔并挖出土芯(草塞)的作业。划破草皮是借助安装在园盘上的一系列"V"形刀刺入草皮 7～10cm。该作业与打孔相似,只是穿刺深度限制在 3cm 以内。划破不存在土壤移出过程,对草坪的机械破坏较小。垂直刈割是借助安装在高速旋转水平轴上的刀片进行近地表面垂直刈割,以清除草坪表面积累的有机质层或改善草皮表层通透性为目的的一种养护措施。松耙是指通过机械方式,将草皮层上覆盖物除去的作业,耙松地表,使床土获得大量氧气、水分和养分,阻止苔藓和杂草的生长,消除真菌孢子萌发等作用。

1.1.4.8　修补

在使用草坪过程中,由于严重践踏草坪边缘、过度使用运动场、不正确使用杀虫剂、除莠剂、杀菌剂、自然磨损及意外事件等,常常造成局部草坪损坏。损坏草坪应及时修补,修补方法有补播和铺装草皮。当草坪使用不紧迫时,可采用补播,当快速使用草坪,需采用铺装草皮。补播时,要将补播地的表土稍加松动,然后撒播,使种子均匀进入床土,使用种子应与原草坪的一致,进行催芽、拌肥、消毒等播前处理。铺装草皮是一种耗资较大的修补方法,但具有定植迅速等优点。

1.1.4.9　病害防治

由于遭受病原生物体侵染或不适宜环境因素等影响,草坪草细胞和组织功能失调或正常生理进程受到干扰,草坪草组织和形态上表现出异样变化,致使草坪外观受损和使用质量下降,甚至造成草坪草生长衰弱死亡,这种现象称为草坪病害。草坪病害是一个持续的病理变化过程,当草坪遭受病原生物体侵染和不适宜环境因素等影响后,草坪草先表现为正常生理功能失调,而后出现组织结构和外部形态的各种不正常变化,从而使生长发育过程受到阻碍,这种从生理到组织形态病变是一个逐渐加深和持续发展的动态过程。草坪草病害主要有真菌、夏季斑枯病、币斑病、腐霉枯萎病、镰刀枯萎病、蘑菇圈、锈病、线虫病害等。

病害防治方法多种多样,按其作用原理和应用技术,概括起来,分为植物检疫法、农业防治法、生物防治法、物理机械防治法和药剂防治法。各类防治法各有其优缺点,需要互相补充和配合,进行综合防治,方能更好地控制病害。在综合防治中,应以农业防治为基础,因地制宜,合理运用药剂防治,生物防治和物理防治等措施。

1.1.4.10　虫害防治

草坪主要害虫有蛴螬、地老虎、草地螟、吸汁害虫、叶蝉、蚜虫等。草坪虫害防治方法有植物检疫、生物防治、化学防治、农业防治、物理及机械防治等。草坪虫害防治原则是"预防为主,综合防治"。草坪害虫主要是通过咀嚼和刺吸来采食草坪草,直接吞食草坪草的组织和汁液,有时传播病害,从而减少或抑制草坪草的正常生长。草坪害虫的防治通常可以结合建坪和草坪管理、生物防治、物理机械防治,化学药物防治等途径进行。各类防治法各有其优缺点,需要互相补充和配合,进行综合防治。

1.1.4.11　杂草防除

杂草能引起草坪危害,主要是具有以下特性:当杂草生长旺盛,能形成致密草丛,不易受修剪影响;杂草具有较强结实能力;许多杂草,像蒲公英有粗大的根系,铲除后仍具有顶部再生能力;某些杂草,如婆婆纳,在修剪后,切断营养体,具有无性繁殖再生能力;许多杂草有较长地上匍匐枝,蔓延孳生迅速;有些禾本科杂草叶子具特殊的生活习性,不能使用化学除草剂。

杂草防除方法很多，各种方法均可收到一定的效果，但也不可避免地存在着一定缺陷。要控制杂草的危害还必须坚持"预防为主，综合治理"的原则，即因地制宜地组成以化学除草为主的综合防除体系。杂草防除依其作用的原理可分为人工挖除、生物防除和化学防除。从理论上讲，生物防除是草坪杂草防除的最佳方法，即对草坪施行合理水肥管理，以促进草坪草长势，增强与杂草竞争能力，并通过多次修剪，抑制杂草生长，以达到预防为主，综合防治目的。

1.2 草坪工程监理基本概念

1.2.1 草坪工程监理的概念

草坪工程监理是指草坪工程监理单位授项目法人的委托和授权，根据法律和工程建设委托合同，对工程建设参与者行为及其职责权利进行必要的协调和约束，使草坪工程建设的进度、质量和投资按计划进行。草坪工程监理的原则是坚持监理职业资质审查和持证上岗的原则，是坚持独立、公正和科学的原则，是实行总监理工程师全权负责的原则，是实行有偿服务的原则。草坪工程监理工作依据是工程承包合同和监理合同。草坪工程监理职责是在贯彻执行国家有关法律、法规的前提下，促使项目法人和承包商签订的工程承包合同得到全面履行，控制草坪工程的建设投资、建设工期和工程质量，进行安全管理、工程建设合同管理和协调有关单位之间的工作关系，即"三控、两管、一协调"。

1.2.2 业主、监理和承包商的概念

业主是草坪工程建设项目的投资人或投资人专门为工程建设项目设立的独立法人。业主可能就是项目最初的发起人，也可能是发起人与其他投资人合资成立的项目法人公司，业主是项目拥有者、使用者、投资者和最高决策者。监理单位一般是指取得监理单位资质证书，具有法人资格的监理公司、监理事务所和兼承监理事务的工程设计、科学研究及工程建设咨询的单位。承包商是以承揽工程项目，为业主提供服务的经济实体。业主与监理是委托与被委托关系；业主具有对项目提出意向、制定目标、委托授权、提供工地和投资等权利。业主与承包商在经济法律上是利润与合同关系；监理单位与承包商是监理与被监理关系。

1.2.3 草坪工程监理工程师

监理工程师是由个人提出申请，经过监理资格考核和注册管理机构注册，专门承担建立工作的专业人员。草坪工程监理工程师主要负责编制本专业监理实施细则，组织、指导、检查和监督本专业监理员从事承包单位投入人力、材料、主要设备及运行状况督促和检查，审核承包单位提交施工计划、施工方案、施工申请及施工变更，负责本专业资料汇集、整理及编写。

监理工程师并非国家现有专业技术职称的一个分支，而是指工程监理岗位职务和执业资格。按国家主管部门的有关规定，获得这一资格的人员必须是已取得我国专业技术中级以上（含中级）职称的专业人员。监理工程师按专业性质设置岗位。监理工程师系岗位职务的这

一特点，决定监理工程师对一个专业人员来说并非是终身职务。只有在监理单位工作从事工程监理工作的专业技术人员才可能成为监理工程师；反之，对一位已取得监理工程师资格的人员来讲，如果他脱离监理单位，不再从事工程监理工作，其监理工程师资格也将被取消。按照国家相关规定，监理工程师不得以个人名义承接工程监理业务，必须服务于专业的监理单位或者兼承监理业务的工程设计、科学研究、工程咨询和施工等单位。

监理业务只能由取得监理资格证书，并经注册的监理单位承担。从事工程监理工作，但尚未取得《监理工程师岗位证书》的人员统称为监理人员。在监理工作中，监理员与监理工程师的区别主要在于监理工程师具有相应岗位责任的签字权，监理员则没有相应岗位责任的签字权。

关于监理人员称谓，不同国家称谓不尽相同。我国按资质等级把监理人员分为 4 类。凡取得监理岗位资质的人员统称为监理工程师；根据工作岗位需要，聘任资深的监理工程师为主任监理工程师；同样，根据工作岗位需要，可聘资深的主任监理工程师为工程项目的总监理工程师（简称总监）或副总监理工程师（简称副总监）；不具备监理工程师资格的其他监理人员称为监理员。主任监理工程师、总监理工程师等都是临时聘任的工程建设项目上的岗位职务，一旦没有被聘用，则就没有总监理工程师或主任监理工程师的称谓和职责。

1.2.4　草坪工程监理工程师的素质要求

监理工程师作为从事工程活动的骨干人员，其工作质量的好坏对被监理工程项目效果影响较大。要求从事监理工作的监理工程师不仅要有较为深厚的理论知识，能够对工程建设进行监督管理，提出指导性意见，而且要能够组织和协调与工程建设有关的各方共同完成工程建设任务。也就是说，监理工程师不但要具备一定的理论知识，还要有一定的组织协调能力。因此，监理人员，尤其是监理工程师，是一种复合型人才。对这种高智能人才素质的要求，主要体现在以下几个方面。

1.2.4.1　具有较高理论水平

现代工程建设的工艺越来越先进，材料和设备越来越新颖，而且规模越来越大，应用科技门类多，需要组织多专业和多工种人员，形成分工协作和共同工作的群体。即使是规模不大和工艺简单的工程项目，为了优质和高效地做好工程建设，也需要具有较深厚的现代科技理论知识、经济管理理论知识和一定法律知识的人员进行组织管理。如果工程建设委托监理，监理工程师不仅要担负一般的组织管理工作，而且要指导参加工程建设各方做好他们各自工作。

监理工程师作为从事工程监理活动的骨干人员，应具有较高的理论水平才能保证在监理过程中抓中心、抓方法、抓效果、把握监理大方向和大原则，才能起到权威作用。监理工程师的理论水平来自自身的理论修养，这种理论修养应当是多方面的。首先，对工程建设方针、政策、法律、法规方面应当具有较高的造诣，并能联系实际，使监理工作有根有据和扎实稳妥。其次，应当掌握工程建设方面的专业理论，知其然，并知其所以然，在解决实际问题时能够透过现象看本质，从根本上解决和处理问题。

监理工程师要向项目法人提供工程项目的技术咨询服务，能够发现和解决工程设计单位和施工单位不能发现和不能解决的复杂问题。监理工程师必须具有高于一般专业技术人员的专业技术知识，这就要求监理工程师除了要有较高的专业技术水平外，还应在专业知识的深度与广度方面达到能够解决和处理工程问题的程度。

1.2.4.2　具有合理知识结构

　　监理工程师要向项目法人提供工程项目管理咨询服务，要求监理工程师必须熟知国家颁发的建设法规以及相应的规章制度，必须具有丰富的工程建设管理知识和经验，同时还要具备一定水平的行政管理知识和管理经验。监理单位在一个项目建设中应作为管理核心，它的监理工程师应能独当一面地进行规划、控制和协调，其中组织协调的能力是衡量他的管理能力最主要的方面。因此，监理工程师要胜任监理工作，就应当有足够的管理知识和技能。其中，最直接的管理知识是工程项目管理。监理工程师为了能够协助项目法人在预定的目标内实现工程项目，他们所做的一系列工作都是在管理这条线上。诸如，风险分析与管理、目标分解与综合、动态控制、信息管理、合同管理、协调管理、组织设计和安全管理等。监理工程师所进行的管理工作是贯穿于整个项目始终的。

1.2.4.3　熟知国家法律和法规

　　《建筑法》按照土木类专业的建设法规教学大纲要求，根据现行工程建设领域相关法律法规编写，全面系统地反映建设工程全生命周期各阶段相关法律制度，从工程建设程序、工程建设执业资格、城市及村镇建设规划、工程发包与承包、工程勘察设计、工程建设监理、建设工程质量、工程建设安全生产和建设工程合同管理等方面进行较为全面的介绍，并从法理角度进行系统的阐述。《建筑法》引用大量真实案例，以案说法，以案学法，具有较强的实践性和针对性。教材编写过程中以当前颁布的国家最新建设法规为依据，尽量吸收工程建设实践中的最新成果，反映了我国建设法规的最新动态。在知识结构上以工程建设基本程序为主线，做到知识主线清晰，层次分明、重点突出。建筑法规是指国家权力机关或其授权的行政机关制定的，旨在调整国家及其有关机构、企事业单位、社会团体、公民之间在建设活动中或建设行政管理活动中发生的各种社会关系法律和法规统称。《合同法》是调整平等主体之间的交易关系的法律，它主要规范合同的订立、合同的效力、合同的履行、合同的变更、合同的转让、合同的终止、违反合同的责任及各类有关合同等问题。合同法并不是一个独立法律部门，而只是我国民法的重要组成部分。

　　合同法具有维护经济交易关系提供准则，保护合同当事人的合法权益，维护正常的交易秩序等作用，同时能够促进国民经济发展。合同是指平等主体的双方或多方当事人(自然人或法人)关于建立、变更、终止民事法律关系的协议。合同是产生债权的一种最为普遍和重要根据，故又称债权合同。《中华人民共和国合同法》所规定的经济合同属于债权合同范围。合同泛指发生一定权利和义务的协议，故又称契约。合同是双方的法律行为，即需要两个或两个以上的当事人互为意思表示(意思表示就是将能够发生民事法律效果的意思表现于外部的行为)。双方当事人意思表示须达成协议，即意思表示要一致。合同系以发生、变更、终止民事法律关系为目的。合同是当事人在符合法律规范要求条件下而达成的协议，故应为合法行为。合同一经成立即具有法律效力，在双方当事人之间就发生权利和义务关系，或使原有的民事法律关系发生变更或消灭。当事人一方或双方未按合同履行义务，就要依照合同或法律承担违约责任。合同具有的法律性质即合同是一种民事法律行为。合同是双方或多方当事人意思表示一致的民事法律行为。合同是以设立、变更、终止民事权利义务关系为目的的民事法律行为。《中华人民共和国招标投标法》是国家用来规范招标投标活动，调整在招标投标过程中产生的各种关系法律规范的总称。按照法律效力不同，招标投标法法律规范分为三个层次：第一层次是由全国人大及其常委会颁布的《招标投标法》法律；第二层次是由国务院颁发的招标投标行政法规以及有立法权的地方人大颁发的地方性《招标投标法》法规；第三层次是由国务院有关部门颁发的招标投标的部门规章以及有立法权的地方人民政府颁发的地方性招标投标规章。本课程所称《招标投标法》是属第一层次上的，即由全国人民代表大会常务委员会制定和颁布的《中华人民共和国招标投标法》（以下简称《招标投标法》）法律。

　　《招标投标法》是国家经济法律体系中非常重要的一部法律，是整个招标投标领域的基本法，一切有关招标投标的法规、规章和规范性文件都必须与《招标投标法》相一致。《招标投标法》中规定招标范围主要着眼于工程建设项目全过程招标，包括勘察、设计、施工、监理、设备、材料采购等。工程勘察指为查明工程项目建设地点的地形、地貌、土层、土质、岩性、地质构造、水文条件和各种自然地质现象而进行的测量、测绘、测试、观察、地质调查、勘探、试验、鉴定、研究和综合评价工作。工程设计指在正式施工之前进行的初步设计、施工图设计和技术设计。工程施工指按照设计的规格和要求建造建筑物的活动。工程监理指业主聘请监理单位对工程项目建设活动进行咨询、顾问和监督，并将业主与承包商为实施项目建设所签订的各类合同履行过程，交予其负责管理。《招标投标法》之所以将工程建设项目作为强制招标的重点，因为当前工程建设领域发生的问题较多，对社会和经济发展产生不良影响，包括招标投标推行不力，程序不规范等腐败和堕落行为。根据《招标投标法》，在工程建设项目中，采取规定方式选择勘察、设计、监理单位，进行部分设备和材料采购的招投标，大部分设备和材料由业主或承包商直接采购；招投标应该严格按"公开、公平、公正"原则进行。招标投标是一种国际上普遍运用和有组织的市场交易行为，是贸易中一种工程、货物和服务的买卖方式。在招投标中，招标人通过事先公开的采购要求，吸引众多投标人平等参与竞争，按照规定程序组织技术、经济和法律等方面专家对众多的投标人进行综合评审，从中择优选定中标人。货物指各种各样的物品，包括原材料、产品、设备和固态、液态或气态物体和电力，以及货物供应附带服务。工程指各类房屋、道路、桥梁、隧道、水利建筑、园林建造的设备安装、管道线路敷设、装饰装修等建设以及附带的服务。服务指除货物和工程以外的任何采购对象，如勘察、设计、咨询、监理等。

1.2.4.4　具有丰富工程建设和管理实践经验

　　作为一名监理工程师，必须具有丰富的工程建设实践知识和经验。如果没有工程建设知识，就谈不到工程建设应用，提高知识应用水平和解决工程建设实践问题离不开实践过程，工程建设经验来自工程建设实践积累。工程监理是在工程项目动态过程开展的实践性很强的一项工作，监理工程师需要在动态过程中实施监理。从监理主要工作来看，发现问题和解决问题贯穿于整个监理过程中。发现问题和解决问题的能力在很大程度上取决于监理工程师的实践知识和经验。如果监理工程师实践知识广，就能够对可能发生问题加以预见，从而采取主动控制措施；如果监理工程师实践经验丰富，就能够对突然出现问题及时采取有效方法加以处理。积累工程建设经验相当于建立存储解决工程问题的"方法库"，对"常见病"，可以按惯用"药方"有效解决，对新问题可以借鉴类似问题解决方法。丰富工程建设和管理实践知识和经验是胜任监理工作和有信心做好监理工作的基本保证，监理工程师需要工程设计方面和施工方面的知识和经验，设计方面和施工方面的知识和经验构成工程项目实施阶段的基本工作，是监理工程师进行监督管理的主要内容。监理工程师需要工程招标方面的经验，协助选择理想的承包商是项目法人的基本需求，也是做好监理工作的先决条件。监理工程师需要积累工程项目环境经验，包括项目的自然环境经验和社会环境经验，工程项目实现总是与自然环境和社会环境息息相关，自然环境和社会环境是工程项目实施基础，了解和熟悉自然环境和社会环境，并对环境具有一定的适应性，是工程顺利实施的重要条件。工程经验包括从事工程建设的时间长短、经历过工程种类、所涉及工程专业范围、工程所在区域范围、国外工程经验、项目外部环境经验、工程业绩、工作职务经历以及专业会员资格等。

工程建设实践经验是理论知识在工程建设中的成功应用。一般来说，一个人从事工程建设时间越长，经验就越丰富；从事工程建设时间越短，经验则不足。工程建设中出现失误往往与经验不足有关。然而单凭工程建设实践经验也难以取得预期成效。我国在考核监理工程师的资格中，对其从事工程建设实践工作年限也作了相应规定，取得工程技术或工程经济专业中级职务，并任职满 3 年方可参加监理工程师的资格考试。

1.2.4.5 具有高超领导艺术和组织协调能力

监理是一种高智能的服务，是监理人员利用自己的知识、技能和经验、信息以及必要的试验和检测手段为业主提供的管理服务，监理工程师必须具备有一定的专业知识、较强的专业能力以及工程实践经验，才能提供基于自身专业技能的监督、管理、技术、咨询、协调服务。监理工程师不能满足于现状，要不断学习，总结经验，进行技术、管理、知识的更新，努力提高自身的专业技能，只有这样才能够对工程建设进行监督管理，提出指导性意见，实现项目监理目标。

监理工程师要实现项目监理目标，需要与各参与单位合作，与不同地位和知识背景的人打交道，要把各方面的关系协调好。这一切都离不开高超的领导艺术和良好的组织协调能力。在项目监理过程中，监理工程师必须会与业主、承包商、政府监管部门以及监理部内部进行交流沟通。在交流沟通中，监理工程师应本着实事求是和尊重事实的原则，要以理服人，说话要注意策略，斟酌言辞，掌握分寸；要根据场合和对象的不同，调整说话方式和方法，心平气和地进行交流沟通；绝不能以趾高气扬、目中无人的态度交流。这样不仅解决不了问题，反而会激化矛盾和伤和气。在交流沟通中，采取适当说话方式和方法达到相互理解、相互配合，进而解决问题。监理工程师应不断加强这方面修养，努力提高交流沟通的技巧，将监理工作做得更好。

组织协调就是联结、联合、调和所有的活动及力量，使各方配合适当，其目的是促使各方协同一致，以实现锁定的目标。组织协调工作将贯穿于整个建设工程实施及其管理的全过程。组织协调参与工程建设各方面的关系，使参建各方的能力能最大程度地发挥，是监理工程师能力体现。监理工程师作为业主和承包商的纽带和桥梁，应做好协调和缓冲工作，从而营造一个良好的合作氛围。组织协调不仅是方法和技术问题，而且是语言艺术和感情问题。高超组织协调能力则往往能起到事半功倍的效果。监理工程师在组织协调过程中要站在公平和公正的立场上处理问题，既坚持原则，又善于倾听和理解各方意见，只有这样才能使业主和承包商心悦诚服和对协调结果满意，才能建立和维护监理工程师的威信，得到业主和承包商对监理工作的尊重、理解和支持。监理工程师除参加每周项目监理部组织的工程协调会外，还应根据本专业工程的进展情况，确定本专业各承包商、部门间工作协调程序，及时组织协调和处理本专业管理范围内业主及各承包商之间的关系，实现各方良好合作，有力推动本专业工程顺利进展。监理工程师应该认识到，良好的群众意识会产生巨大的向心力，温暖的集体本身对成员是一种激励；适度的竞争氛围与和谐的共事氛围互相补充，才易于保持良好的人际关系和人们心理的平衡。监理工程师在项目建设中责任大和任务繁重，良好组织协调能力是监理工程师的必备素质。监理工程师要避免组织指挥失误，特别需要统筹全局，防止陷入事务圈子或把精力过分集中于某一专门性问题。

1.2.4.6 具有高度责任心和良好团队协作精神

具有高度的责任心和良好的团队协作精神是一个监理工程师素质要求，要求监理工程师认真负责的态度和积极主动协作的精神管理好工程项目，为业主提供良好的服务。监理工作往往是由多个监理工程师协同完成，监理工程师的责任心和协作精神就显得尤为重要，每位监理工程师的工作成果都与其他监理工程师的工作有密切联系，任何一个环节错误都会给整个监理项目带来严重后果，要求每位监理工程师都必须确保自身监理工作质量，并对自己的工作成果负责，才能确保整个监理项目的成果。

1.2.5 草坪工程监理单位

草坪工程监理单位是指取得监理资质证书，具有法人资格的监理公司、监理事务所和兼承监理业务的工程设计、科学研究及工程建设咨询的单位。草坪工程监理单位具有依法自主执行业务，签署工程监理及相关文件的权利，保守商业秘密，诚信义务，完成合同中规定的检查项目等责任，不能同时受聘 2 个监理单位。

根据《中华人民共和国建筑法》第十三条规定，按照拥有的注册资本、专业技术人员、技术装备和已完成的建筑工程业绩等资质条件，将承包单位、勘察单位、设计单位和工程监理单位划分为不同的资质等级。依据 2001 年 8 月 29 日建设部发布的《工程监理企业资质管理规定》，建筑工程监理单位的资质等级分为甲、乙、丙三级，不同资质等级的建筑工程监理单位承担不同的建筑工程监理业务。

甲级监理单位应当具备下列条件：单位负责人和技术负责人应当具有 15 年以上从事工程建设工作的经历，单位技术负责人应当取得监理工程师注册证书，取得监理工程师注册证书的人员不少于 25 人，注册资本不少于 100 万元，近 3 年内监理过 5 个以上二等房屋建筑工程项目或者 3 个以上二等专业工程项目。

乙级监理单位应当具备下列条件：单位负责人和技术负责人应当具有 10 年以上从事工程建设工作的经历，单位技术负责人应当取得监理工程师注册证书，取得监理工程师注册证书的人员不少于 15 人，注册资本不少于 50 万元，近 3 年内监理过 5 个以上三等房屋建筑工程项目或者 3 个以上三等专业工程项目。

丙级监理单位应当具备下列条件：单位负责人和技术负责人应当具有 8 年以上从事工程建设工作的经历，单位技术负责人应当取得监理工程师注册证书，取得监理工程师注册证书的人员不少于 5 人，注册资本不少于 10 万元，承担过 2 个以上房屋建筑工程项目或者 2 个以上专业工程项目。组建草坪工程监理机构是草坪工程监理单位实施草坪工程监理的法定程序，根据所承担的监理任务组建草坪工程监理机构。草坪工程监理机构一般由总监理工程师、监理工程师和其他监理人员组成。

1.3　草坪工程监理主要任务和原则

1.3.1　草坪工程监理主要任务

1.3.1.1　质量控制

质量控制是指草坪工程满足业主需求，符合国家法律、法规、技术规范标准、设计文件及合同规定的综合特性。草坪工程作为一种特殊的产品，应该具有一般产品共有的质量特性，如适用性、寿命、可靠性、安全性、经济性等，还具有特定的内涵包括质地、高度、密度、盖度、均一性、植物组成、生育型、抗逆性（抗干旱、盐碱、寒冷、涝害、病虫害等）、绿期、刚性、弹性、光滑度、草皮强度、草皮硬度、恢复力等。影响草坪工程因素很多，包括人为因素、机械因素、材料因素、方法因素、环境因素等。人员素质、工程材料、施工设备、工艺方法、环境条件都影响草皮工程质量。总体来讲，在设计阶段，设计方案选择及图纸审核和概算审核；在施工准备阶段，审查承包人资质和所用材料、配件和设备，审查施工技术方案和施工组织设计，实施质量预控；在施工阶段，重要技术复核，工序检查，监督合同文件规定质量要求、标准、规范等。

1.3.1.2　进度控制

进度控制是指对草坪工程项目建设各阶段的工作内容、工作程序、持续时间和衔接关系，根据进度总目标及资源优化配置的原则，编制施工进度计划，然后在施工进度计划实施过程中经常检查实际进度与计划进度偏差，对出现偏差进行实际分析，采取有效扑救措施，修改原计划后再付诸实施，如此循环，直到草坪工程项目竣工验收交付使用。草坪工程仅需控制最终目标是确保草坪工程项目按预定时间交付使用或提前交付使用。影响草坪工程进度因素包括人为因素、设备、材料及构配件因素、机具因素、资金因素、水文地质因素等。常见影响草坪工程进度的人为因素包括建设单位因素、勘察设计因素、施工技术因素、组织管理因素等。建设单位因素包括建设单位因使用要求进行设计变更，不能及时提供建设场地而满足施工需要，不能及时向承包单位和材料供应单位付款。勘察设计因素包括勘察资料不准确，特别是地质资料有错误或遗漏，设计有缺陷或错误，设计对施工考虑不周，施工图供应不及时等。施工技术因素包括施工工艺错误、施工方案不合理等。组织管理因素包括计划安排不周密、组织协调不利等。总体来讲，根据合同规定工程完工项目，审核施工组织设计和进度计划，并在计划实施中跟踪监督并作好协调工作，按合同处理工期索赔、进度延误和施工暂停，控制工程进度。

1.3.1.3　投资控制

在草坪工程项目的投资决策阶段、设计阶段、施工阶段以及竣工阶段，把草坪工程投资控制在批准的投资限额内，随时纠正发生的偏差，以保证项目投资管理目标的实现，力求在草坪工程中合理使用人力、物力和财力，取得较好的投资效益和社会效益。在草坪工程项目施工阶段，监理工程师进行投资控制的基本原理是把计划投资额作为投资控制的目标值，定期进行投资实际值与目标值的比较，通过比较发现，并找出实际支出额与投资目标值之间的偏差，然后分析产生偏差原因，采取有效的措施加以控制，以确保投资控制目标的实现。这种控制贯穿于草坪工程项目的全过程，是动态的控制过程。要有效控制投资项目，应从组织、技术、经济、合同与信息管理等多方面采取措施。在组织上，采取措施包括明确项目组织结构、明确项目投资控制者及其任务，使项目投资控制有专人负责，明确管理职能分工；在技术上，采取措施包括重视设计方案选择，严格审查监督初步设计、技术设计、施工图设计和施工组织设计，研究节约投资的可能性；在经济上，采取措施包括动态的比较项目投资的实际值和计划值，严格审查各项费用支出，采取节约投资的奖励措施等。总体来讲，在建设前期，协助项目法人正确的进行投资决策，控制好投资估算总额；在设计阶段，对设计方案、设计标准、总概算进行审核；在施工准备阶段，协调项目法人组织招标投标；在施工阶段，严格计量与交付管理和审核工程变更，控制索赔；在工程完工阶段，审核工程结算，在工程保修责任终止时，审核工程最终计算。

1.3.1.4　安全管理

建设单位施工现场安全管理包括两层含义，第一层含义指工程建筑物本身的安全，即工程建筑物的质量是否达到合同的要求，第二层含义指施工过程中人员的安全，特别是与工程项目建设有关各方在施工现场施工人员的生命安全。监理单位应建立安全监理管理体制，确定安全监理规章制度，检查指导项目监理机构的安全监理工作。

1.3.1.5　合同管理

合同是草坪工程监理中最重要的法律文件。订立合同是为了证明一方向另一方提供货品或者劳务，它是订立双方责、权、利的证明文件。施工合同管理是项目监理机构的一项重要的工作，整个工程项目的监理工作既可视为施工合同管理的全过程。监理单位协助项目法人在工程建设中合同的订立和签定，并管理合同，交付合同，进行变更索赔。

1.3.1.6　信息管理

及时准确的掌握项目建设中信息，严格有序地管理各种文件、图纸、记录等技术资料，使信息及时、完整、准确和可靠为工程监理提供依据。

1.3.1.7　风险管理

风险管理是对可能发生的风险进行预测、识别、分析、评估，并在此基础上进行有效的处置，以最低的成本实现最大目标保障。草坪工程风险管理是为了降低草坪工程中风险发生的可能性，减轻或消除风险的影响，以最低的成本取得草坪工程目标保障的满意结果。

1.3.1.8　组织协调

草坪工程项目建设是一项复杂的系统工程，在系统工程中活跃着业主、承包单位、勘察设计单位、监理单位、政府行政主管部门以及与草坪工程建设有关的其他单位。在系统工程中，监理单位应具备最佳的组织协调能力。监理单位是受业主委托并授权的，是施工现场唯一的管理者，代表业主，并根据委托监理合同及有关的法律、法规授予的权利，对整个草坪工程项目的实施过程进行监督和管理。监理人员都是经过考核的专业人员，它们有技术，会管理，懂经济，通法律，比业主的管理人员有着更高的管理水平、管理能力和监理经验，能有驾驭草坪工程项目建设全过程。组织协调主要指的是施工阶段项目监理机构组织协调工作，及时、公正、合理地做好协调工作，必要时出庭作证。

1.3.2　草坪监理人员的主要职责和权利

1.3.2.1　草坪总监理工程师主要职责和权利

监理单位应根据草坪工程的规模、性质及业主对监理的要求，委派称职的人员担任项目总监理工程师，总监理工程师是一个草坪工程监理工作的总负责人，他对内向监理单位负责，对外向业主负责。监理机构的人员构成是监理投标书中的重要内容，总监理工程师在组建项目监理机构时，应根据监理大纲内容和签订的委托监理合同内容，并在监理规划和具体实施计划执行中进行及时的调整。

草坪总监理工程师主要职责包括以下主要内容：确定项目监理机构人员的分工和岗位职责；主持编写项目监理规划，审批项目监理实施细则，并负责管理项目监理机构的日常工作；审查分包单位的资质，并提出审查意见；检查和监督监理人员的工作，根据工程项目的进展情况可进行人员调配，对不称职的人员应调换其工作；主持监理工作会议，签发项目监理机构的文件和指令；审定承包单位提交的开工报告、施工组织设计、技术方案、进度计划；审查和处理工程变更；主持或参与工程质量事故的调查；调解建设单位与承包单位的合同争议、处理索赔、审批工程延期；组织编写并签发监理月报、监理工作阶段报告、专题报告和项目监理工作总结；审核签认分部工程和单位工程的质量检验评定资料，审查承包单位的竣工申请，组织监理人员对待验收的工程项目进行质量检查，参与工程项目的竣工验收；主持整理工程项目的监理资料；完成领导临时交办的有关事宜。草坪总监理工程师主要权利包括以下主要内容：有权对本监理部不称职的监理人员提出奖励，做出处罚意见；有权签发《工程开工/复工报审表》及《工程暂停令》。

1.3.2.2　草坪监理工程师主要职责和权利

草坪监理工程师主要职责包括以下主要内容：负责编制本专业的监理实施细则；负责本专业监理工作的具体实施；组织、指导、检查和监督本专业监理员的工作，当人员需要调整时，向总监理工程师提出建议；审查承包单位提交的涉及本专业的计划、方案、申请、变更，并向总监理工程师提出报告；负责本专业分项工程验收及隐蔽工程验收；定期向总监理工程师提交本专业监理工作实施情况报告，对重大问题及时向总监理工程师汇报和请示；根据本专业监理工作实施情况做好监理日记；负责本专业监理资料的收集、汇总及整理，参与编写监理月报；核查进场材料、设备、构配件的原始凭证、检测报告等质量证明文件及其质量情况，根据实际情况认为有必要时对进场材料、设备、构配件进行平行检验，合格时予以签认；负责本专业的工程计量工作，审核工程计量的数据和原始凭证；完成领导临时交办的有关事宜。草坪监理工程师主要权利包括以下主要内容：有权对未经监理人员验收或验收不合格的工程材料、构配件、设备拒绝签认；有权对不合格的工序及隐蔽工程拒绝签认；有权对承包单位施工过程中出现的质量缺陷下发《监理工程师通知单》，要求承包单位整改，并检查整改结果。

1.3.2.3　草坪监理员主要职责和权利

草坪监理员主要职责包括以下主要内容：在专业监理工程师的指导下开展现场监理工作；检查承包单位投入工程项目的人力、材料、主要设备及其使用、运行状况，并做好检查记录；复核或从施工现场直接获得工程计量的有关数据并签署原始凭证；按设计图及有关标准，担任旁站工作，发现问题及时指出并向专业监理工程师报告；做好监理日记和有关的监理记录；完成领导临时交办的有关事宜。草坪监理员主要权利包括以下主要内容：在旁站工作中，发现问题有权要求承包单位整改。有权检查承包单位投入工程项目的材料质量。

总监理工程师编制草坪工程监理规划，草坪工程监理规划是开展工程监理活动的纲领性文件。监理实施细则应由专业监理工程师编制，经总监理工程师批准，在工程开工前完成，并报建设单位核备。监理实施细则应分专业编制，体现该工程项目在各专业技术、管理和目标控制等方面的具体要求，以达到规范监理工作的目的。草坪工程施工完成以后，监理单位应在正式验交前组织竣工预验收，在预验收中发现的问题，应及时与施工单位沟通，提出整改要求。监理单位应参加业主组织的工程竣工验收，签署监理单位意见。草坪工程监理工作完成后，监理单位向业主提交的监理档案资料，包括设计变更、工程变更资料、监理指令性文件、各种签证资料等档案资料。

监理工作完成后，项目监理机构应及时从两方面进行监理工作总结，第一是向业主提交的监理工作总结，其主要内容包括：委托监理合同履行情况概述，监理任务或监理目标完成情况的评价，由业主提供的供监理活动使用的办公用房、车辆、试验设施等的清单，表明监理工作终结的说明等。第二是向监理单位提交的监理工作总结，其主要内容包括：监理工作的经验（监理技术和方法的经验，经济措施和组织措施的经验，以及委托监理合同执行方面的经验或如何处理好与业主、承包单位关系的经验等），监理工作中存在的问题及改进的建议。

1.3.3　草坪监理遵守原则

（1）遵守公正、独立和自主的原则

监理工程师在草坪工程监理中必须尊重科学和尊重事实，组织各方协同配合，维护有关各方的合法权益。业主与承包商虽然是独立运行的经济主体，但他们追求的经济目标有差异，监理工程师应在按合同约定的权、责、利关系的基础上，协调双方的一致性。按合同约定，业主才能实现投资的目的，承包商才能实现自己生产的产品的价值，取得工程款和实现盈利。

（2）遵守权责一致的原则

监理工程师承担的职责应与业主授予的权限相一致。监理工程师的监理职权，依赖于业主的授权，这种权力的授予，除体现在业主与监理单位之间签订的委托监理合同之中，而且还应作为业主与承包商之间草坪工程合同的合同条件。监理工程师在明确业主提出的监理目标和监理工作内容要求后，应与业主协商，明确相应的授权，达成共识，并明确反映在委托监理合同中及草坪工程合同中。总监理工程师代表监理单位全面履行草坪工程委托监理合同，承担合同中确定的监理方向业主方所承担的义务和责任。在委托监理合同实施中，监理单位应给总监理工程师充分授权，体现权责一致的原则。

（3）遵守总监理工程师负责制的原则

总监理工程师是工程监理全部工作的负责人。要建立健全的总监理工程师负责制，就要明确权、责、利关系，健全项目监理机构，具有科学的运行制度、现代化的管理手段，形成以总监理工程师为首的高效能的决策指挥体系。

（4）遵守严格监理和热情服务的原则

严格监理就是各级监理人员严格按照国家政策、法规、规范、标准和合同控制草坪工程的目标，依照既定的程序和制度，认真履行职责，对承建单位进行严格监理。监理工程师还应为业主提供热情的服务，应用合理的技能，谨慎而勤奋地工作。业主一般不熟悉草坪工程管理与技术业务，监理工程师应按照委托监理合同的要求多方位、多层次地为业主提供良好的服务，维护业主的正当权益。但不能一味向各承建单位转嫁风险，从而损害承建单位的正当经济利益。

（5）遵守综合效益原则

草坪工程监理活动既要考虑业主的经济效益，也必须考虑与社会效益和环境效益的有机统一。草坪工程监理活动虽经业主的委托和授权才得以进行，但监理工程师应首先严格遵守国家的建设管理法律、法规、标准等，以高度负责的态度和责任感，既对业主负责，谋求最大的经济效益，又要对国家和社会负责，取得最佳的综合效益。只有在符合宏观经济效益、社会效益和环境效益的条件下，业主投资项目的微观经济效益才能得以实现。

1.3.4　工程监理资格获得

1.3.4.1　申报条件

申请草坪工程监理工程师资格者需具备以下条件：长期从事草坪工程或园林工程设计、施工、建植、管理工作的专业技术人员；热爱中华人民共和国，拥护社会主义制度，遵纪守法，遵守监理工作职业道德；男性年龄在 65 岁以下（含 65 岁），女性在 60 岁以下（含 60 岁），且身体健康，能胜任现场监理工作；具有高级专业任职资格；或取得中级专业任职资格后有 3 年以上工程设计、施工、建植、管理实践经历；参加全国监理工程师是指经全国统一考试合格，取得《中华人民共和国监理工程师执业资格证书》或《中华人民共和国监理工程师证书》，并经注册登记的工程建设监理人员。监理工程师是代表业主监控工程质量、工程进度和投资控制，是业主和承包商之间的桥梁。不仅要求监理工程师懂得工程技术知识、成本核算，而且需要监理工程师非常清楚建筑法规。

1.3.4.2　考试内容和科目

监理考试科目有《建设工程监理基本理论与相关法规》《建设工程合同管理》《建设工程质量、投资、进度控制》《建设工程监理案例分析》共 4 个科目。其中，《建设工程监理案例分析》为主观题，在试卷上作答；其余 3 科均为客观题，在答题卡上作答。考试分 4 个半天进行，《工程建设合同管理》《工程建设监理基本理论与相关法规》的考试时间为 2 小时；《工程建设质量、投资、进度控制》的考试时间为 3 个小时；《工程建设监理案例分析》的考试时间为 4 个小时。

1.3.4.3　监理工程师注册

首先进行初始注册，根据《注册监理工程师管理规定》（建设部第 147 号令）的有关规定，申请初始注册的人员（以下简称申请人）应同时满足以下条件：申请人持有人事部和建设部联合颁发的《中华人民共和国监理工程师执业资格证书》或《中华人民共和国监理工程师证书》（以下简称资格证书）；申请人受聘于一个具有建设工程勘察、设计、施工、监理、招标代理、造价咨询等一项或者多项资质的单位；申请人持有资格证书自签发之日起 3 年内未提出初始注册申请的，还须提交近 3 年达到继续教育要求的证明文件。申请人年龄未超过 65 周岁。申请初始注册所需提交的相关资料包括：申请人如实填写的《中华人民共和国注册监理工程师初始注册申请表》一份；申请人的身份证件（身份证、军官退休证、警官退休证）复印件一份；申请人的资格证书原件及加盖现聘用单位公章的复印件一份；申请人申请注册专业的证明材料（学历证书、学位证书、职称证书、满足相应专业继续教育要求的证明材料）复印件一份；逾期未申请初始注册的，还须提交近 3 年达到继续教育要求的证明文件复印件一份；申请人与现聘用企业签订的有效劳动聘用合同复印件及近期社会保险机构出具的参加社会保险清单原件及复印件一份（离、退休返聘人员需提供离、退休证明复印件一份）；申请人近期免冠一寸彩色照片一张。上述材料中要求提供的复印件均需加盖现聘用企业公章，同时申请人应向受理机关出示以上相关材料的原件，受理人核查申请资料原件与复印件是否一致后，原件退回申请人。

根据《注册监理工程师管理规定》（建设部令第 147 号）、《注册监理工程师注册管理工作规程》（建市监函〔2006〕28 号）、《注册监理工程师继续教育暂行办法》（建市监函〔2006〕62 号）的规定，按住建部新要求，注册监理工程师延续注册的有关要求说明如下。注册监理工程师须在注册有效期届满 30 日前申请延续注册，由所在单位凭密码进入"监理工程师管理信息系统"，形成电子信息（注意填写继续教育情况），上报省级后打印延续注册申请表，管理系统中显示未参加继续教育的不能申报，若确已参加继续教育，请与培训单位联系更正。同时在省注册中心网"执业师注册申报受理及信息查询系统"（省网）中申报，将打印"监理工程师材料受理凭单"和申报材料同时上报，用户名和密码默认为申请人第一次取得的注册证书编号；延续注册需要提交的材料，按照《注册监理工程师管理工作规程》第二条中延续注册申报材料要求办理，在注册有效期届满 30 日前未提出延续注册申请的，在注册有效期满后，其注册执业证书和执业印章自动失效，需继续执业的，应重新申请注册监理工程师初始注册，并提供重新初始注册继续教育证明，中国工程监理与咨询服务网网上学习的重新注册继续教育证明，已参加的延续注册继续教育可以替代重新注册继续教育证明；监理工程师延续注册与监理工程师所有变更注册不能同时进行，申请注册监理工程师变更注册须在注册有效期到期之日前 3 个月提出。对于监理工程师变更注册，不能在注册证书有效期满 3 个月前提出，不再受理变更注册申请，可以在注册有效期满后，由新企业提出重新初始注册申请，须同时提供原单位的解聘证明。在原单位取得的延续注册继续教育证明，在新单位参加重新初始注册时有效；延续注册时，继续教育手册中注册专业选修课应与注册专业一致，有关继续教育学时的说明，申报延续注册时，须提供 96 学时的继续教育证明，其中必修课 48 学时，选修课 48 学时（注册 2 个专业的，选修课每个 24 学时；若只注册一个专业的，选修课为 48 学时；若已注册 2 个专业，欲放弃其中一个专业的，则另一个专业的继续教育选修课为 48 学时，在继续教育手册上填写）。

监理工程师变更注册，申请人进入中华人民共和国住房和城乡建设部网站（www. mohurd. gov. cn）或中国工程建设网（www. chinacem. gov. cn），登录"注册监理工程师管理系统"，填写、打印《注册监理工程师变更注册申请表》和相应电子文档，且在网上上报；申请人先将书面申报材料交原聘用单位工商注册所在地的省级建设主管部门，经审查同意盖章后，再将书面申报材料交新聘用单位工商注册所在地的省级建设主管部门初审；变更注册需提交的材料：申请人填写的《中华人民共和国注册监理工程师变更注册申请表》（1 式 2 份，另附一张近期一寸免冠照片，供制作注册执业证书使用）和相应电子文档（电子文档通过网上报送给省级注册管理机构）；与新聘用单位签订的有效聘用劳动合同及社会保险机构出具的参加社会保险的清单复印件（退休人员仅需提供有效的聘用合同和退休证明原件及复印件）；学历及职称证明材料；在注册有效期内，变更执业单位的，申请人应提供工作调动证明（与原聘用单位终止或解除聘用劳动合同的证明文件复印件，或由劳动仲裁机构出具的解除劳动关系的劳动仲裁文件复印件）。跨省、自治区、直辖市变更执业单位的，还须提供满足新聘用单位所在地相应继续教育要求的证明材料；在注册有效期内或有效期届满，变更注册专业的，应提供与申请注册专业相关的工程技术、工程管理工作经历和一项工程业绩证明材料一份，以及满足相应专业继续教育要求的证明材料；在注册有效期内，因所在聘用单位名称发生变更的，应在聘用单位名称变更后 30 日内按变更注册规定办理变更注册手续，并提供聘用单位变更后的新名称的营业执照复印件。

1.3.4.4　监理工程师资质管理

为了加强草坪工程监理工程师资质管理，做好监理工程师的资格审批工作，制定监理工程资质管理规定。所称监理工程师是指取得《中华人民共和国监理工程师执业资格证书》或《中华人民共和国监理工程师证书》，按核定监理业务范围从事监理工作的人员。具有监理工程师资格者，经聘任可以担任总监理工程师、总监理工程师代表、高级驻地监理工程师、驻地监理工程师、专业监理工程师等岗位职务。监理业务范围是指监理工程师经批准可从事的监理行业和监理专业。监理工程师资质实行分级管理。对出现下列情况之一者，将根据情节严重，分别给予通报批评、停止执业、取消监理资格，并收缴证书及限期 5 年内不得再申报监理工程师的处罚。不能自觉遵守监理工程师职业道德，利用工作之便进行贪污、受贿、玩忽职守，缺乏监理工作责任心，造成不良影响者；监理工作失误，造成工程质量事故或经济损失者；未经注册，以驻地监理工程师以上名义从事监理工作者；以监理工程师个人名义承接工程监理业务者；同时受聘两个以上监理单位；以虚假或不正当手段获得《监理工程师资格证书》或《专业监理工程师资格证书》者；将证书撕毁、污损、转借、出让给他人或在证书上涂改者；玩忽职守或因监理工作失误，造成重大工程质量事故和严重经济损失，并构成犯罪的，除取消监理资格和收缴证书外，还将由司法机关追究其刑事责任。

申请变更监理业务范围者，需填报《监理工程师资格申请补充报告》，同时，须交回《监理工程师资格证书》和《专业监理工程师资格证书》。凡申请复查人员，在填报《监理工程师复查申请报告》同时，须交回《监理工程师资格证书》或《专业监理工程师资格证书》，由单位审查签署意见，统一报所在省、自治区、直辖市建设部复查。对复查合格者，将在其证书上进行确认和登记后，退回证书。对复查不合格者，将取消监理资格，并收回证书。复查监理工作业绩情况包括复查有无利用工作之便进行贪污、受贿、玩忽职守、工作失误造成质量事故；复查有无违反职业道德，违法乱纪行为；复查能否继续胜任现场监理工作。复查结果分为合格、不合格和不在岗。能自觉遵守监理工程师职业道德，有监理工作业绩，未发生重大质量事故及违法行为者为"合格"；利用工作之便进行贪污、受贿、玩忽职守、工作失误造成质量事故或违反职业道德或发生过违法乱纪行为者为"不合格"；连续 2 年未承担过建设工程项目的监理工作，或不能胜任现场监理工作的，或年龄超过 65 岁者为"不在岗"。对复查合格者，由各省、自治区、直辖市建设厅在其《监理工程师资格证书》上进行确认和登记，并加盖"复查合格"印章，将证书还本人；对复查不合格者，报请原发证单位取消其监理资格，并收回证书；对不在岗者，报请原发证单位，并收回证书。凡遗失《监理工程师资格证书》者，需向建设部申请补发。

小结

本章主要介绍了有关草坪工程监理的基础知识，内容主要涉及草坪工程基本概念、草坪工程监理基本概念及草坪工程监理主要任务和原则等。草坪是草坪工程监理的对象和载体，草坪工程监理人员必须了解草坪规划、草坪工程施工、草坪养护管理及人员管理等相关知识内容，以便顺利开展监理工作。在此基础上，草坪工程监理人员必须熟知国家颁发的建设法规以及相应的规章制度，必须具有丰富的工程建设管理知识和经验，同时还要具备一定水平的行政管理知识和管理经验，同时熟知国家法律和法规。草坪工程各级监理人员均有各自主要职责和权利，同时，应该遵守监理各项原则做好监理工作。

思考题

1. 如何理解生态草坪的定义、作用和分类？
2. 草坪规划内容包括哪些方面？
3. 草坪养护管理措施主要有哪些？
4. 什么是草坪工程监理？
5. 如何理解业主、监理和承包商之间的关系？
6. 草坪工程监理工程师应具备哪些素质？
7. 草坪工程监理的主要任务有哪些？
8. 试述各级草坪监理人员的主要职责和权利。
9. 试述草坪监理的原则。
10. 获得草坪工程监理资格的条件和要求有哪些？

第 2 章

草坪工程监理组织

工程实践表明，在草坪工程项目监理中，监理组织结构的科学性和监理工程师的组织协调能力是监理目标顺利完成的重要因素。监理工程师必须掌握有关监理组织的基本原理及组织协调的理论和方法，才能胜任监理工作。

2.1 组织概述

2.1.1 组织

从广义上说，组织是指由诸多要素按照一定方式相互联系起来的系统。从狭义上说，组织就是指人们为实现一定的目标，互相协作结合而成，具有一定边界的社会实体，如党团组织、工会组织、企业、军事组织等。狭义的组织侧重于人的组合体，一般运用于社会管理之中。在现代社会生活中，组织是人们按照一定的目的、任务和形式编制起来的社会集团。组织必须有目标，目标是组织存在的前提；组织必须有适当的分工与协作；组织必须有不同层次的权力和责任制度。现代社会生活中，组织不仅是社会的细胞和社会的基本单元，甚至可以说是社会的基础。

2.1.2 组织结构

组织结构的概念也有广义和狭义之分。狭义的组织结构是根据组织的目标、规模、技术水平、环境条件和权力分配等，在组织理论指导下，经过组织设计形成的组织内部各个部门、各个层次之间固定的排列方式，即组织内部的构成方式。广义的组织结构，除了包含狭义的组织结构内容外，还包括组织之间相互关系的类型，如专业化协作、经济联合体、企业集团等。

2.1.3 组织结构的特性

2.1.3.1 组织结构的复杂性

组织结构中的复杂性是指组织结构内各要素之间的差异性(differentiation)，包括组织内的专业分工程度、垂直领导的层级次数和各部门地区分布情况等。具体来讲，组织结构的复杂性包括横向差异性(horizontal differentiation)、纵向差异性(vertical differentiation)和空间分布差异性(spatial differentiation)。

组织结构的横向差异性是一个组织内成员之间受教育和培训的程度、专业方向和技能、工作性质和任务等方面的差异程度，以及由此而产生的组织内部部门与部门之间或单位与单位之间的差异程度。组织成员之间的差异性以及组织活动的复杂性必然会导致组织内部的专业化，进而影响部门机构设置。因此，组织结构中的横向差异性会明显地体现在组织中的专业化和部门化等方面。

组织结构中的纵向差异性是指组织结构中纵向垂直管理层的层级数及其层级之间的差异程度。管理人员管理幅度是决定组织结构层级数的重要因素。管理幅度（span of control）是指一个管理者所能直接有效地指导、监督或控制其下属的人员数量。管理者有效管理幅度取决于以下因素：能力因素，若管理者本人和管理者下属人员的能力越强，则他们管理幅度越大；管理者下属人员集中和分散的程度，若管理者下属人员越集中和分散程度越小，其他们管理幅度就越大；工作的标准化程度，若管理者下属人员工作的综合标准化程度越高，管理者采用的管理幅度越大；工作的性质和类别，若管理者下属的工作性质越相似，其管理幅度越大，若管理者管辖的工作需要解决的新问题类型越多、频率越高，则其管理幅度越小；管理者和下属人员对管理氛围的倾向性，若管理者倾向于对下属人员进行严格监督、控制和管理，而下属人员也有这个要求，其管理幅度越小；若管理者倾向于对下属人员进行宽松监督、控制和管理，而下属人员也有这个要求，其管理幅度越大。有的组织倾向于采用扩大管理幅度和减少纵向管理层级数的方式，构成"平坦"或"扁平"式的组织结构；有的组织倾向于采用缩小管理幅度和增加纵向管理层级数的方式，形成"高耸"或"垂直"式的组织结构。这两种组织结构各有优缺点。采用"平坦"或"扁平"式的组织结构，纵向管理层次少，可减少管理人员，纵向信息沟通就比较迅速和准确，但对下级的监督、控制和管理就会相对复杂。同时，因为管理层次少，下级晋升的机会也减少，势必会影响组织成员的积极性。采用"高耸"或"垂直"式的组织结构，则形成了紧密的管理层级，每一级管理层都可以将下级置于自己严密的监督、控制和管理之下，管理层级多，下级提升的机会也多。但由于管理层级多，管理人员数量增加，上传下达的指令或纵向信息沟通的渠道增长，信息失真的概率增大，沟通和协调也就比较困难。从理论上讲，增加一个组织纵向管理层次，会提高组织结构的纵向复杂性程度。

空间分布差异性是指一个组织的管理机构及其人员在地区分布上形成的差异程度。组织机构及其人员的空间分布范围越广和数目越多，其横向和纵向协调难度就越大，复杂程度也会相应增加。

2.1.3.2　组织结构的规范性

组织结构的规范性是指组织中各项工作的标准化程度（degree of standardization）。具体说，组织结构的规范性是有关指导和限制组织成员行为和活动的方针政策、规章制度、工作过程等的标准化程度。在一个高度规范化的组织中，方针政策是具体和清楚的，规章制度是严密的，对每一个工作程序都有严格和详细的说明，职工一切活动按规定程序办理，自由选择余地较小。

组织结构的规范性随技术和专业工作性质的不同而产生差异，也随其管理层次的高低和职能的分工而有所差别。一般而言，一些技能简单而又重复性强的工作具有较高的规范化程度；反之，其规范化程度就较低。组织中高级管理层的日常工作所需解决的主要问题是决策性和创新性，较复杂，且重复性较少，其工作规范性程度就较低；相反，低级管理人员日常工作的重复性较多，其规范程度就较高。可见，组织结构垂直管理的层级数与其规范化程度成反比，即管理层数越高，其规范性程度越低。在组织结构中对人的活动和行为实行一定程度的规范性，可以减少不确定因素的影响，从而提高组织效益和有利于组织工作协调。

2.1.3.3　组织结构的集权性和分权性

组织结构的集权性和分权性是指在组织中的决策权集中在组织结构中某一点上的程度和差异。高度集权即决策权高度集中于高级管理层；低度集权即意味着决策权分散在组织各管理层，乃至低层个体职工本身。因此，低度集权又被称为分权。集权制有助于加强组织的统一领导，提高管理工作效率；有助于增加领导者的责任感，充分发挥领导者的聪明才智和工作能力；有利于减少管理人员，使领导机构精干，减少管理费用的开支；统一指挥，容易做到令行禁止，有利于协调组织的各项活动。集权制的缺点主要包括以下方面：有效管理幅度原则决定领导者的直接控制面积，组织规模大就必须增加管理层次，从而延长纵向组织下达指令和信息沟通的时间，信息失真的可能性就大。若决策权主要集中于领导层，就会增加基层的依赖性，而不利于调动基层的积极性和创造性；难以培养出熟悉全面业务的管理领导人员；使领导层精力过多地用于日常业务，而难以专心致志于重大和长远的战略问题方面。集权制一般适用于中小规模的组织，而不适用于规模较大和经营管理复杂的大型组织。

分权制的优点主要包括以下方面：可使领导者的直接控制面扩大，减少管理的层次，使最高领导层与基层之间的信息沟通更为直接和准确；有利于基层管理者因时和因地制宜做出迅速而准确的判断，能够灵活机动地采取相应措施；有利于基层领导者发挥才干，从而培养一支精干的管理队伍；通过允许基层人员参与决策，而达到发挥其主动性和激发责任心的作用，尤其是随着科学技术的发展，专家和技术人员对组织发展的影响越来越大，而允许专家和技术人员参与决策，将会有利于激励他们的工作积极性；有利于减轻高层领导者的负担，使他们有更多的精力致力于组织的战略等重大问题。分权制的缺点主要包括以下方面：容易使组织的决策缺乏全局性和统一性；当分权单位过于独立时，不利于发挥整个组织的能力和作用，不利于整个组织最高决策的贯彻执行。

2.1.3.4　复杂性、规范性与集权性之间的关系

复杂性与规范性的关系较为明显：当员工从事许多简单而又重复的具体工作任务时，大量规章制度作为他们的行为准则，工作标准化程度和规范性高；当员工从事复杂或重复性差的工作任务时，很少有规章制度规范约束他们的行为，工作标准化低，规范性相对较低。例如，由于专业技术人员的专业方向不同，草坪工程监理组织设置不同的部门，对某些高学历和高技术的专业人员来讲，如果有大量的规章制度限制他们行为，这些专业人员无法发挥他们的主观能动性。

复杂性与集权性的关系成反比，高复杂性总与低集权性(分权)相伴随。

当一个组织内的成员大多不是专家和技术人员，管理中往往会用较多的规章制度和决策，从而集中对组织进行管理和控制，即高度的规范性和集权性；如果组织内的成员大多是专家和技术人员，他们既希望参与制定和遵守工作决策，又不希望有过多规章制度来约束他们的行为，这时产生低规范性和低集权的组织结构；如果专家和技术人员的兴趣仅在于他们专业和技术领域的工作，而对战略性决策方面不感兴趣，这时产生低规范性和高度集权的组织结构。

2.1.4　组织结构的设计原则

人类社会组织有多种多样的组织结构形式，随着经济、社会和管理科学的发展，将会产生新的组织结构形式。不论采取何种组织结构形式，在进行组织结构设计时一般均应遵循以下原则。

（1）目的性原则

组织结构作为一种管理手段，其设置的根本目的在于确保项目目标的实现。从这个根本目标出发，组织结构的设置应该根据目标而设事（任务），以事（任务）为中心，因事而设机构和划分层次，因事设人和定岗定责任，因责而授权，做到权责明确，权责统一。满足目标划分→工作划分（设事）→机构及层次划分→权责划分→组织的实施→实施的检查→实施调整的逻辑关系。如图 2-1 为草坪工程项目管理组织结构设置的流程图。

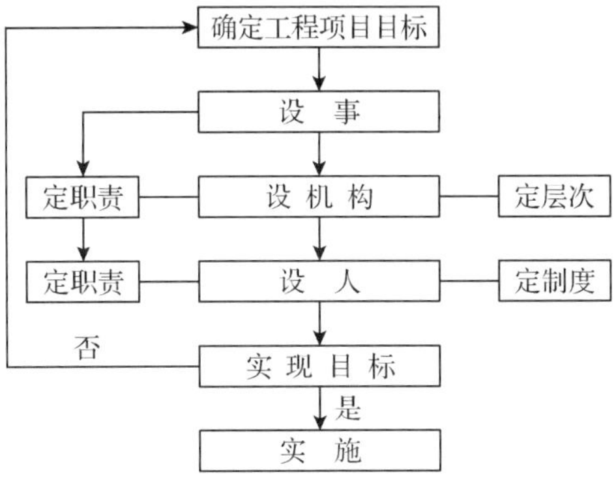

图 2-1　组织结构设置流程图

（2）分工协作原则

为了提高管理效率和实现组织目标，组织设计中要坚持分工协作的原则，将任务目标分解成各级、各部门、个人的任务目标，在此基础上，确定它们之间的协作配合关系，做到分工要合理，协作要明确，对于每个部分和每个职工的工作内容、工作范围、相互关系、协作方法等都应有明确规定，避免出现职责不清和无人负责的混乱局面。

（3）命令统一原则

命令统一原则的实质就是在管理工作中实行统一领导，建立起严格的责任制，消除多头领导和无人负责现象，保证全部活动的有效领导和统一指挥。命令统一原则对管理组织的建立具有下列要求：在确定管理层次时，要使上下级之间形成一条等级链。从最高层到最低层的等级链是连续和不中断，并要求明确上下级的职责、权力及联系方式。任何一级组织中只能有一个负责人，实行首长负责制。正职领导副职，副职对正职负责。下级组织只接受一个上级组织的命令和指挥，防止出现多头领导的现象。下级只能向直接上级请示和汇报工作，不能越级请示和汇报。下级必须服从上级命令和指挥，不能各自为政和各行其事。如工作中有不同意见，可以越级上诉。上级不能越级指挥下级，以维护下级组织的领导权威，但可以越级进行检查工作。职能管理部门一般只能作为同级直线指挥系统的参谋，但无权对下属直线领导者下达命令和指挥。

（4）管理幅度原则

管理幅度即管理跨度，它是指一个领导者直接而有效地领导与指挥下属的人数。一个领导者的管理幅度究竟以多大为宜，至今还是 1 个没有完全解决的问题。有人认为上层领导的管理幅度应以 4～8 人为宜。美国管理协会曾对 100 家大公司进行了一次调查，从调查的结果看，公司总经理的下属人员从 1～24 人不等，平均下属人员是 9 人。这些不同数字反映了各种不同因素对管理幅度的影响。

法国管理学家丘纳斯提出，如果 1 个领导者直接管辖的人数为 N，那么他们之间可能产

生的沟通关系数 $C = N\left[2^{N-1} + (N-1)\right]$（表2-1）。

表 2-1　管理跨度与沟通关系数的关系

管理跨度 N	1	2	3	4	5	6	7	8	…
关系数 C	1	6	18	44	100	222	490	1 080	…

若直接管辖的人数过多，双向沟通关系数较大，这时指令和信息的传递容易失真，需要将信息"过滤"（去伪存真、精简、摘要），以便将少量有价值的信息进行"深加工"。控制领导者科学合理的管理跨度是对信息过滤的最好方法，为此就要将管理系统划分为若干层次，使每一个层次的领导者保持适当的管理跨度，以集中精力在其职责范围内实施有效的管理。

为了科学地确定管理幅度，美国洛克希德导弹与航天公司进行了大量研究，将影响管理加速度变量的因素归纳为6个：职能的相似性、职能的复杂性、地区的相近性、指导与控制的工作量、协调的工作量、计划的工作量等。然后，把这些变量按困难程度划分为6级，并根据每个要素影响管理人数的重要性程度，分别确定一个权数。在确定了各因素的权重，并加总之后进行修正。例如：由于经理配备了一定数量的助理，应分别乘以0.4~0.7的系数，扩大管辖人数。计算后的数值同标准值进行对比，就可以提出建议的标准管辖人数。

（5）责权利相对应的原则

有了分工就意味着必须明晰承担的责任及享有的权利，要求职责明确，权利对等，能力相当，效益界定，利益挂钩。做到负责者有权，有权者负责任，利益要与工作业绩及效益挂钩，通过分明的奖惩措施，实现提高工作者的积极性及组织活力的目标。

（6）精干高效的原则

精干就是指在保证工作质量完成的前提下，用尽可能较少的人去完成某项工作。强调用尽可能少的人，这是因为根据大生产管理理论，多一个人就多一个发生故障的因素。另外，人员多容易助长推诿拖拉和相互扯皮的风气，导致办事效率低下。为此，要坚持精干高效的原则，即力求人人有事干，事事有人管，保质保量，负荷都饱满。这既是组织结构设计的原则，又是组织联系和运转的要求。

（7）稳定与改革相结合的原则

由于管理组织的变动涉及人员、分工、职责、协调等各方面的调整，对人员的情绪、工作熟练程度、工作方法、工作习惯等均造成不同程度的影响；同时，组织的运行需要一个适应和磨合的过程。如果一个组织经常地变动，这个组织有可能会陷入比较混乱的状态。组织结构作为保证组织各方面工作正常运行的重要机制，应当保持相对的稳定性。组织的内部因素和外部的环境条件是变化和发展的，要求组织的发展战略及目标也要不断调整。如果组织结构不作相应的改革，那么其运转效率将会降低，实现组织目标的功能也会受到影响。一个组织在一定的时期必须做出必要的改革，否则，将会被淘汰。一个一成不变的组织是僵化的组织；一个经常在变的组织必定是混乱的组织。作为组织的领导者，必须注意将组织的稳定和改革进行适宜的结合。

2.2　草坪工程监理组织结构建立

2.2.1　监理组织机构建立的程序

草坪工程监理单位要根据监理工作内容、草坪工程项目特点以及监理人员自身的水平及能力来建立监理组织机构，其程序如下：

2.2.1.1　确定工作内容

根据监理委托合同中的规定，明确列出草坪工程中的监理工作内容，并考虑所监理项目的规模、工程内容、地理位置、复杂程度、性质、工期、资金、施工单位、业主单位以及监理单位自身的业务水平、设备、人员数量等因素，对监理工作内容进行分类、归并及组合。

草坪工程监理质量控制工作内容包括：原材料质量、半成品质量、施工手段、施工工程质量、中间产品验收、工程试验、检验等。草坪工程监理工程管理工作内容包括：现场协调、进度控制、施工安全监督、工程计量等。草坪工程监理投资控制工作内容包括：工程预算、审核工程量、工程结算、索赔处理等。草坪工程监理合同工作内容包括：合同订立、合同签署、合同管理、履行合同检查、合同调节等。

2.2.1.2　确定组织结构形式

根据草坪工程项目规模、性质、内容、设计施工阶段等，可以选择不同监理组织结构形式，以适应监理工作需要。组织结构形式的选择应有利于项目合同管理，有利于监理目标控制，有利于决策指挥，有利于信息沟通。

2.2.1.3　合理确定管理层次

草坪工程监理组织结构中一般应有三个层次。一是决策层，由草坪总监理工程师和其助手组成，其主要工作是根据草坪工程项目的监理活动特点和内容进行科学化和程序化决策；二是中间控制层(协调层和执行层)，由专业草坪工程监理工程师和子项目监理工程师组成，具体负责草坪监理规划的落实、目标控制及合同实施管理，属承上启下的管理层；三是作业层(操作层)，由监理员和检查员等组成，具体负责草坪监理工作的操作。

2.2.1.4　制定岗位职务及岗位职责

在确定岗位职务及职责的时候，要有明确的目的性，不可因人设事。根据责权一致的原则，应进行适当的授权，以承担相应的职责。

2.2.1.5　选派草坪监理人员

根据草坪工程监理工作的任务，选择相应的各层次人员，除应考虑监理人员个人素质外，还应考虑人员总体构成的合理性和协调性。

2.2.2　草坪工程监理组织结构类型

草坪工程监理组织结构类型应根据草坪工程项目的特点、草坪工程项目承包模式、业主委托的任务以及草坪工程监理单位自身情况而确定。常用的监理组织结构类型如下：

(1)直线制监理组织形式

直线制监理组织形式是最简单的组织形式，其本质是使命令线性化，实现整个组织自上而下的垂直领导。特点是：组织中的权力系统形成直线控制，权责分明；组织管理按专业划分的部门进行，每个雇员都有一个明确的上级。直线制监理组织结构的优点：专业化，具有强大的技术支持，人员使用灵活，易控制，职员职业生涯发展道路明确。直线制监理组织结构的缺点：各专业部门以部门利益为重，部门间协作和沟通难度较大，横向联系弱。一般适用于中型及小型草坪工程项目，不适用于多项目环境。如果草坪工程项目规模不大，且项目整体性较强时，可采用如图 2-2 所示的组织结构。草坪工程总监理工程师负责整个项目的规划、控制和管理，并直接指导各专项监理组的工作，而各专项监理组负责本专业内各项工作的规划、执行、检查及控制等。

当被监理的草坪工程项目能划分为若干个相对独立子项时，可采用如图 2-3 所示的组织结构形式。在这种形式中，草坪工程总监理工程师负责整个项目的规划、组织和指导，并重点从事整个项目范围内各方面的协调工作。子项目监理组分别负责子项目的目标值控制，具体领导现场专业或专项监理组的工作。可根据项目阶段分解设立直线制监理组织结构，如图 2-4 所示。此种形式适用于大、中型以上项目，且承担包括设计和施工的全过程草坪工程监

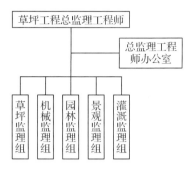

图 2-2 直线制监理组织结构

理任务。其优点是决策迅速和隶属关系明确。缺点是实行没有职能机构的"个人管理"，这就要求草坪工程总监理工程师是通晓各种业务和掌握多种知识技能的"全能"人物。

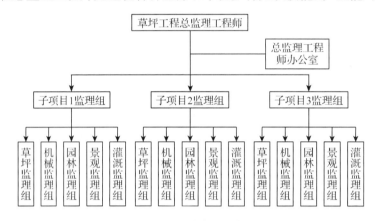

图 2-3 按子项目分解的直线制监理组织结构

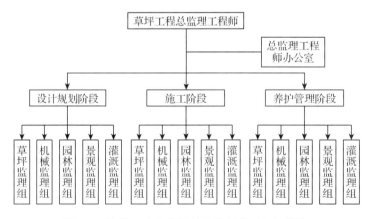

图 2-4 按施工阶段分解的直线制监理组织结构

（2）职能制监理组织形式

职能制监理组织形式是草坪工程总监理工程师下设一些职能机构，分别从职能角度对基层监理组进行业务管理，这些职能机构在总监理工程师授权的业务范围内，可向下下达命令和指示，各专项监理组主要是负责执行，如图 2-5 所示。这种形式适用于草坪工程项目在地理位置上相对集中和任务相对比较稳定明确的工程。职能制监理组织形式强调管理职能的专

业化，即把管理职能授权给不同的专业部门。其主要优点是各职能部门分工明确、工作针对性强，能够最大限度地发挥职能机构管理人员的专业才能，专家参加管理，减轻总监理工程师的负担。缺点是信息传递途径不畅，且多头领导，同一工作部门可能会接到来自不同职能部门相互矛盾的指令，易造成职责不清的局面。

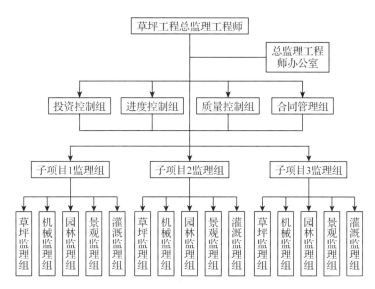

图 2-5　职能制监理组织结构

（3）直线职能制监理组织形式

直线职能制监理组织形式是集合直线制监理组织形式和职能制监理组织形式的优点而构成的一种组织结构形式，如图 2-6 所示。

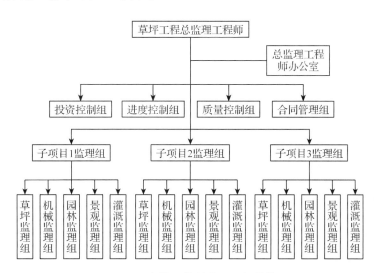

图 2-6　直线职能制监理组织结构

这种形式中的直线指挥部门拥有对下级实行指挥和发布命令的权利，并对该部门的工作全面负责；职能部门是直线指挥人员的参谋，只对职能部门进行业务指导，不能对其直接指

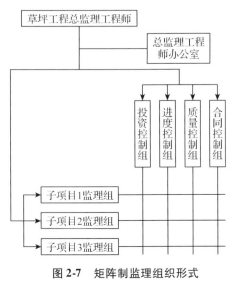

图 2-7　矩阵制监理组织形式

挥和发布命令。直线职能制监理组织形式的主要优点是集中领导和职责清楚，有利于提高办事效率。缺点是职能部门与指挥部门易产生矛盾，信息传递路线长，不利于互通情报。

（4）矩阵制监理组织形式

矩阵制监理组织是由纵、横两套管理系统组成的组织结构，第一套是横向的职能系统，第二套是纵向的子项目系统，如图 2-7 所示。这种形式的优点是既发挥职能部门的横向优势，又发挥项目组织的纵向优势，具有较大的机动性和适应性；实现了上下左右集权与分权的最优配置；有利于解决复杂难题；有利于草坪工程监理人员业务能力的培养。缺点是纵、横向协调工作量大，处理不当会造成扯皮现象，产生矛盾。

2.3　草坪工程监理组织的人员配备和职责分工

草坪工程监理单位内部的工作关系如图 2-8 所示。按照通行惯例，一般由监理单位的副经理对经理负责，草坪工程项目总监对主管副经理负责（对于重大工程项目，总监也可直接对经理负责）。草坪工程监理实行总监负责制，副总监或总监代表对总监负责；主任监理工程师或专业监理负责人对副总监或总监代表负责；草坪监理工程师对主管的主任监理工程师或专业监理负责人负责；监理员对监理工程师负责。

2.3.1　人员配备

草坪工程监理组织的人员配备要根据草坪工程特点、监理任务及合理的监理深度和密度进行优化组合，形成整体科学合理、高素质的监理组织。

2.3.1.1　草坪工程监理组织的人员结构

草坪工程监理组织应该具有合理的人员结构，才能适应监理工作的要求。合理的人员结构主要体现在两个方面：

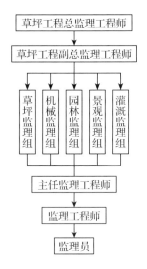

图 2-8　监理单位内部的工作关系

首先，要有合理的专业结构。根据草坪工程监理项目的性质及业主对项目监理的要求（全过程监理或某一阶段监理，某一专业监理或全专业监理；投资控制、质量控制、进度控制、合同管理、信息管理的多目标控制或单目标控制等），草坪工程项目监理组应由相称职的各专业人员组成。一个监理组织不可能保证所拥有的专业人才完全满足所有监理项目的需要。当草坪工程项目中有局部和专业性强的监理（给排水铺设、坪床土壤、给排水管道质量检测、桥梁和道路检测等）任务时，在征得业主同意前提下，可将这些工作委托给有相应资质的监理机构来承担，或临时高薪聘请某些稀缺专业人员来满足监理工作要求，以此保证专业人员结构合理性。

其次，要有合理的技术职务和职称结构。草坪工程监理工作虽然是一种高智能的技术性劳务服务，并不意味着不考虑监理项目的要求和需要，一味追求监理人员的高技术职务和高职称。合理的技术职称结构应该是监理机构中高级职称、中级职称和初级职称比例与监理工作要求相匹配。一般来说，决策阶段和设计阶段的监理，中级及中级以上职称人员占整个监理人员的比例大，初级职称人员占整个监理人员比例小；施工阶段监理，应有较多的初级职称人员从事实际操作，如旁站、填记日志、现场检查、计量等，中级及中级以上职称人员占整个监理人员比例小，初级职称人员占整个监理人员比例大。合理的职称结构包含另一层意思，即合理的年龄结构。因为我国职称评定有比较严格的年限规定，获高级职称者一般年龄较大，中级职称多为中年人，初级职称较年轻。老年人有丰富的经验和阅历，可是身体不好，夜间作业受到限制，而年轻人虽然有精力，但缺乏实践经验，在不同阶段的监理工作中，不同年龄阶段的专业人员合理搭配，才能充分发挥他们的长处，满足监理工作需求。

2.3.1.2　草坪工程监理人员数量的确定

在确定草坪工程监理组织人员数量时，应考虑草坪工程规模、强度、草坪工程复杂程度、草坪工程监理单位自身的业务水平、草坪工程监理组织结构和任务职能分工等。一般情况，草坪工程监理项目的规模越大，需要的监理人员越多；草坪工程越复杂需要的监理人员越多；草坪工程强度越大，所需监理人员越多。草坪工程强度就是单位时间内所完成的草坪工程项目建设的工作量（一般是以投资额来衡量），其单位为"投资额/年"。表 2-2 为国际上常用的监理人员需要定额。

表 2-2　监理人员需要量定额　　　　　　　　人/（100 万美元·年）

工程复杂程度	监理工程师	监理员	行政文秘人员
简单	0.20	0.75	0.1
一般	0.25	1.00	0.1
一般复杂	0.35	1.10	0.25
复杂	0.50	1.50	0.35
很复杂	0.50+	1.50+	0.35+

草坪工程监理组织的业务水平、人员素质、专业能力、管理水平、工程经验、设备手段等因素会影响草坪工程监理的效率，进而影响监理人员的数量。草坪工程监理组织的监理人员配备必须满足监理机构和任务职能分工的需要，有些草坪工程虽然规模较小，不能只配备一名监理人员，而是要配备能满足项目监理机构任务职能分工协作要求的监理人员或监理工程师。在有业主方人员参与监理，或由施工方代为承担某些可由其进行的测试工作时，监理人员数量可适当减少。

2.3.2　草坪工程监理人员的职责分工

2.3.2.1　总监理工程师的基本任务

草坪工程总监理工程师，是草坪监理公司或事务所派往项目执行组织机构的全权负责人。在国外，有些监理委托合同是以总监理工程师个人名义与业主签订的。可见，草坪工程总监理工程师在草坪工程监理过程中扮演着一个重要的角色，承担着工程监理的最终责任。草坪工程总监理工程师在项目建设中所肩负的重要责任，要求草坪工程总监理工程师是一位技术水平高、管理经验丰富、能公正执行合同约定且已获得政府主管部门核发资格证书和注册证书的监理工程师。在整个草坪工程施工过程中，草坪工程总监理工程师的主要任务包括以下方面：以草坪工程监理公司代表身份，与业主、承包单位及政府监理机关和有关单位协调沟通相关问题；确定草坪工程监理项目组织和监理组织系统，并决定草坪工程项目组织和监理组织的任务及职能分工；确定草坪工程监理各部门负责人员，并决定负责人员的任务和职能分工；对草坪工程监理人员的工作进行督导，并根据工程实施的变化进行人员调配；主持制定草坪工程监理规划，并全面组织实施；提出草坪工程发包模式和设计合同结构，为业主发包提供决策意见；协助业主进行草坪工程招标工作，主持编写招标文件，进行投标人资格预审、开标和评标，为业主决标提出决策意见；参加合同谈判，协助业主确定合同条款；主持建立草坪工程监理信息系统，全面负责信息沟通管理工作；在规定时间内及时对工程实施中的有关工作做出决策，如计划审批、工程变更、事故处理、合同争议、工程索赔、实施方案、意外风险等；审核和签署开工令、停工令、复工令、付款证明、竣工资料、监理文件和报告等；定期或不定期巡视草坪工程施工现场，及时发现和提出问题，并进行处理问题；按规定时间向业主提交工程监理报告和例外报告；定期和不定期向草坪工程监理公司汇报监理情况；分阶段组织草坪工程监理人员进行工作总结。在草坪工程中，监理委托合同一旦签订，草坪工程总监理工程师的"法定"地位便被确认，在施工承包合同中，业主将明确阐述总监理工程师的权力，以便使承包商更好地接受指导和监督。

2.3.2.2 监理工程师的基本任务

草坪工程监理工程师是由总监理工程师任命，并对总监理工程师负责的，代表草坪工程总监理工程师执行被授予的职责和权力的人员，在 FIDIC 条款等合同条件中，又称工程师代表或驻地工程师，我国称为专业或子项目监理工程师。草坪工程监理工程师是总监理工程师分派工作的具体执行者，在草坪工程总监理工程师的授权范围内，对各自专业或部门的工作有局部决策权，主要工作是检查督促承包商按照承包合同履行其各项义务和职责。在草坪工程总监理工程师的委托或授权下，监理工程师承担主要任务包括以下方面：组织制定各专业或各子项目的监理实施计划或监理细则，经草坪工程总监理工程师批准后组织实施；对所负责控制的目标进行规划，建立实施目标控制的目标分解体系；建立目标控制系统，落实各控制子系统的负责人员，制定控制工作流程，确定方法和手段，制定控制措施；协商确定各部门之间沟通协调的程序，为组织的一体化管理主动开展工作；定期提交本目标或本子项目目标控制例行报告和例外报告；根据信息流结构和信息目录的要求，及时、准确地做好本部门的信息管理工作；根据草坪工程总监理工程师的安排，参与草坪工程招标工作，做好招标各阶段本专业的相关工作；审核有关承包方提交的规划、设计、方案、申请、证明、单据、变更、资料、报告等；检查工作进展情况，掌握工程现状，及时发现和预测工程问题，并采取措施妥善处理；组织、指导、检查和监督本部门监理员的工作；及时检查、了解和发现承包方的组织、技术、经济和合同等方面的问题，并及时向草坪工程总监理工程师汇报，以便研究对策，解决问题；及时发现并处理可能发生或已发生的草坪工程质量问题；参与有关的分部（分项）工程、单位工程、单项工程等分阶段交工工程的检查和验收工作；参加或组织相关草坪工程会议，并做好会前准备；协调处理本部门管理范围内各承包方之间的有关工程方面的矛盾；提供或搜集有关的索赔资料，积极配合合同管理部门做好索赔的有关工作；检查、督促并认真做好监理日志、监理月报的编写工作，建立本部门监理资料管理制度；定期做好本部门监理工作总结。

2.3.2.3　监理员的基本任务

监理员和检查员，是由总监理工程师或监理工程师任命的，从事直接工程检查、计量、检测、试验、监督和跟踪工作的工作人员。监理员和检查员的主要任务是及时掌握工程进展的信息，并及时报告给监理工程师或总监理工程师。监理员和检查员要有一定的技术专长，除助理工程师、经济师等适于监理员和检查员工作外，有些现场经验丰富的老工人担任此项工作也是比较合适。监理员和检查员承担的主要职责包括以下方面：负责检查、检测并确认材料、设备、成品和半成品质量；检查施工单位人力、材料、设备、施工机械投入和运行情况，并做好记录；负责草坪工程计量，并签署原始凭证；检查施工单位是否按设计图纸施工、按工艺标准施工、按进度计划施工，并对发生的问题随时予以解决纠正；检查确认工序质量，进行验收并签署；实施跟踪检查，及时发现问题及时汇报；做好填报工程原始记录的工作；记好草坪工程监理日志。

2.3.2.4　现场监理工程师应注意的问题

在施工现场执行草坪工程监理任务的监理工程师，接触最多的是承包方的管理人员以及具体的操作者，而与业主的沟通交流，主要是由草坪工程总监理工程师来完成。善于与各相关利益主体负责人沟通协调、妥善处理好与各类人物的关系是现场监理工程师开展工作的基础。草坪工程现场监理工程师要注意处理好以下问题：

独立地做出公平公正的评判。草坪工程现场监理工程师在工程监理中必须具备组织各相关利益主体协作配合，调解各方利益，促使当事各方圆满履行合同责任和义务，保障各方合法权益等方面的职能。在许多草坪工程承包合同中，草坪工程监理工程师的决定是最终决定，对业主和承包商双方均有约束力。根据合同要求，对于有些问题或冲突，监理工程师必须担任业主和承包商之间的仲裁人（指国外的民间仲裁方法）。我国建设监理有关规定指出："建设单位与承建单位在执行工程承包合同过程中发生的任何争议，均须提交总监理工程师调解"。既然草坪工程监理工程师充当调解人，甚至仲裁人的角色，其意见对问题的解决是至关重要，要求监理工程师必须做到公平公正。如果草坪工程监理工程师不能做到公平公正，解决问题的办法可能难以令人信服，甚至容易使一方产生"偏向"的想法。公正性是现场监理工程师必须具备的最基本的职业道德准则。

合理处理现场监理工作，从某种意义上来讲，草坪监理工程师与承包商项目经理之间是一种"合作者"的关系。虽然由于所处位置不同，利益不一样，监理单位和承包商有共同的目标——将草坪工程建设好。从承包商项目经理的角度来讲，希望草坪工程监理工程师是公正和通情达理，并容易理解别人处境；希望从草坪监理工程师处得到明确而不含糊的指示，并且能够对他们所询问的问题给予迅速答复；希望草坪监理工程师的指示能够在他们进行工作之前发出，而不是进行工作之后发出。懂得坚持原则，又善于理解和尊重承包商项目经理意见，工作方法灵活，随时可能提出或愿意接受变通办法的草坪监理工程师肯定是受欢迎的且工作是高效的。

当草坪工程出现质量问题时，对草坪监理工程师或承包人来说，都是一件不愉快的事情，现场草坪监理工程师的主要职责是把错误工作纠正过来，停止不适当工作方法。优秀草坪监理工程师绝不仅仅善于发现问题，而且善于与项目经理协商，找到可能采取的解决办法，这正是所谓的"寓监理于服务之中"。因为双方的目标一致，所以在与项目经理讨论时，草坪监理工程师要有一种可以灵活解决问题的态度，即充分听取承包商项目经理意见，并随时准备接受能够解决问题的合理变通方案。

在草坪工程施工现场，监理工程师对承包人的某些违约行为进行规范，这既是一件慎重，又是较难避免的事。每当发现承包人采用某种不适当的方法进行施工，或采用不符合规定的材料施工时，草坪监理工程师除立即给予制止以外，还需根据合同要求，在自身权限范围以内，采取相应的纠正及处罚措施。草坪监理工程师必须非常熟悉承包合同处罚条款，只有这样才能在签署一份函件时不会出现失误，从而给监理工作造成被动局面。当发现缺陷和需要采取处理措施时，草坪监理工程师必须及时通知承包人，要有限期和时效性的概念，否则承包人有权认为草坪监理工程师是满意或认可的。

2.4　草坪工程监理的组织协调

草坪工程项目系统是一个由人员、物质、信息等构成的人为的组织系统，该系统是由若干相互联系和相互制约要素组成统一体，统一体具有特定功能和目标。在草坪工程监理目标实现的过程中，除了要求草坪监理工程师具有丰富专业知识和扎实专业技能外，还要求监理工程师有较强的沟通和组织协调能力，能有效地执行监理程序。协调是以一定的组织形式、手段和方法对项目中产生不畅关系进行疏通，对产生干扰和障碍予以排除的活动。通过沟通与组织协调，确保能够及时和适时地对项目信息进行收集、分发、储存和处理，并对可预见的问题进行必要控制，实现各方主体的有机配合，以利于草坪工程监理工作顺利进行，确保项目最终目标实现。

2.4.1　组织协调的内容

根据沟通联系紧密程度，组织协调范围一般可以分为对系统内部协调和对系统外部协调。对于草坪项目监理组织来说，系统内部协调包括项目监理部内部协调、项目监理部与监理企业的协调；系统外部协调包括与业主、设计单位、总包单位、分包单位等有直接和间接合同关系的协调，同时包括与政府、环保、环卫、交通、项目周边居民社区组织等远外层的协调。

2.4.1.1　监理组织机构内部的协调

草坪监理组织机构内部协调包括人际关系协调和组织关系协调。项目组织内部人际关系是指项目监理部内部各成员之间及项目总监和下属之间关系的总和。通过各种交流和活动增进相互之间的了解熟悉，促进相互之间的工作支持；通过沟通和调节，缓和工作之间的利益冲突，化解矛盾，增强责任感，提高工作效率。

草坪监理组织机构内部组织关系协调是指项目监理组织内部各部门之间工作关系协调，包括各部门之间的合理分工和有效协作。要做到合理分工，保证任务之间平衡匹配，有效协作，避免相互之间利益分割，进而提高工作效率，可以从以下几方面进行：根据草坪工程对象特征及委托监理合同所规定的工作内容，在职能划分的基础上设置组织机构，确定职能划分；以规章制度的形式明确规定每个部门的目标、职责和权限；事先约定各个部门在工作中的相互关系；建立信息沟通制度，使局部了解全局、服从和适应全局需要；制定工作流程图，严格规范每个部门的工作制度；及时消除工作中的矛盾和冲突。草坪工程监理实施过程中，需求一定人员、试验设备、材料等，而在一定时期内可用资源总是有限的，草坪监理工程师进行内部资源需求的平衡对于组织关系的协调至关重要。

2.4.1.2　与业主的协调

草坪工程监理工程师首先必须明确草坪工程总目标和理解业主的意图，了解项目构思的基础、起因、出发点、决策背景等；然后，利用工作之便做好监理宣传工作，增进业主对监理工作的理解，特别是对草坪工程管理各方职责及监理程序的理解；其次，主动帮助业主处理草坪工程的事务性工作，以自己规范化、标准化、制度化的工作去影响和促进双方工作的协调一致；同时，要尊重业主，让业主一起投入草坪工程监理和施工的全过程。尽管有预定目标，但草坪工程实施必须执行业主指令，使业主满意，对业主提出某些不适当的要求，只要不属于原则性问题，都可先执行，然后利用适当时机采取适当方式加以说明或解释，对于原则性问题，可采取书面报告等方式说明原委，尽量避免发生误解，以使草坪工程顺利实施。

2.4.1.3　与承包商的协调

草坪工程监理工程师对质量、进度和投资的控制都是通过对承包商工作的监督和指导来实现的，做好与承包商的协调工作是监理工程师组织协调工作的重要内容之一。既要讲究科学态度，坚持原则，实事求是，严格按规范、规程办事；又要做到用权适度，掌握感情交流的语言艺术、方法和技巧等。草坪工程施工阶段与承包商的协调工作主要包括以下内容：与承包商项目经理关系的协调、进度问题的协调、质量问题的协调、对承包商违约行为的处理和合同争议的协调、对分包单位的管理、人际关系的处理等。若出现问题和纠纷时，监理工程师一定要本着相互尊重和相互理解的态度，对承包商强调各方面利益的一致性和项目总目标，尽量减少对其行使处罚权或处以威胁，就项目实施状况、实施结果及实施过程中遇到的困难、问题及意见等，鼓励承包单位及时与自己沟通，以便找到目标控制的干扰因素，并采取相应的应对措施，减少监理工作中不必要的对抗和争执，降低索赔事件发生概率。

2.4.1.4　与设计单位的协调

在施工监理过程中，草坪工程监理单位与草坪工程设计单位之间并没有合同关系，而是受业主委托开展工作的，与设计单位的协调工作要靠业主的支持。草坪工程设计单位应就其设计质量对业主负责，而草坪工程监理单位应该做到真诚地尊重设计单位的意见：开工前，主动组织设计单位介绍工程概况、设计意图、技术要求、施工难点等；图纸会审时，请设计单位交底，明确技术要求，把标准过高、设计遗漏、图纸差错等问题解决在施工之前；施工阶段，严格监督承包单位按设计图施工，主动向设计单位介绍工程进展状况，以便促使他们按合同规定或提前出图；若发现设计问题，及时主动通过业主向设计单位提出，以免造成大的直接损失；若监理单位掌握比原设计更先进的新技术、新工艺、新设备等时，可主动向设计单位推荐，支持设计单位技术革新；组织验收约请设计人员参加，若发生质量事故，认真听取设计单位的处理意见；注重信息传递的及时性和程序性，草坪工程监理工程师联系单和设计变更通知单的传递，要按照设计单位（经业主同意）→监理单位→承包商的程序进行。

2.4.1.5　与政府部门及其他单位的协调

工程质量监督站是由政府授权实施工程质量监督的机构，其主要职责是核查勘察、设计、施工单位、监理单位的资质和草坪工程质量检测等。在进行工程质量控制和质量问题处理时，草坪工程监理单位要做好与工程质量监督站的交流和协商；在处理重大质量事故时，草坪工程监理单位应督促承包商采取急救和补救措施，同时，敦促承包商立即向政府有关部门报告，接受检查和处理；草坪施工合同应送公证机关公证，并报政府建设管理部门备案；征地、拆迁、移民等问题要得到政府有关部门的支持和协作；草坪工程监理单位应敦促承包商在施工中注意防止环境污染，坚持做到文明施工。

　　一些大中型草坪项目建成后，不仅会给建设单位带来效益，还会给项目所在区的经济发展带来好处，同时给当地人民的生活带来便利，因此必然会引起社会各界的广泛关注。监理单位应把握机会，争取社会各界对项目建设的关心和支持，比如争取媒体、社会组织或团体等的支持，对于顺利实现项目目标是必要的。根据目前的监理实践经验，对外部环境的协调，主要由建设单位负责主持，监理单位主要是针对一些技术性工作的协调。

2.4.1.6　不同阶段的协调工作

　　草坪工程项目实施是一个过程性的活动，而监理组织沟通协调工作贯穿于整个实施全过程，在不同项目进展阶段，监理组织协调工作的内容及侧重点不同。在监理过程中，要紧抓计划环节，平衡人员、材料、设备、能源动力的需求，要注意控制期限及时性、规格上明确性、数量上准确性、质量上规范性、计划上严肃性。指导施工单位对施工力量的平衡，抓住瓶颈环节，通过资源力量调整，集中力量打攻坚战。抓关键和主要矛盾，运用网络计划技术解决关键问题和主要矛盾。草坪工程项目施工中需要机械化施工，施工环节有基床整备、灌溉排水管道安装、草坪园林建植等，草坪工程监理需抓住调度环节，对专业工种进行优化配置，处理好专业工种交替衔接的问题。在施工准备阶段，草坪工程监理基本任务是为拟建工程施工建立必要的技术和物质条件，统筹安排施工力量和施工现场，为顺利组织施工提供先决条件。施工准备工作千头万绪，涉及勘察、设计、项目法人、监理和承包商，有些是各自独立进行的，有些互相穿插和相互影响，该阶段监理机构应该积极参与，热情帮助，多出主意，当好参谋，认真做好组织协调和监督检查，为项目的尽早开工创造条件。开工条件包括技术准备工作（如完善有效的施工图纸、审查批准的施工组织设计、政府管理部门签发的施工许可证等）、劳力物资准备工作（所需各种劳力已陆续进场、所需原料已按计划足量进场储好，后续货源及运输均已落实等）、临时设施的准备工作（灌溉排水供电线路已按方案布置、安全警标已安装悬挂完毕等）、机械设备及计量器具的供应情况、资金情况（预付款已进入施工单位的账户，法人有一定的资金储备，融资渠道畅通等）5 个方面。草坪工程监理工程师应协助落实上述开工条件，保证施工单位与建设单位的信息沟通，督促双方严格按合同约定的分工执行。在施工阶段，草坪工程监理协调工作包括解决进度、质量、中间计量与支付签证、合同纠纷等一系列问题。进度问题协调工作较为复杂，一般可做好以下准备工作：业主单位和施工单位双方商定一级网络计划，并由双方负责人签字确认，作为草坪工程承包合同的附件；业主单位设立提前竣工奖，按一级网络计划节点考核，分期预付；施工单位设立进度奖，调动职工的积极性。如果不能保证工期，业主扣回工期奖，并处以罚款。质量问题协调包括实行监理工程师质量签字认可，对没有出厂证明或不符合使用要求的原材料、设备和构件等不准使用。对不合格草坪工程部位不予验收签证，也不予计算工程量，不予支付进度款。针对设计变更、工程范围的增减等在合同签订时无法预料或未明确规定的内容，草坪监理工程师要仔细研究，合理计价，与有关各方充分协商，达成一致，再实行监理工程师签证制度。合同争议协调主要指合同纠纷应尽可能协调解决，不能协调解决时再向合同管理机关申请调解或仲裁，一般合同争议尽量协商调解，切忌诉讼，否则既伤害感情，又贻误工期，甚至会"两败俱伤"。交工验收阶段的协调包括对交工验收中业主单位提出的问题，要求草坪工程施工单位根据技术文件、合同、中间验收签证及验收规范等做出解释，对不符合要求的部分应督促其采取补救措施，使其达到设计、合同、规范要求，而后才办理竣工结算。协调总包与分包单位的关系时，主要是对分包单位明确合同管理范围，分层次管理。将总包合同作为一个独立的合同单元进行投资、进度、质量控制和合同管理，不直接和分包合同发生关系。

2.4.2　组织协调的方法

组织协调工作千头万绪，涉及面广，受主观和客观因素影响较大。为保证监理工作顺利进行，除了要求监理工程师有扎实丰富的专业知识外，还要求监理工程师具有较强的人际交往能力，能够因地制宜、因时制宜地采取有效的沟通方法，通过积极协调，减少参建各方之间的摩擦，消除对抗，树立整体思想和全局观念，最大限度地调动各利益主体的积极性和主动性，使大家能够协同作战，创造出"天时、地利、人和"的良好环境。监理工程师常用的组织协调方法包括以下 5 种：

2.4.2.1　会议协调法

在草坪工程施工阶段，会议协调法是草坪工程监理中最常用的一种协调方法。实践中常用会议协调法包括第一次工地会议、监理例会、专业性监理会议等。

（1）第一次工地会议

第一次工地会议是项目开展前的通报会，对于后续协调会议组织具有非常重要指导意义，一般要求在草坪工程尚未全面展开之前举行。会议主要目的及内容包括：参与建设的各方相互认识和确定联络方式；检查开工前各项准备工作情况；明确草坪工程监理工作具体程序。会议由草坪工程监理工程师和建设单位联合主持召开，建设单位、承包单位和监理单位的授权代表必须出席参加，必要时邀请分包单位、设计单位等参加。第一次工地会议纪要应该由草坪工程监理机构负责起草，并经与会各方代表会签。该会议具体内容包括：建设单位、承包单位、监理单位分别介绍各自驻现场的组织机构、人员及其分工；建设单位根据委托监理合同宣布对总监理工程师的授权；建设单位介绍工程开工准备情况；承包单位介绍施工准备情况；建设单位和总监理工程师对施工准备情况提出意见和要求；总监理工程师介绍监理规划的主要内容；研究确定各方在施工过程中参加工地例会的主要人员、召开工地例会的周期、地点以及主要议题。

（2）监理例会

监理例会是由草坪工程监理工程师组织与主持，并按一定程序定期召开的工地会议。会议主要目的是参建各方进行信息交流，对进度、质量、投资等的执行情况进行全面检查，研究施工中出现的计划、进度、质量及工程款支付等问题，讨论延期、索赔及其他事项，并提出对有关问题的处理意见以及今后工作中应采取的主要措施。参会主要人员应该包括总监理工程师或其代表及有关监理人员、建设单位代表及有关人员、承包单位的授权代表及有关人员。草坪工程监理例会应定期按照同一标准会议议程进行，具体周期需根据工程进展情况安排，有周、旬、半月和月度例会等，一般宜每周 1 次。由于监理例会举行的次数较多，为防止流于形式，监理工程师需对每次监理例会进行预先筹划，尽可能使会议内容丰富，针对性强，真正发挥出其沟通协调作用。监理例会的主要议题包括：对上次会议存在问题解决和纪要执行情况进行检查；通报工程进展情况；对下一周期进度预测；施工单位投入人力和设备情况说明；施工情况、材料供应等情况的说明；有关技术问题解决；索赔工程款支付情况；业主对施工单位提出违约罚款要求等。会议过程中由草坪工程监理工程师形成会议记录纪要，经与会各方认可，然后分发给有关单位。会议纪要内容包括：会议时间和地点；会议出席者姓名、职务及其代表的单位；会议中发言者的姓名及所发言的主要内容；会议决定事项；每个事项具体由何人何时执行。

（3）专业性监理会议

根据草坪项目工程实施需要，专业性监理会议一般由监理单位（或建设单位）或承包单位提出，由总监理工程师及时组织。主要针对工程中的一些重大问题以及不宜在监理例会上解决的问题，如复杂施工方案、施工组织设计审查、复杂技术问题研讨、工程延期、费用索赔等问题，可以在会上讨论，并提出解决办法，要求相关方及时落实。对于业主指定分包单位与总包单位之间的协调会、专业性较强的分包单位进场协调会等，均需召开专业性监理会。参加会议人员应根据会议主要解决问题，除建设单位、监理单位、承包单位的有关人员外，可邀请设计人员和有关部门人员参加。由于专业性监理会议研究问题重大，比较复杂，监理机构人员会前需与相关单位参会人员共同做好充分准备，如进行调查、收集资料等，以便如实介绍情况。有时为了使协调会更快地达到更好的共识，避免在会议上形成冲突或僵局，可以先将会议议程打印发给各位参会者，并可以就议程与主要人员预先磋商，这样才可以在有限的时间内让有关人员充分地研究，并得出结论。专业性监理会议要求有会议记录和纪要，作为监理工程师存档备查的文件。

2.4.2.2　交谈协调法

在草坪工程施工实践中，并不是所有问题都需要开会来解决，有时可采用交谈沟通法。该法是一条保持信息畅通的最好渠道，是寻求协作和帮助的最好方法，是正确及时地发布草坪工程指令的有效方法。该方法可以用于讨论问题和澄清问题，希望取得对方理解，及时反馈沟通内容，提高沟通协调效率。由于交谈本身没有合同效力，具备方便性和及时性等特点，交谈氛围相对比较轻松，在交谈过程中，可借助贴切身体语言、恰当语调语气、适当眼神接触等辅助方式，更好地实现双方相互理解，无论是监理机构内部的协调，还是草坪工程参建各方之间的外部协调，均可采用交谈协调法进行协调。

2.4.2.3　书面协调法

书面协调法的最大特点是具有合同效力，相关各方必须要严肃对待。当其他协调方法效果不佳时，书面沟通法需要精确地表达自己意见，采用书面形式进行记录和保存。书面协调法一般常用于以下形式：不需双方直接交流的书面报告、报表、监理指令和通知等；需要以书面形式向各方提供详细信息和情况通报的报告、信函和备忘录等；事后对会议记录、纪要、交谈内容或口头指令的书面确认等。

2.4.2.4　访问协调法

访问协调法主要用于外部协调，尤其是远外层协调，有时也用于建设单位和承包单位的协调工作，具体包括走访和邀访两种形式。走访指协调者在工程施工前或施工过程中，对与工程施工有关的各政府部门、公共事业机构、新闻媒介或工程毗邻单位等进行访问，解释工程情况，了解相关的意见、建议等。邀访是协调者邀请相关单位代表到施工现场对工程进行巡视，了解现场工作。一般来讲，远外层的协调工作主要由建设单位主持，监理工程师主要起协助作用。

2.4.2.5　电子媒介协调法

电子媒介协调法诞生于当今信息和网络时代，随着科学技术的进步和社会的发展，各种各样的电子商务、网络购物、网络会议、计算机通信和电子沟通设备和设施的出现，使得人们依赖于电子媒介开展协调工作频率越来越高。该法最主要特性是可以将以前人流和物流转变为信息流，从而较大简化沟通过程和降低沟通成本。通过网络预订或购买原材料和设备，使用电子邮件传递书面报告和报表；使用计算机通信技术进行文件和图纸的传递、修订和变更改动等。有些书面协调或交谈协调过程和结果，需要通过电子媒介形式进行记录和保存，电子信息比个人记忆更可靠，比书面记录保存时间更长、更便于传送和使用。在项目建设中，越来越多通告、公告、书面协调和交谈协调等使用电子媒介方式，电子媒介协调正在逐步成为书面协调和交谈协调的重要补充。

小结

本章阐述草坪工程监理组织的基本原理，重点是监理组织及组织结构的概念、草坪工程监理组织结构的性质、草坪工程监理组织结构设计的原则、监理组织协调等内容。其中组织结构设计包括：草坪工程监理组织的基本形式、草坪工程监理组织的人员配备、各类监理人员的基本职责、草坪工程监理组织的协调方法、监理单位内部工作关系以及现场草坪工程监理组织应注意的问题等。

思考题

1. 什么是组织？组织有哪些特点？
2. 组织结构设置应该满足哪些基本原则？
3. 常见的组织结构形式有哪几种？各自有什么优点和缺点？
4. 如何做好项目监理机构的人员配备？
5. 怎样做好项目监理组织的协调工作？常用的协调方法有哪些？

第 **3** 章
草坪工程监理招标和投标

草坪工程监理招标是指招标人将拟委托的监理业务对外公布，吸引或邀请多家监理单位前来参与承接监理业务的竞争，以便从中择优选择监理单位的一系列活动(招标、投标、开标、评标、授标和中标以及签约和履约等环节)。草坪工程监理投标是监理单位根据招标条件和要求，编制技术经济文件向投标人投函，参与承接监理业务竞争的一系列活动。将草坪工程项目建设任务委托纳入市场管理，通过竞争择优选定项目的勘察、设计、设备安装、施工、材料设备供应、监理和工程总承包等单位，达到保证工程质量、缩短建设周期、控制工程造价、提高投资效益等目的。实践证明，监理是保障草坪工程质量的有力措施。选择一个合适的工程监理单位是顺利实施草坪工程项目建设的必要条件。监理招投标则是择优选择监理单位的最佳途径，有利于确保监理单位的素质和管理水平，推动我国草坪建设事业的健康稳步发展。

3.1 草坪工程项目监理招标

3.1.1 草坪工程项目监理招标方式

草坪工程项目监理招标方式有公开招标和邀请招标。公开招标是指招标人以招标公告的方式邀请不特定法人或者其他组织投标；邀请招标是指招标人以投标邀请书的方式邀请特定法人或者其他组织投标。公开招标与邀请招标信息发布方式不同。公开招标是招标人在报纸、电视、广播、网络等公众媒体发布招标公告；邀请招标是招标人以信函、电信、传真等方式发出邀请书。公开招标与邀请招标的可选择招标人范围不同。公开招标时，一切符合招标条件的建设工程勘察、设计、施工、监理、造价咨询等企业均可参与投标，招标人可以在众多投标人中选择报价低、工期短、信誉好的承包人；邀请招标时，仅接到邀请书的建设工程勘察、设计、施工、监理、造价咨询等企业可以投标，缩小招标人的选择范围，可能会将有实力的竞争者排除在外。公开招标与邀请招标的适用范围不同。公开招标具有较强的公开性和竞争性，是目前市场上工程勘察、设计、施工、监理、造价等最常见的招标方式；邀请招标适用于私人工程、保密工程或特殊性质、需要有特殊专业技术的工程。

根据《中华人民共和国建筑法》和国家主管部门的有关规定，对于符合下列情况之一工程项目经批准后可采用邀请招标。项目总投资额在 3 000 万元人民币以上，但对于施工单项合同的分标单项合同估算价低于 200 万元人民币，或对于重要设备、材料等货物的采购单项合同价低于 100 万元人民币的项目，或对于勘察设计、监理等服务的采购单项合同价低于 50 万元人民币的项目；项目技术复杂，有特殊要求或涉及专利权保护，受自然资源或环境限制，新技术或技术规范事先难以确定的项目；应急度汛项目或其他特殊项目。如果采用邀请招标，招标前招标人必须履行批准手续，项目经省、自治区、直辖市人民政府主管部门会同同级发展计划行政主管部门审核后，报本级人民政府批准；其他地方项目报省、自治区、直辖市人民政府。

3.1.2　草坪工程项目监理招标的程序

草坪工程监理招标可分为自行招标或委托招标代理机构办理招标。草坪工程监理招标时，宜在相应的工程勘察、设计、施工、设备和材料招标活动开始前完成。草坪工程监理招标工作一般按下列程序进行。

3.1.2.1　招标准备阶段

草坪工程监理招标准备阶段的工作由招标人独立完成，投标人不参与。主要工作包括：招标组织，招标单位成立招标工作小组；招标申请，报送审批监理招投标备案，提送甲方给经办人出据的法人委托书。送审监理招标备案包括项目总监资格证书原件、监理单位给项目总监出据的法人委托书、填写发放"资格预审合格通知书"；编制招标文件，文件包括招标公告、资格预审文件、招标文件、合同协议书、资格预审评审方法和评标方法等。

3.1.2.2　招标投标阶段

从发布招标公告(或投标邀请函)开始至投标截止日期为投标招标阶段。

(1)发布招标公告

招标公告作用是让潜在投标人获得招标信息，确定是否参与投标。招标公告内容包括招标人的项目名称和地址、监理项目的内容、规模、资金来源、监理项目的实施地点和服务期、获取招标文件或者资格预审文件的地点和时间、对招标文件或者资格预审文件收取的费用、对投标人的资质等级要求。

(2)资格预审

招标人应通过对申请人填报的资格预审文件进行评比和分析，确定出合格的申请人名单，报招标领导小组审查批准，经批准后的名单应报招标投标行政监督部门备案。招标人向资格预审合格的潜在投标人发出资格预审合格通知书，告知获取招标文件的时间、地点和方法，同时，向资格预审不合格的潜在投标人告知资格预审结果。

(3)发售招标文件

招标文件仅售给通过公开招标资格预审获得投标资格的投标人。在招标文件售出后，招标人对招标文件所做的任何修改或补充，应在投标截止日期前规定时期内，发给所有获得投标文件的投标人，修改或补充文件作为招标文件的组成部分，对招标人和投标人均起约束作用。投标人收到招标文件修改文件后，应按照招标文件规定以书面形式予以确认。

(4)现场踏勘

组织购买招标文件的潜在投标人现场踏勘。

(5)投标预备会

招标人一般应召开投标预备会，投标预备会的目的在于澄清招标文件中的疑问，解答投标人在阅读招标文件和通过考察现场后所提出的问题。投标预备会结束后，由招标人整理会议内容，以书面记录的形式将问题和解答发送给所有获得投标文件的投标人。

（6）编制和递交投标文件

投标人获得招标文件后，应仔细阅读"投标须知"，掌握投标时应注意和遵守的事项。根据招标文件的相关资料，投标人应掌握招标文件中规定的监理范围、内容和要求等。投标人应在充分理解招标文件及相应招标资料的情况下，组织编制投标文件。投标文件应完全按照招标文件的各项要求编制，不得背离招标文件的要求，招标人在规定时间和地点接受符合招标文件要求的投标文件。

3.1.2.3　评标定标阶段

从开标日至签订合同的期间称评标定标阶段。招标人和中标人应在中标通知书发出之日后 30 天内，按照招标文件和中标人投标文件订立书面合同。招标人不得再与中标人订立背离合同实质性内容的协议。中标人也不得向他人转让中标项目，或将中标项目肢解后向他人转让。当确定中标人拒绝签订合同时，招标人可与确定候补中标人签订合同。在确定中标人 15 天之内，招标人应按项目管理权限向主管部门提交招标投标情况的书面总结报告，书面总结报告包括开标前招标准备情况、开标记录、评标委员会的组成和评标报告、中标结果等。

3.1.3　草坪工程监理招标程序的几个重要环节

草坪工程监理招标程序重要环节为监理招标文件，发布招标信息，资格审查，评标标准及方法等。

3.1.3.1　监理招标文件

监理招标文件有投标邀请书、投标书面合同、报价书、授权委托书、协议书、必要设计文件、图纸、评价标准等。监理招标文件的内容包括投标邀请书、投标人须知、书面合同书格式、投标报价书、投标保证金、授权委托书、协议书、履约保函的格式、必要的设计文件、图纸和有关资料、投标报价要求及其计算方式、评标标准与方法、投标文件格式、其他辅助资料等方面。其中投标人须知包括招标项目概况、监理范围、内容和监理服务期、招标人提供的现场工作及生活条件（包括交通、通信、住宿等）和试验检测条件、对投标人和现场监理人员的要求、投标人应当提供的有关资格和资信证明文件、投标文件的编制要求、提交投标文件的方式、地点和截止时间、开标日程安排、投标有效期等。

为便于投标人有足够的时间编制投标文件，自招标文件发出之日至投标人提交投标文件截止之日的时间段不少于 20 天。招标文件发出后，招标内容一般不作修改。如需对招标文件进行修改和澄清，应在 15 天前书面通知所有潜在投标人。

3.1.3.2　发布招标信息

发布招标信息应该包含招标人名称和地址、监理项目的内容、规模、资金来源、监理实施地点和服务期、对投标人资格等级要求等。

3.1.3.3　资格审查

资格审查指审查监理单位是否具有履行合同权利，是否有投标资格取消，骗取中标及严重违约重大问题。审查投标人的法人机构、专业、技术资格、资金、设备、工程经验等。为提高招标效率和保证招标质量，招标人应对投标人进行资格审查。资格审查分为资格预审和资格后审。除招标文件另有规定，一般进行资格预审，不再进行资格后审。公开招标时，只有通过资格预审的监理单位才可以参加投标。

资格预审是指在投标前对潜在投标人进行的资格审查。资格预审的一般原则是招标人组建的资格预审工作组负责资格预审；资格预审工作组按照资格预审文件中规定的资格评审条件，对所有潜在投标人提交的资格预审文件进行评审；资格预审完成后，资格预审工作组应提交由资格预审工作组成员签字的资格预审报告，并由招标人存档备查；经资格预审后，招标人应当向资格预审合格的潜在投标人发出资格预审合格通知书，告知获取招标文件的时间、地点和方法，同时向资格预审不合格的潜在投标人告知资格预审结果。

资格后审是指在开标后，招标人对投标人进行资格审查，提出资格审查报告，经参审人员签字由招标人存档备查，同时交评标委员会参考。资格审查主要审查潜在投标人下列条件：具有独立合同签署及履行的权利；具有履行合同的能力，包括专业、技术资格和能力、资金、设备和其他物质设施能力、管理能力、类似工程经验、信誉状况等；是否处于被责令停业，投标资格被取消，财产被接管、冻结等；在最近 3 年内没有骗取中标和严重违约及重大质量问题。

资格审查时，招标人不得以不合理的条件限制和排斥潜在投标人或者投标人，不得对潜在投标人或者投标人实行歧视待遇。任何单位和个人不得以行政手段或者其他不合理方式限制投标人的数量。

3.1.4　评标标准和方法

评标阶段是招投标的关键阶段，是招标项目操作的重中之重，是招投标过程中一个重要环节。招标文件中声明，工程招标评标方法和评标标准直接影响招标工作。

3.1.4.1　评标标准

评标标准包括投标人的业绩和资信、项目总监理工程师的素质和能力、资源配置、监理大纲以及投标报价等方面。

业绩和资信的评价指标包括有关资质证书、营业执照等情况；人力、物力与财力资源；近 3~5 年完成或者正在实施的项目情况及监理效果；投标人以往的履约情况；近 5 年受到的表彰或者不良业绩记录情况；有关方面对投标人的评价意见等。

项目总监理工程师的素质和能力的评价指标包括项目总监理工程师的简历、监理资格；项目总监理工程师主持或者参与监理的类似工程项目及监理业绩；有关方面对项目总监理工程师的评价意见；项目总监理工程师月驻现场工作时间；项目总监理工程师的陈述情况等。

资源配置的评价指标包括项目副总监理工程师、部门负责人的简历及监理资格；项目相关专业人员和管理人员的数量、来源、职称、监理资格、年龄结构、人员进场计划；主要监理人员的月驻现场工作时间；主要监理人员从事类似工程的相关经验；拟为工程项目配置的检测及办公设备；随时可调用的后备资源等。

监理大纲的评价指标包括监理范围与目标；对影响项目工期、质量和投资的关键问题的理解程度；项目监理组织机构与管理的实效性；质量、进度、投资控制和合同、工程安全监督措施的信息管理的方法与措施的针对性；拟定的监理质量体系文件等；工程安全监督措施的有效性。

投标报价的评价指标包括监理服务范围、时限；监理费用结构、总价及所包含的项目；人员进场计划；监理费用报价取费原则是否合理。

3.1.4.2　评标方法

根据招标文件规定招标范围、工程规模、承包方式、工程报价方式、材料供应情况以及工程最终结算方式等内容，确定评标方法。选择工程招标评标方法后，根据工程项目特点、投标企业要求和业主对工程管理要求等，制定出合理、科学、公平、可操作的评标标准(评标细则)。评标时，不仅要考虑投标人的投标报价，而且分析施工组织设计(进度计划、总平面布置、各项保证措施、项目班子配备、机械配备、安全施工等)、业绩、工期、质量等因素。将其各项要求按主、次、轻、重详细分类和分项，以便于评标委员会用同样标准和不偏不倚的对各投标人的投标文件进行比较和评审，从而选出本招标工程的最佳承包人。

评价方法有综合评分法、两阶段评标法和综合评议法。

①综合评分法　根据评标标准设置的评价指标和评分标准，经评标委员会集体评审后，评标委员会分别对所有投标文件的各项评价指标进行评分，去掉最高分和最低分，其余评委评分的算术和为投标人的总得分。评标委员会根据投标人总得分的高低排序选择 1~3 名中标候选人。若候选人出现分值相同情况，则对分值相同的投标人改为投票法，以少数服从多数的方式，也可根据总监理工程师、监理大纲的得分高低决定次序选择中标候选人。

②两阶段评标法　对投标文件评审分为两阶段进行。首先进行技术评审，然后进行商务评审。有关评审方法可采用综合评分法或综合评议法。评标委员会在技术评审结束之前，不得接触投标文件中商务部分的内容。评标委员会根据确定的评审标准选出技术评审排序的前几名投标人，而后对其进行商务评审。根据规定的技术和商务权重，对这些投标人进行综合评价和比较，确定 1~3 名中标候选人。

③综合评议法　根据评标标准设置的评价指标，评标委员会成员对各个投标人进行定性比较分析，综合评议，采用投票表决的形式，以少数服从多数的方式，排序推荐 1~3 名中标候选人。

3.1.5　开标、评标和中标

开标由主持人、监标人、开标人、记录人组成，应在招标文件中确定的时间和地点进行开标。评标委员会成员不出席开标会议。招标人只受理在规定截止时间前送达的投标文件，同时检查其密封性，进行登记并提供回执。已收到投标文件应妥善保管，开标前不得开启。开标由招标人主持，邀请所有投标人参加。投标人的法定代表人或者授权代表人应出席开标会议，在指定登记表上报到签名，并接受开标人员对其身份证明的检查。评标委员会成员不出席开标会议。

评标指听取招标人介绍招标文件，评标，讨论，投标人澄清问题，必须有 2/3 以上成员同意通过评标报告。评标一般应采用计分的方法，对投标文件中的监理大纲、监理业绩、监理人员、监理手段和监理取费等进行全面评定。评标方法应在招标文件中确定，开标后不得更改，否则评标结果无效。评标由评标委员会负责。评标委员会的组成与成员的选择要符合相关规定。评标委员会成员应当客观、公正地履行职责，遵守职业道德，以保证中标人是能够最大限度地满足招标文件中规定的各项综合评价标准的投标人。当中标候选人确定以后，招标人与评标委员确定中标人。

3.2　草坪工程项目监理投标

草坪工程监理投标是监理单位根据招标条件与要求，编制技术经济文件向投标人投函，参与承接监理业务竞争的一系列活动。草坪工程监理招标和投标是激烈市场竞争活动，招标人希望通过招标力求获得高质量的监理服务，实现草坪工程预期的建设目标；投标人则希望以自己技术、经验、实力和信誉等方面的优势在竞争中获胜，占据市场，求得进一步发展。

3.2.1　草坪工程投标组织

草坪工程投标组织是一个强有力投标班子，这个投标班子成员应主要包括经济管理、专业技术、合同管理等人才。经济管理类人才指能直接从事工程费用计算，掌握生产要素的市场行情，能运用科学调查、分析、预测的方法，准确控制工程中发生的各类费用的人员。专业技术人才指精于草坪工程设计和草坪工程施工的各类技术人才，掌握草坪工程领域内的最新设计、施工等技术知识，具有较丰富的草坪工程经验，尤其指大型高尔夫球场经验，能选择和确认技术可行和经济合理的草坪工程设计和施工方案。合同管理类人才指熟悉合同相关法律和法规，熟悉合同条件，并能进行深入分析，提出应特别注意的问题，具有合同谈判和合同签订经验，善于发现和处理索赔等方面的专业人员。投标班子应由多方面的人才组成，并注意保持班子成员的相对稳定，积累和总结以往经验，不断提高其素质和水平，以形成一个高效率的工作集体，从而提高本公司投标的竞争力。

投标单位应向招标单位提供材料包括企业营业执照、资质等级证书和其他有效证明文件、企业简历、主要检测设备一览表、近 3 年的主要监理业绩。

投标书一般应当包括投标综合说明、监理大纲、拟派现场监理机构及监理人员情况一览表(其中应当明确项目总监理工程师人选)、监理费报价。

投标单位应当根据招标文件要求编著投标书和提交投标。在招标文件的截止时间前，将投标文件送达投标地点。招标单位收到投标文件后，应当签收保存，不得开启。如果投标单位少于 3 个，投标单位应当依照本办法重新招标。在招标文件要求提交投标文件的截止时间之后送达投标文件，招标单位应当拒收。投标书应当装于投标袋，投标袋密封，投标袋密封口处必须加盖投标单位公章和法定代表人的印鉴，在规定的期限内送达指定地点。

草坪工程监理招标活动须在当地建设工程交易中心进行。由草坪工程招标单位或其指定的代理人主持，招标管理机构进行监督。评标由评标委员会组织，评标委员会应由招标单位的代表和有关技术、经济等方面的专家组成，成员至少为 5 人以上单数，其中专家不能少于成员总数的 2/3。应在开标前一日内招标单位在评标专家库中随机抽取确定参加评标专家人选，与投标单位有利害关系的人员不得进入该项目的评标委员会。招标单位担任评标委员会负责人，评标委员会成员名单在招标结果确定前应当保密。

3.2.2　草坪工程投标程序

草坪工程监理投标的程序与招标程序是相对应的。草坪工程投标程序为获取招标信息→资格预审准备→购买资格预审文件→编制文件→送资格预审文件→资格预审通过→购买招标文件→现场勘察→编制投标文件→送投标文件→提交投标保证金→参加开标会→答复和澄清→获得中标通知→与招标人订立书面合同。招投标程序要求是开标由招标单位主持；招标单位或其推选的代表检验投标单位法定代表人或代理人的证件或委托书；宣布招标文件要点和评标办法；主持人当众检验启封投标书；投标单位和代理人申明对招标文件是否确认；投标单位按约定的顺序唱标。开标过程应当纪录并存档备查。

招标单位和中标单位应当自中标通知书发出之日起 30 天内，按照招标文件和中标单位的投标文件订立书面委托监理合同，招标单位和中标单位不得另行订立背离合同实质性内容的其他协议。

3.2.3　草坪工程监理投标文件

监理投标文件是项目法人选择监理单位的重要依据，监理投标人应严格按招标文件规定的格式及要求编制投标文件。投标文件一般包括下列内容。

3.2.3.1　投标书

投标人应根据招标文件提供的投标书格式填写报价等相应内容，并由法定代表人或授权代理人签字并加盖单位公章。

属于下列情况之一的，按照无效投标书处理：投标单位未按时参加开标会议，或虽参加会议但无有效证件者；投标书未按规定的方式密封；投标书未加盖单位公章和法定代表人印鉴；唱标时弄虚作假，更改投标书内容；投标书内容字迹难于辨认；监理费报价低于国家规定标准下限。

3.2.3.2　资质文件

投标文件应根据招标文件要求提供有关资质文件，主要包括：法人代表证明书复印件；法人代表授权委托书；监理单位法人营业执照(有发证单位签章)复印件；监理单位资质等级证书复印件，开标后交验资质证书副本。

3.2.3.3　业绩及财务资料

投标文件应根据招标文件要求提供相关业绩及财务资料，业绩及财务资料主要包括：监理单位的组织、监理人力资源，以及有关监理情况综合说明；已完成和正在实施的同类工程监理项目一览表；监理项目的监理合同书或监理业务手册复印件；类似工程监理情况介绍及业主评价文件；监理工程项目获奖证明材料；近 2 年财务报表；近 2 年财务审计报告。

3.2.3.4　项目监理机构文件

项目监理机构文件主要包括：监理机构的组织体系(应附框图)；总监理工程师(含副总监)简历、技术职称证书、监理资格及注册证书、总监理工程师资格证书、监理业绩和有关证明；主要监理人员简历、技术职称证书、监理资格证书、监理注册证书、监理培训证书、监理业绩和有关证明。

3.2.3.5　监理费用报价计算书

根据招标文件规定的方式、内容和要求，编制监理费用报价。监理费用是指监理的直接成本、间接成本、合理利润和税金。监理费用计算应按监理服务时间和监理服务范围等计算。监理费用计算应考虑工程难易程度、物价指数和地区差价。监理费用计算时应按招标文件要求，针对监理机构的办公生活设施设备、通信设备、交通设备、测量设备、试验设备等是全部或部分由业主提供或自带情况进行监理设备设施费用计算。

3.2.3.6　投标保证金

按招标文件规定提交，并附投标保证金证明。

3.2.3.7　监理大纲

监理大纲是反映监理单位监理工作能力和水平的重要依据，在评标中所占分值较大。在监理招标投标中，监理大纲在群雄竞争中起关键作用。监理单位中标后，监理大纲就成为合同的一部分，成为今后编制监理规划的依据，这就要求监理大纲的编制应实事求是，应与本单位的实际相结合。编制好监理大纲是极其重要，监理投标人应认真编写。

监理大纲主要内容包括工程概况、监理范围、监理目标、监理措施、对工程理解、项目监理组织机构、监理人员等。

监理投标文件质量是影响监理单位中标的关键。在内容和形式上，投标文件应符合监理招标文件的要求和条件；在技术方案和投入资源等方面，投标文件应满足监理任务要求且报价合理。同时，投标文件反映监理单位的业绩、技术、管理水平、资源、资信等方面。

3.3　草坪工程监理费用

草坪工程监理是一种有偿的技术服务活动。监理单位是企业法人，监理单位活动是一种经营性活动，该经营活动必须收取相应补偿费用，即监理服务费。监理服务费应由监理单位与项目法人单位依据所委托的监理内容和工作深度协商确定。

3.3.1　直接成本

直接成本是指监理人履行本监理合同时所发生的成本。主要包括监理人员工资（基本工资、职务工资、工龄工资等）、监理人员津贴和补贴（岗位津贴、加班津贴、目标奖励津贴、探亲旅费、伙食补贴等）、办公及公用经费（公费、文印费、摄录费、邮电通信费、房租、水费、电费、气费、专业软件购置费、书报资料费、培训费、出差费、环卫费、保安费及生活设施费等）、测试维护费（工程常规抽查试验、检测费、检测设备维护费和运行费等）。

3.3.2　间接成本

间接成本是指所允许的全部业务经费开支及非项目特定开支，主要包括监理单位管理费、附加费（工会经费、职工教育经费、职工福利费、养老保险基金、医疗保险基金、失业保险基金、住房公积金等）、监理人自备设备折旧、运行费、辅助人员费用（指监理机构雇佣的司机、炊事员及勤杂人员的工资、津贴、补贴等）、技术开发费、保险费（监理人员人身意外伤害保险费和设备保险费）、咨询专家费及其他营业性开支等。

3.3.3　税金

税金是指按照国家有关规定监理单位所应交纳的各种税金总额，如营业税、所得税等。

3.3.4　利润

利润一般是监理单位的费用收入与经营成本（直接成本、间接成本及各种税金之和）之差。监理单位的利润应当高于社会平均利润。

3.4　草坪工程监理合同

　　草坪工程监理合同，也称为草坪监理委托合同，是指草坪建设单位聘请监理单位代其对工程项目进行管理，明确双方权利和义务的协议。建设单位称委托人，监理单位称受托人。

　　草坪工程监理的委托与被委托实质上是一种商业行为，在监理的委托与被委托过程中，要用书面的形式来明确工程服务合同，最终达到为委托方和被委托方共同利益服务的目的。用文字明确合同各方所要考虑的问题及目标，包括实施服务的具体内容、所需支付的费用以及工作需要的条件等。

　　在监理委托合同中，签约双方对所讨论问题必须共同认识，在执行合同过程中，避免认识上分歧而可能导致的各种合同纠纷，或理解和认识上不一致而出现争议，或更换工作人员或对其他不可预见事件发生处理方法等。依法签订合同对双方均有法律约束力。

3.4.1　草坪工程监理合同形式

　　草坪工程合同形式是指作为合同内容的合意外观方法和手段，根据我国合同法规定，当事人订立合同可以采用口头形式、书面形式和其他形式。口头形式合同指当事人只有口头语言为意思表示订立合同，而不用文字表达协议内容的合同形式。口头形式优点在于方便快捷，缺点在于发生合同纠纷时难以取证，不易分清责任。口头形式适用于能即时清结的合同关系。书面形式合同是指当事人以合同书或者电报、电传、电子邮件等数据电文形式等各种可以有形地表现所载内容的形式订立合同。书面形式合同有利于交易的安全，重要的合同应该采用书面形式。书面形式合同可分为正式合同和格式合同。正式合是同由当事人双方依法就合同的主要条款协商一致，并达成书面协议，并由双方当事人的法定代表人或其授权的人签字盖章；格式合同是双方当事人来往的信件、电报、电传等，是合同的组成部分。现代各国对合同形式一般不加限制，法律只规定特定种类的合同必须具备书面形式或其他形式。

3.4.2　草坪工程监理合同内容

　　合同内容包含签约双方确认(项目法人、监理单位名称和地址等)，监理单位义务及服务内容、监理费用、业主义务、利益条款，双方签字等。

　　合同的内容就是合同当事人的权利和义务，具体体现为合同的各项条款。根据《合同法》规定，在不违反法律强制性规定的情况下，合同条款可以由当事人自由约定，但一般包括以下条款当事人的名称或者姓名和住所、合同双方当事人权利义务所共同指向的对象、数量、质量、价款或者报酬、履行期限、履行地点、履行方式、违约责任、争议的解决方法。当事人对合同条款的理解有争议时，应当按照合同所使用词句、合同有关条款、合同目的、交易习惯以及诚实信用原则，确定该条款的真实意思。

　　当不同合同文本使用的词句不一致时，应当根据合同的目的予以解释。涉及合同当事人可以选择适用法律或另有规定处理合同争议，但在中华人民共和国境内履行的中外合资经营企业合同、中外合作经营企业合同、中外合作勘探开发自然资源合同，只能适用中华人民共和国法律。

格式条款是指一方当事人为了与不特定多数人订立合同重复使用，而单方预先拟定的条款，并在订立合同时，不允许对方协商变更条款内容。格式条款的适用可以简化签约程序，加快交易速度，减少交易成本。格式条款是由一方当事人拟定，且在合同谈判中不允许对方对合同进行协商修改，条款内容难免有不公平之处。所以《合同法》对格式条款的效力及解释作有特别规定，以保证合同相对人的合法权益。采用格式条款订立合同，提供格式条款的一方应当遵循公平原则，确定当事人之间的权利和义务，并采取合理的方式提请对方注意免除或者限制其责任的条款，按照对方的要求，对该条款予以说明。格式条款具有《合同法》规定的合同无效和免责条款无效的情形，或者提供格式条款一方免除其责任、加重对方责任、排除对方主要权利的，该条款无效。当双方对格式条款的理解发生争议时，应当按照通常理解予以解释。如果双方对格式条款有 2 种以上解释，应当做出不利于提供格式条款一方的解释。当格式条款和非格式条款不一致时，应当采用非格式条款。正规合同应该具备下列基本内容。

3.4.2.1　草坪工程监理合同协议书

"协议书"是一个总协议，是纲领性的法律文件，经当事人双方在有限的空格内填写具有规定的内容，并签字盖章后，即发生法律效力。其中明确了当事人双方确定的委托监理工程内容包括工程概况、总监理工程师、监理费用、监理期限、合同签订时间和地点等。

3.4.2.2　监理人的义务

对于受聘监理工程师承担义务的叙述，经常包括受聘监理工程师的义务和对所委托项目概况的描述。项目概况描述具体的内容主要是项目性质、资金来源、工程地点、工期要求以及项目规模或生产能力等。

3.4.2.3　委托人的义务

项目法人除了应该偿付监理费用外，有责任创造一定条件，促使监理工程师更有效地进行工作。监理服务合同应规定出项目法人应承担的义务。在正常情况下，项目法人应提供项目建设所需要的法律、资金和保险等服务。通常情况，合同中应该包含项目法人承诺，即提供超出监理单位可以控制和紧急情况下的费用补偿或其他帮助。项目法人应当在限定时间内，审查和批复监理单位提出的任何与项目有关的报告书、计划和技术说明书以及其他信函文件。

3.4.2.4　违约责任

事故是一方过错，由过错方承担违约责任；事故是双方过错，根据实际情况，由双方分别承担各自违约责任。非监理人原因，且监理人无过错，发生工程质量事故、安全事故、工期延误等造成损失，监理人不承担赔偿责任。不可抗力导致本合同全部或部分不能履行时，双方各自承担其因此而造成的损失和损害。

3.4.2.5　支付

在合同约定的每次应付款时的 7 天前，监理人应向委托人提交支付申请书。支付的酬金包括正常工作酬金、附加工作酬金、合理化建议奖励金额及费用。如果委托人对监理人提交的支付申请书有异议时，应当在收到监理人提交的支付申请书后 7 天内，以书面形式向监理人发出异议通知。

3.4.2.6 合同的生效、变更、暂停、解除和终止

除法律另有规定或者专用条件另有约定外，委托人和监理人的法定代表人或其授权代理人在协议书上签字并盖单位章后合同生效。在合同履行期间，由于主观和客观条件的变化，当事人任何一方均可提出变更合同的要求。除双方协商一致可以解除合同外，当一方无正当理由未履行合同约定的义务时，另一方可以根据合同约定暂停履行合同，甚至解除合同。解除合同的协议必须采取书面形式，协议未达成之前，合同仍然有效；合同解除后，合同约定的有关结算、清理、争议解决方式的条件仍然有效。当监理人完成合同约定的全部工作，同时，委托人与监理人结清并支付全部酬金时，合同终止。

3.4.2.7 争议解决

双方应本着诚信原则协商解决彼此间的争议。如果双方不能在 14 天内或双方商定其他时间内解决合同争议，可以将其提交给调解人进行调解。双方均有权不经调解直接向仲裁机构申请仲裁，或向人民法院提起诉讼。

小结

草坪工程监理招标方式有公开招标和邀请招标。草坪工程监理招标程序：招标组织→招标申请→编制招标文件→发布招标公告→资格预审→发售招标文件→现场踏勘→投标预备会→编制和递交投标文件→开标→评标→定标。草坪工程监理投标程序：获得招标信息→编制资格预审文件→购买招标文件→现场踏勘→参加投标预备会→报送投标文件→开标→评标→中标→合同签订。草坪工程监理费用构成，是指监理单位在项目工程监理活动中所需要的全部成本，再加上合理的利润和税金。草坪工程监理合同是指草坪建设单位聘请监理单位代其对工程项目进行管理，明确双方权利、义务的协议。

思考题

1. 简述草坪工程监理招标方式。
2. 试述草坪工程监理招标程序。
3. 草坪工程监理招标文件包括哪些内容？
4. 草坪工程监理投标文件包括哪些内容？
5. 草坪工程监理费用由哪些构成？
6. 简述草坪工程监理委托合同的形式。
7. 试述草坪工程监理合同的主要内容。

第 4 章

草坪工程监理规划

　　草坪工程监理是一种特殊形式工程建设活动，具有"服务性、科学性、公正性、独立性"等特点，属于高智能的技术服务行业，其基本工作方法主要包括：目标规划、动态控制、组织协调、信息管理和合同管理，其中，目标规划是草坪工程监理工作基础。指导监理工作规划系列文件主要有：监理大纲、监理规划和监理实施细则。本章重点介绍监理规划相关内容。

4.1　草坪工程监理规划系列性文件

4.1.1　草坪工程监理大纲

　　草坪工程监理大纲又称草坪工程监理方案，是草坪工程监理单位为承揽到监理业务在投标前由监理单位技术管理部门编写的监理技术性方案文件，是投标书中技术标的重要组成部分。其特点是：不具有实际操作性，以指导性为主。草坪工程监理大纲的主要作用如下：阐述对招标工程的认识及理解，使业主认可监理方案，从而承揽到监理业务，完成监理单位在监理市场上的经营活动；为后期开展草坪工程监理工作提供最基本的指导方案，为编写监理规划提供参考和依据，使监理单位完成在草坪工程项目监理现场进行的生产活动。

　　草坪工程监理大纲编制要体现出监理企业自身的管理水平，编制监理方案既要实现最大可能中标的目的，又要达到合理和可行的要求，需根据监理招标文件、设计文件及业主的要求等来编制。一般来讲，草坪工程监理大纲的主要内容应包括：人员及资质情况介绍、监理单位工作业绩介绍、拟采用的监理方案陈述等。在草坪工程监理大纲中，监理单位需介绍拟派往所承揽或投标草坪工程的项目监理机构的主要监理人员，并对他们的资质情况进行说明。尤其要重点介绍拟派往投标草坪工程的项目总监理工程师的情况；为取得监理单位的信任，草坪工程监理单位应在大纲中列举其工作经验以及以往承担的主要工程项目，尤其是与招标项目类似项目的一览表，必要时可附上以往承担监理项目的工作成果，如获优质工程奖、业主对监理单位好评复印件等；草坪工程监理单位应当根据业主招标文件要求和自己所掌握的工程信息，制订拟采用的监理方案，该部分内容是大纲的核心内容，往往是决定能否承揽到监理业务的关键所在。方案的具体内容应包括：草坪工程项目监理机构的组织方案、草坪工程目标(质量、进度和投资目标)控制的具体方案、草坪工程各种合同的管理方案、项目监理机构在监理过程中进行组织协调的方案等。为有助于业主掌握工程的进展情况，大纲还应该明确未来工程监理工作中向业主提供的阶段性监理文件。

4.1.2　草坪工程监理规划

草坪工程监理规划是草坪工程监理单位在接受业主委托，签订工程监理委托合同之后，监理工作开始之前，根据监理合同，在草坪工程监理大纲的基础上，广泛收集工程信息和资料的情况下，结合项目具体情况，由项目总监理工程师主持、专业监理工程师参加编制，并经监理单位技术负责人批准，用以指导整个草坪工程监理组织全面开展监理工作的纲领性文件。从内容范围上讲，草坪工程监理大纲与监理规划都是指导项目监理机构全面开展监理工作的，但监理规划的内容要比监理大纲更为详实和全面。

4.1.3　草坪工程监理实施细则

草坪工程监理实施细则又称草坪工程监理工作实施细则，是在落实了各专业监理责任后，由专业监理工程师根据项目监理规划的要求，针对工程项目中某一专业或某一方面的具体情况编制，并经总监理工程师批准，用以指导监理工作的业务性文件。

监理实施细则要求详细、具体、具有可操作性和可实施性。根据监理工作的实际情况，监理实施细则应该针对草坪工程项目实施的具体对象、具体时间、具体操作、管理要求等，结合项目管理工作的监理目标、组织机构、职责分工、监理设备资源的配备等，明确在监理工作过程中应当做的工作、承担者、开始时间、实施地点、实施方法、检测方法、判断标准等。

草坪工程项目监理大纲、监理规划和监理细则是相互关联的，存在着明显的依据性关系，共同构成了项目监理规划性系列文件。在编写草坪工程项目监理规划时，一定要严格根据监理大纲的有关内容来编写；在制定项目监理细则时，一定要在监理规划的指导下进行。通常，草坪工程监理单位开展监理活动应当编制草坪工程项目监理大纲、监理规划和监理细则。但这也不是一成不变的，对于简单的监理项目，只编写监理细则就可以了，有些项目可以制定较详细的草坪工程监理规划，而不再编写监理大纲和监理细则。

4.2　草坪工程监理规划编写

4.2.1　草坪工程监理规划的作用

草坪工程监理规划的基本作用是指导项目监理机构全面开展监理工作。草坪工程监理的核心任务是协助业主实现项目的总目标，而项目总目标的实现是一个全面、系统的过程，需要制订翔实的计划，建立科学的组织机构，配备得力的监理人员，投入充足的监理工作所需资源，实施有效地领导，开展一系列到位的监控工作。只有系统地做好上述工作，才能完成好业主委托的草坪工程监理的任务，实现监理工作的目标。在实施草坪工程监理的过程中，草坪工程监理单位要集中精力做好目标控制工作。目标控制的前提是要有缜密的计划、合理的安排。因此，草坪工程监理规划需要对项目监理机构开展的各项监理工作做出翔实、系统的组织和安排，包括确定监理工作目标和草坪工程监理工作程序，确定目标控制、合同管理、信息管理、组织协调等各项措施，确定各项工作的方法和手段等。

(1)监理规划是建设工程行政主管部门对监理单位监督管理的依据

建设工程行政主管部门要对草坪工程监理单位实施监督管理,实现规范草坪监理行业的服务,提高我国整个草坪工程监理服务水平的目标,达到对草坪工程项目管理的目的,除了要对其人员素质、专业配套和工程监理业绩等进行年度检查和考评以核准其资质等级外,更为重要的是需要对监理单位实际监理工作过程进行监督。监理单位开展具体监理工作的直接依据主要是已获批准的监理规划,所以,其工作绩效的好坏和服务水平的高低,很大程度上主要通过监理规划的编制水平以及能否按既定的监理规划实施监理工作来体现。政府建设行政主管部门对草坪工程监理单位进行考核时,应当充分重视对监理规划内容的检查,并把监理规划作为实施监督管理的重要依据。

(2)监理规划是业主确认监理单位是否全面、认真履行合同的主要依据

在履行监理合同和落实业主委托监理单位所承担的各项监理服务工作时,监理企业作为监理工作的被委托方,业主不但需要了解和确认指导其监理工作开展的监理规划文件,而且需要根据规划内容监督监理单位是否全面和认真地执行监理合同。按照相关规定,监理工作开始前,监理单位要报送委托方一份监理规划文件,既明确地告诉业主监理人员如何开展具体的监理工作,又为业主提供了监督监理单位是否有效履行委托合同的主要依据。

(3)监理规划是监理单位内部考核的依据和重要的存档资料

从草坪工程监理单位内部管理制度化、规范化和科学化的要求出发,需要对各项目监理机构(包括总监理工程师和专业监理工程师)的工作进行考核,其主要依据是经过内部主管负责人审批的监理规划。通过考核,可以对有关监理人员的监理工作水平和能力做出客观和正确的评价,从而有利于今后在其他工程上更加合理地安排监理人员,提高监理工作效率。

随着我国监理行业趋于规范化的发展,监理规划作为记录项目管理工作的重要原始资料,按现行国家标准《建设工程文件归档整理规范》(GB/T 50328—2001)规定,在监理单位内部需要存档(作为体现监理单位自己监理工作水平的标志性文件),在建设单位竣工验收时也需要存档(作为施工阶段监理工作主要内容的依据资料)。

4.2.2　草坪工程监理规划编写的要求

(1)内容的统一性和针对性

草坪工程监理规划的基本组成内容一般包括目标规划、监理组织、合同管理、信息管理和目标控制等。监理规划作为指导草坪工程监理组织全面开展监理工作的指导性文件,在总体内容组成上应力求做到统一,才能全面反映监理企业工作的思想、组织方法和手段。这是监理工作规范化的要求,也是监理制度化和科学化的要求。编制草坪工程监理规划,在基本构成内容做到统一,同时,要求各项具体内容要有针对性。因为每个项目都是独一无二的,都具有独特性。草坪工程项目单件性和一次性的特点,决定了每个草坪工程都有自己的投资控制、进度控制、质量控制目标,项目组织形式等,都有自身的特点,针对一个具体草坪工程项目的监理规划,具体内容如监理组织机构,信息管理制度,合同管理措施,目标控制措施、方法和手段等都要适应于该工程项目。只有具有针对性,草坪工程监理规划才能真正起到指导监理工作的作用。

(2)表达方式的格式化和标准化

为满足科学管理规范化和标准化的要求,草坪工程监理规划表达方式应当是格式化和标

准化。选择有效的方式和方法，比如图、表和简单的文字说明等，表示出草坪工程监理规划的各项内容，可以使控制的规划显得更明确、简洁和直观。所以，编写草坪监理规划各项内容应该采用适当格式，事先应该有统一的格式化和标准化的规定。

（3）监理规划编写的主持人应该是项目总监理工程师

草坪工程监理规划应当在项目总监理工程师的主持下编写制定，这是草坪工程监理实行项目总监理工程师负责制的要求。同时，还要广泛征求各专业和各子项目监理工程师的意见，并吸收他们中水平较高的人员共同参与编写，以确保规划的整体编写水平。

（4）监理规划应当与工程项目运行相一致

草坪工程项目的独特性和单件性决定监理规划具有稳定性和针对性特征。草坪工程监理规划是在项目正式实施之前编制的，在项目运行过程中，内外因素和条件不可避免地会发生变化，造成草坪工程项目不断地发生着运动"轨迹"的改变和信息缺口的减小，需要对已编制完成的草坪工程监理规划与草坪工程项目运行的偏离进行反复调整和内容的不断完善，使工程项目能够在规划的有效控制之下。草坪工程项目的不确定性和可变性决定了监理规划的强动态性。草坪工程监理规划必须与草坪工程项目的运行一致，才能实施对项目的有效监理。草坪工程监理规划与草坪工程项目运行相一致是指草坪工程监理规划随着工程项目的展开进行不断地补充、修改和完善，由开始的"粗线条"或"近细而远粗"逐步地变成完整和完善的监理规划。

（5）草坪工程项目监理规划应分阶段编写

草坪工程监理规划的内容与工程的进展密切相关，没有工程信息就没有规划内容。草坪工程的实施需要一个过程，所以，监理规划的编写也需要一个过程。一般将草坪工程监理规划编写的整个过程对应于工程实施的各阶段，划分为相对应的各阶段。这样，项目实施各阶段所输出的工程信息就可成为规划编写阶段的规划信息，从而为该阶段草坪工程监理规划内容的编写提供依据。

草坪工程监理规划编写阶段按项目实施的各阶段来划分，分为草坪工程设计阶段、草坪工程施工招标阶段、草坪工程施工准备阶段、草坪工程施工阶段和草坪工程养护管理阶段。在草坪工程设计阶段前期，即设计准备阶段，应完成规划的总框架，并将设计阶段监理工作进行"近细远粗"的规划，使草坪工程规划内容与已经掌握的工程信息紧密结合，既能有效地指导下阶段的监理工作，又为未来的工程实施进行筹划；设计阶段结束后，大量的草坪工程信息能够提供出来，施工招标阶段监理规划的大部分内容都能落实；随着施工招标的进展，各承包单位逐步确定下来，工程承包合同逐步签订，施工阶段监理规划所需工程信息基本齐备，足以编写出较系统的草坪工程监理规划，随着施工进度的推进，调整和修改草坪工程监理规划，使草坪工程监理规划能够动态地控制整个工程项目的正常进行。在草坪工程养护管理阶段，根据灌溉、施肥、修剪和病虫害防治等具体情况编写草坪工程养护监理规划，随气候、土壤、养护管理水平、草坪生长状况等的变化，进一步完善草坪工程养护管理阶段监理规划，使监理规划能够全面地指导整个草坪养护管理的顺利进行。

（6）草坪工程监理规划应该经过审核

为使监理规划编制具有科学性和完整性等特点，真正发挥其全面指导监理工作的作用，草坪工程项目监理规划编写完成后，首先需由监理单位的技术主管部门进行内部审核，并经其负责人签认批准之后，提交给业主，由业主确认并监督实施。

4.2.3　草坪工程监理规划编写的依据

（1）与草坪工程相关的法律、法规、条例及项目审批文件

与草坪工程相关的法律和法规包括：中央、地方和部门政策、法律和法规；草坪工程所在地的法律、法规、规定及有关政策等。政府批准的草坪工程文件包括：政府主管部门批准的草坪工程可行性研究报告和立项批文；规划部门确定的规划条件、土地使用条件、环境保护要求、市政管理规定等。

（2）与草坪工程项目有关的标准、规范、设计文件及有关技术资料

必须遵守和执行与草坪工程相关的各种标准和规范；草坪工程实施过程中输出的有关工程信息的技术资料包括：草坪工程设计方案、初步设计、施工图设计文件，草坪工程招标投标情况，草坪工程实施状况，重大工程变更，外部环境变化等。

（3）监理大纲、委托监理合同文件及与草坪建设项目相关的合同文件

草坪工程监理大纲中的组织计划、拟投入的主要草坪工程监理成员、投资控制方案、进度控制方案、质量控制方案、信息管理方案、合同管理方案及定期提交给业主的监理工作阶段性成果等内容都是监理规划编写的依据；草坪工程监理委托合同中监理单位的义务、监理工程师的服务内容和范围、进度表、工作分配、授权限制、工作人员、关于附加的工作以及不应列入服务范围的内容等体现有关草坪工程监理规划方面要求的内容都是监理规划编制的依据；业主与承包商签订的合同中既规定了项目业主的权利和义务，同时也约定了承包商的权利和义务。根据草坪工程监理单位应竭诚为客户服务的宗旨，在不超出合同职责范围的前提下，监理单位应最大限度地满足业主的正当要求。

（4）已掌握的草坪工程的相关信息

自然条件是草坪工程监理规划编写的主要依据。需调查掌握的自然条件包括环境因素（温度、湿度、风速、光照等）、土壤条件（土壤肥力、pH 值、土壤盐分、土壤质地等）、当地草坪草种类及发育状况、当地草坪养护管理水平（修剪、施肥、灌溉、病虫害防治等）、工程地质、工程水文、区域地形、自然灾害情况等。社会和经济条件也是编写草坪工程监理规划必须要考虑的因素。需要调查并掌握的社会和经济条件包括：政治局势、社会治安、建筑市场状况、材料和设备厂家、勘察和设计单位、施工单位、草坪工程咨询和监理单位、交通设施、通讯设施、公用设施、能源和后勤供应、金融市场情况等。

4.3　草坪工程监理规划的内容

草坪工程监理规划应该是将监理委托合同中规定的监理单位承担的责任及监理任务具体化，并在此基础上制定实施监理的具体措施，通常规划需包括如下内容。

4.3.1　草坪工程项目概况

草坪工程项目概况包括：草坪工程项目名称、地点、规模、业主单位、预计草坪工程投资总额（预计草坪工程投资总额可按草坪工程项目投资总额或草坪工程项目投资构成计算）、草坪工程项目设计单位（表4-1）、草坪工程项目施工单位（表4-2）、材料设备供货单位、主

表 4-1　设计单位名称一览表

设计单位	设计内容	项目负责人	联系方式

表 4-2　施工单位名称一览表

施工单位	承包内容	项目负责人	备注

表 4-3　主要草坪结构类型

工程名称	基床制备	俱乐部	球道区	边界区	排水	喷灌

要草坪结构类型(表 4-3)、草坪工程项目组成(坪床、造型、种树、植草、种花等)、资金来源、招标范围、建植面积、招标条件(如投标单位具有独立法人资格,具有园林绿化三级(含三级)以上资质;项目经理具有园林三级(含三级)资质;技术负责人具有中级(含中级)以上职称;近 3 年来从事过同类工程,具有一定的高尔夫工程施工经验)、草坪工程项目计划工期(草坪工程项目计划工期可以工程项目的计划持续时间或以工程项目的具体日历时间表示,如,草坪工程项目计划工期为"××个月"或"××天"或草坪工程项目计划工期由_____年____月____日至_____年____月____日)、草坪工程质量等级(应具体提出工程项目的质量目标要求,如优、良或合格)、草坪工程项目结构图与编码系统等。

4.3.2　监理阶段、范围和目标

草坪工程监理阶段是指监理单位所承担监理任务的草坪工程项目建设阶段。可以按监理合同中确定的监理阶段划分为:草坪工程项目立项阶段的监理、草坪工程项目设计阶段的监理、草坪工程项目招标阶段的监理、草坪工程项目施工阶段的监理、草坪工程项目养护管理阶段的监理。监理工作可以是某一个或某几个阶段性的,也可以是全过程性的。

草坪工程监理范围是指监理单位所承担任务的草坪工程项目建设监理范围。如果草坪工程监理单位承担全部草坪工程项目建设监理任务,监理的范围为全部工程项目,否则,应按监理单位所承担项目建设标段或子项目划分确定工程项目建设监理范围。

草坪工程监理目标是指监理单位所承担的工程项目监理目标。通常以工程项目的建设投资目标、进度目标、质量目标 3 大控制目标来表示。

投资目标以_____年预算为基价,静态投资为_____万元(合同承包价为_____万元)。工期目标为_____个月或自_____年_____月_____日至_____年_____月_____日。草坪工程质量是指草坪工程项目满足业主从事生产和生活需要的功

能和使用价值的能力总和。应符合设计要求并达到相关合同及规范的技术标准。草坪工程质量评定依据设计要求和相关规范、标准的规定，按照评定规则，对正建或竣工后的草坪工程进行质量检查，评定其达到质量等级的作业。草坪质量评定的项目有建坪材料、坪床制备、草坪建植、供排水设备、电路设备、养护管理等，草坪工程质量分为 12 个等级。

4.3.3　草坪工程监理工作内容

4.3.3.1　立项阶段监理工作的内容

草坪工程项目立项阶段监理工作的主要内容包括：协助业主准备项目报建手续、项目可行性研究咨询和监理、技术经济论证、编制工程投资匡算。

4.3.3.2　设计阶段监理工作的内容

草坪工程项目设计阶段监理工作的主要内容包括：结合工程项目特点，收集设计所需的技术经济资料；编写设计要求文件；组织草坪工程项目设计方案竞赛或设计招标，协助业主选择好勘测设计单位；拟订和商谈设计委托合同内容；向草坪工程设计单位提供设计所需的基础资料；配合草坪工程设计单位开展技术经济分析，搞好设计方案的比选、优化设计；配合设计进度，组织设计与有关部门，如消防、环保、土地、人防、防汛、园林以及供水、供电、供气、供热、电信等部门的协调工作；组织各草坪工程设计单位之间的协调工作；参与主要设备、材料的选型；审核工程估算、概算及施工图预算；审核主要设备、材料清单；审核草坪工程项目设计图纸；检查和控制设计进度；组织设计文件的报批。

4.3.3.3　施工招标阶段监理工作的内容

草坪工程项目施工招标阶段监理工作的主要内容包括：拟订草坪工程项目施工招标方案，并征得业主同意；准备草坪工程项目施工招标条件；办理施工招标申请；协助业主编写施工招标文件；标底经业主认可后，报送所在地方建设主管部门审核；协助业主组织草坪工程项目施工招标工作；组织现场勘察与答疑会，回答投标人提出的问题；协助业主组织开标、评标及决标工作；协助业主与中标单位商签承包合同。

4.3.3.4　材料、物资采购供应的监理工作内容

对于由业主负责采购供应的材料和设备等物资，草坪工程监理工程师应负责制订计划、监督合同执行和供应工作。具体监理工作的主要内容包括：制订材料物资供应计划和相应的资金需求计划；通过质量、价格、供货期、售后服务等条件的分析和比选，确定材料、设备等物资的供应厂家，重要设备还应访问现有使用用户，并考察生产厂家的质量保证系统；拟订并商签材料、设备的订货合同；监督合同的实施，确保材料设备的及时供应。

4.3.3.5　施工阶段监理工作的内容

草坪工程项目施工阶段监理工作的主要内容包括：施工阶段质量控制、施工阶段进度控制、施工阶段投资控制、合同管理及委托的其他服务等。合同管理的主要内容是拟订草坪工程项目合同体系及合同管理制度，具体包括：合同草案的拟订、会签、协商、修改、审批、签署、保管等工作制度及流程；协助业主拟订项目的各类合同条款，并参与各类合同的商谈；合同执行情况的分析和跟踪管理；协助业主处理与项目有关的索赔事宜及合同纠纷事宜。草坪工程监理工程师受业主委托，承担技术服务方面的监理工作内容包括：协助业主准备项目申请供水、供电、供气、电信线路等协议或批文；为业主培训技术人员等。

4.3.4　草坪工程监理控制目标和措施

草坪工程项目的建设监理控制目标与措施应重点围绕投资控制、质量控制、进度控制三大目标来制定。监理目标控制的措施就是开展监理目标控制工作所采用的具体方法、手段等，比如审核有关技术文件、报告和报表，下达指令文件与一般管理文书，现场监督与检查，规定监控工作程序等。一般可以分为组织措施、技术措施、经济措施、合同措施等。不同控制目标采取监理措施不同，同一控制目标不同阶段的监理措施也可能不同。

4.3.4.1　投资控制目标和措施

草坪工程投资目标控制的主要工作内容包括：投资目标分解、编制投资使用计划、编制投资控制的工作流程和措施、进行投资目标和风险分析、投资控制的动态比较、编制投资控制表格等。

草坪工程投资目标可按基本建设投资的费用组成分解；按年度、季度（月度）分解；按项目实施的阶段（设计准备阶段投资、设计阶段投资、施工准备阶段投资、施工阶段投资、养护管理阶段投资）分解；按项目结构的组成等分解。列表编制草坪工程投资使用计划。编制投资控制的工作流程图及措施。投资控制的工作流程一般为：确定投资控制目标→编制资金使用计划→审核施工组织设计→审核已完工程实物量并计量→处理变更索赔事项→比较实际投资与计划投资→分析偏差原因→及时采取纠偏措施。草坪工程投资控制措施中的组织措施包括：建立健全监理组织机构，完善职责分工及有关制度，落实投资控制的责任。技术措施包括：在设计阶段，推选限额设计和优化设计；招标投标阶段，合理确定标底及合同价；材料设备供应阶段，通过质量价格比选，合理确定生产供应厂家；施工阶段，通过审核施工组织设计和施工方案，合理开支施工措施费以及按合理工期组织施工，避免不必要的赶工费。经济措施包括：及时进行计划费用与实际开支费用的比较分析；监理人员对原设计或施工方案提出合理化建议被采用，由此产生的投资节约，可按监理合同规定予以一定的奖励。合同措施包括：按合同条款支付工程款，防止过早、过量的现金支付；全面履约，减少对方提出索赔的条件和机会，正确地处理索赔等。通过模拟仿真或敏感性分析等方法进行投资目标和风险分析，制定相应的风险应对措施。将投资目标分解值与项目概算值进行比较、将项目概算值与施工图预算值比较、将施工图预算值（合同价）与实际投资额进行比较，实现投资控制的动态比较，并及时采取适宜的纠偏措施。按项目结构编制资金使用计划表，考虑工程的进度安排并绘制投资控制表格。

4.3.4.2　进度控制目标和措施

就进度控制的监理工作全过程而言，首先，确定草坪工程总进度目标；然后将草坪工程总进度目标按年度、季度（月度）或按各阶段进度（设计准备阶段进度、设计阶段进度、施工准备阶段进度、施工阶段进度、养护管理阶段进度）进行目标分解；其次，依据进度目标要求编制工作进度计划；再次，把计划执行中正在发生情况与原计划进行比较，找到偏差，并分析偏差出现原因；最后采取相应措施对原计划进行调整，以满足进度目标的要求。草坪工程进度控制的组织措施包括：落实进度控制的责任，建立进度控制协调制度。草坪工程进度控制的技术措施包括：建立多级网络计划和施工作业计划体系；增加同时作业的施工面；采用高效能的施工机械设备；采用施工新工艺和新技术，缩短工艺过程间和工序间的技术间歇时间。草坪工程进度控制的经济措施包括：对工期提前者实行奖励；对应急过程实行较高的计件单价；确保资金及时供应等。草坪工程进度控制的合同措施包括：按合同要求及时协调有关各方的进度，以确保项目整体进度。

4.3.4.3　质量控制目标和措施

草坪工程质量控制目标分为设计质量控制目标、材料质量控制目标、设备质量控制目标、平床制备施工质量控制目标、草坪和园林建植质量控制目标、人文景观施工质量控制目标、给排水安装质量控制目标等。草坪工程质量控制的组织措施包括：建立健全监理组织机构，完善职责分工及质量监督制度，落实质量控制的责任。草坪工程质量控制的技术措施包括：设计阶段，协助设计单位开展优化设计和完善设计质量保证体系；在材料设备供应阶段，通过质量价格比选，正确选择生产供应厂家，并协助其完善质量保证体系；在施工阶段，严格事前、事中和事后的质量控制措施。草坪工程质量控制的经济措施和合同措施包括：严把质量验收关，不符合合同规定质量要求的拒付工程款；达到质量优良者，支付质量补偿金或奖金等。

4.3.4.4　合同管理目标和措施

用草坪工程合同结构图的形式表示草坪工程合同结构。绘制草坪工程合同管理的工作流程，制订具体合同管理措施。进行草坪工程合同执行状况的动态分析，确定草坪工程合同争议调解索赔程序，绘制草坪工程合同管理表格。

4.3.4.5　信息管理目标和措施

绘制草坪工程信息流程图、信息分类表、信息管理的工作流程，编制信息管理的具体措施和信息管理表格等。

4.3.4.6　组织协调目标和措施

与草坪工程项目有关的系统内的单位主要有草坪工程业主、草坪工程设计单位、草坪工程施工单位、草坪工程材料和设备供应单位、草坪工程资金提供单位等；与草坪工程项目有关的系统外的单位主要有政府管理机构、政府有关部门、毗邻单位、社会团体等。为了保证项目各参与方围绕项目开展工作和顺利地实现草坪工程项目建设系统目标，必须重视系统内和系统外的协调管理，发挥系统的整体功能。编制详细协调工作程序，协调工作程序包括投资控制协调程序、进度控制协调程序、质量控制协调程序和其他方面协调程序。监理的组织协调工作可用会议或指令文件等的方式进行。

4.3.5　草坪工程监理机构的组织形式

草坪工程监理单位在履行委托监理合同时，必须建立项目监理机构。监理机构的组织形式、规模、项目监理组织职能部门的职责分工和各类监理人员的职责分工等，应该根据监理委托合同中规定的服务内容、服务期限、工程类别、规模、技术复杂程度、工程环境等因素的要求来确定。

4.3.6　草坪工程监理机构的人员配备计划

草坪项目监理机构的人员应该包括总监理工程师、专业监理工程师和监理员，必要时可配备总监理工程师代表。总监理工程师应该由具有 3 年以上同类工程监理工作经验的人员担任；总监理工程师代表应由具有 2 年以上同类工程监理工作经验的人员担任；专业监理工程师应由具有 1 年以上同类工程监理工作经验的人员担任。监理机构的人员配备应该满足结构合理的要求，合理专业结构、合理职称结构和合理年龄结构。

4.3.7　项目监理工作制度

　　立项阶段草坪工程监理工作制度包括：可行性研究报告评审制度、草坪工程匡算审核制度和技术咨询制度。

　　设计阶段草坪工程监理工作制度包括：设计大纲、设计要求编写及审核制度、设计委托合同管理制度、设计咨询制度、设计方案评审制度、草坪工程估算和概算审核制度、施工图纸审核制度、设计费用支付签署制度、设计协调会及会议纪要制度、设计备忘录签发制度等。

　　施工招标阶段草坪工程监理工作制度包括：招标准备工作有关制度、编制招标文件有关制度、标底编制及审核制度、合同条款拟订及审核制度、组织招标事项有关制度等。

　　施工阶段草坪工程监理工作制度包括：施工图纸会审及设计交底制度、施工组织设计审核制度、草坪工程开工申请制度、草坪工程材料及半成品质量检验制度、隐蔽工程分项（部）工程质量验收制度、施工复核制度、单位工程、单项工程中间验收制度、技术经济签证制度、设计变更处理制度、现场协调会及会议纪要签发制度、施工备忘录签发制度、施工现场紧急情况处理制度、草坪工程款支付签审制度、草坪工程索赔签审制度等。

　　草坪工程项目监理组织内部的工作制度包括：草坪工程监理组织工作会议制度、对外行文审批制度、监理工作日志制度、草坪工程监理周报和月报制度、草坪工程监理费用预算制度和技术、经济资料及档案管理制度等。

4.4　草坪工程监理规划的审核

　　在编写草坪工程监理规划完成后，需由监理单位技术主管部门进行内部审核，并需其负责人签认批准，再报送建设单位。在监理工作实施过程中，当实际条件或情况发生重大变化时，监理规划还需由总监理工程师组织，专业监理工程师研究调整和修订，并按原报审程序经批准后，报送建设单位，再按照重新批准后的规划开展监理工作。

　　一般监理规划审核的内容主要包括：监理范围、工作内容、监理目标（目标控制的方法和措施）、监理组织机构的组织形式、人员配备计划、工程进展中各阶段的工作实施计划、监理机构内外工作制度等。

小结

　　本章主要内容有：草坪工程监理大纲、草坪工程监理规划和草坪工程监理实施细则。重点介绍草坪工程监理规划，包括草坪工程监理规划作用、编写依据、编写要求及主要内容等。要求学生熟悉监理大纲、监理实施细则的概念及作用，掌握监理规划的编制，了解监理规划的审核等。

思考题

　　1. 草坪工程监理大纲的作用是什么？

2. 监理规划编制的依据有哪些?

3. 监理规划的主要内容有哪些?

【案例】

　　某草坪工程建设单位与监理单位签订了施工阶段监理合同。设计工作开始前,建设单位要求监理单位提交监理规划,总监理工程师解释说:本工程目前设计工作还未开始,施工图纸还未完成,资料不全不好编写监理规划,施工开始前再提交监理规划,建设单位也就同意了。

问题:

　　1. 总监理工程师的做法是否正确,为什么?

　　2. 监理大纲和监理规划是两份不同的监理文件,请具体说明两者的不同点。

第5章

草坪工程施工准备阶段监理

本章介绍了监理单位的施工准备工作、承包商的施工准备工作、施工准备阶段的协调工作和草坪工程开工条件的控制，该阶段工作对整个草坪工程项目建设的工期、质量、安全、经济均有非常重要作用。

5.1 监理单位的施工准备工作

5.1.1 草坪工程施工准备阶段

草坪工程施工准备阶段是指草坪工程初步设计完成后至草坪工程开工前的建设阶段。草坪工程施工准备阶段是一个极为重要的工作阶段，草坪工程施工准备阶段的工作质量对整个项目建设的工期、质量、安全、经济都起着举足轻重的作用。从技术经济的角度来讲，施工准备是一个施工方法、人力、机械、物资投入、工期、质量、成本的设计和比选的优化过程；而从草坪工程实施角度来讲，施工准备则是为草坪工程按期开工创造必要的技术物质条件。因此，参与工程建设的有关单位，都必须对草坪工程施工准备阶段的工作予以足够的投入和重视。

项目法人施工准备阶段完成工作包括施工现场征地拆迁；完成用水、电、通信、道路和场地平整等工程；完成必需生产生活临时建筑工程；组织招标设计、材料、构件及设备采购；组织工程监理和施工招标投标。施工单位在施工准备阶段应做好人力、材料、机具、经济、技术、设施的组织调配工作。监理单位在施工准备阶段做好监理单位自身的准备工作；确认项目法人的准备工作；检查承包商的准备工作。

5.1.2 监理单位的施工准备工作

监理单位与项目法人签订委托监理合同后，在工程项目开工前，应设置监理机构，按合同文件规定的人员配备计划进驻工地开展监理工作。为保证监理工作顺利开展，监理机构应做好以下准备工作。

5.1.2.1 熟悉工程建设合同文件和施工图纸

合同文件是开展监理工作的依据，监理人员应全面熟悉工程建设合同文件，通过对监理合同、施工合同、施工图纸及相关技术标准的学习，确定监理目标及范围，明确监理职责及权利，了解工程内容及要求，同时对合同文件中存在的问题进行记载和查证，做出合理的解释，提出合理的处理方案，这样，在今后的监理工作中才能做到有的放矢。一般情况下，施工图纸已在招标前完成。监理机构在进场后，应对施工图纸包括标准图进行一次认真的清点核对，看其是否配套齐全。如果施工图纸不够齐全，不能满足施工的需要时，则应尽快报告项目法人与设计单位联系，查明原因，落实补图时间。这个时间应与承包商的施工准备及开工时间相协调。

5.1.2.2　检查开工前需要办理各种手续和调查施工环境

由于各地区对于报建手续要求不尽统一，监理公司新到一个地方开展监理工作时，首先要了解当地政府建设主管部门对项目开工前需要办理的手续种类。依此来检查项目法人完成的情况。未完部分督促、协助项目法人尽快办妥，争取在合同规定的开工日期之前办妥施工许可证。

设计图纸尚未标明或未拆迁障碍物、施工环境是影响工程施工的一项重要因素，监理机构应对工程所在的自然环境(如地质、水文、气象、地形、地貌、自然灾害情况等)和社会环境(如当地政治局势、社会治安、建筑市场状况、相关单位、基础设施、金融市场情况等)做必要的调查研究。重点对可能造成工程延期和(或)费用索赔的施工环境进行实际调查和掌握，如设计图纸尚未标明或未拆迁障碍物，危及工程安全建筑物的地质灾害。上述调查都要以实际数据为基础，调查结果以图表的形式分类存档。察看规划部门的放线资料是否齐全，指定施工使用的坐标点、高程控制点有无松动变位，若有变动，应请原给点单位进行复测确认，并对这些点进行特别的加固保护。查询项目法人应提供的道路、供电、供水、通信等条件是否具备。

5.1.2.3　了解资金、大型设备定货和工程保险等情况

根据施工合同及施工组织设计编制资金使用计划。向项目法人了解资金到位情况及资金筹集渠道，对项目法人提出资金运行方面的咨询意见，确保对工程价款的支付。防止项目法人对此认识估计不足造成支付上的困难，拖欠施工单位进度款，从而处于违约被动的地位。目前许多项目的大型机电设备定货，都是由项目法人负责。由于机电设备从订货到供货进场周期较长，规模型号及其有关的技术参数差别较大，而这些技术参数还可能涉及设计修改和施工变更，故应尽早落实。监理机构在施工准备阶段，就应该了解项目法人在这方面的安排，并依据项目法人的意图，对原有设备定货计划进行审查和调整，对有关技术问题提出建议，以满足工程建设的需要。

风险管理在国外的项目管理中是一项不容忽视的重要内容，随着建筑市场的开放、发展与完善，在国内正逐步被认识并渐渐引起重视。风险管理是监理单位的一项重要服务内容，在接受项目法人委托之后，监理单位应对工程所有的风险因素进行分析预测，并在此基础上制定有效措施，对风险进行预控，在充分分析论证的基础上，确定风险保留部分和风险转移部分。而解决风险转移的最有效办法是向保险公司投保。目前我国对建筑工程的保险种类有三种：建筑工程险、人身保险和第三者责任保险。监理工程师应于开工前，向项目法人了解投保情况，并根据工程特点，对投保方式向项目法人提出咨询。

5.1.2.4　编制监理规划和监理细则

监理规划是在项目监理机构充分分析和研究建设工程的目标、技术、管理、环境及承建单位、协作单位等方面的情况后，由项目总监理工程师主持编写的，是指导项目监理机构开展监理工作的指导性文件。监理规划应在开工之前编写完成，并经监理单位技术负责人批准后报送项目法人。

监理实施细则是在监理规划的基础上，由项目监理机构的专业监理工程师针对建设工程

中某一专业或某一方面的监理工作编写的，并经总监理工程师批准实施的操作性文件。在相应专业工作实施前，专业监理工程师应完成分项工程监理实施细则、监理报表等文件的编制工作。

5.1.2.5　制定监理工作程序

为使监理工作科学和有序地进行，监理机构应按监理工作的客观规律及监理规范要求制定工作流程，以便规范化地开展监理工作。制定监理工作总程序应根据专业工程特点，并按工作内容分别制定具体的监理工作程序；制定监理工作程序应体现事前控制和主动控制的要求；制定监理工作程序应结合工程项目的特点，注重监理工作的效果。监理工作程序中应明确工作内容、行为主体、考核标准、工作时限；当涉及项目法人和承包单位的工作时，监理工作程序应符合委托监理合同和施工合同的规定；在监理工作实施过程中，应根据实际情况的变化对监理工作程序进行调整和完善。

5.1.2.6　编制综合控制进度计划

监理公司受项目法人委托，对某一工程项目建设进行监理，力求实现项目法人期望的工程质量、工期及造价目标。为了使项目法人制定的合理工期目标的实现，监理公司应当编制一个较为详细而又科学可行的综合进度控制计划。一个工程项目的建设周期一般都较长，涉及许多方面，受环境、交通、气候、水电等因素影响，故对各分包、各工种插入的先后次序及相互间的搭接配合，各种成品、半成品、机电设备的订货到货时间等，都需要予以统筹安排，不然就会因为某个方面考虑不周，动作迟缓，而影响到整个项目。综合进度计划就是把每个个体的活动统配在一个盘子里。它依据项目法人的工期要求，结合国家工期定额，施工程序和有关合同条件，综合各种有利和不利因素，确定各有关工作的最佳起始时间和最终必须完成时间，合理分配使用空间和时间，以个体保证整体。所以它对项目法人、设计单位、承包商、供应商均具有约束力。各方都必须严格按照计划的要求开展工作，不得有半点随意性。监理工程师应该负责编制并监督协调执行这个计划。

5.1.2.7　编制投资控制计划

为了更好地控制投资，监理机构应于施工前做出投资控制规划，其目标就是使实际投资值不大于施工合同价款。这一投资控制规划，实际上就是将合同造价按建筑工程分部分项切片分解，或叫合同造价肢解。即把一个笼统的货币数字变成一个个具体的有数量、有单价、有合价的分块，便于掌握、分析与控制。然后再对每一块造价进行预测分析，析解出其固定不变造价和可变造价，再对可变造价制定控制措施，对各类可变因素综合分析研究之后，对投资可能增加的比率事先就能估测出一个概数。如果在控制过程中重点对预先已分析出的可变部分加强控制预防的话，这种可变因素也可以减弱或消失。于是投资增大的幅度就可减少，最多也不会超过最初规划时分析估计的那一概数。如此，这一控制规划及该监理公司的投资控制就算是成功的。为此监理公司应将分解后的投资控制份额分配落实到部门人头，人人负责，层层把关，从设计变更、技术措施、现场签证、价格审批到增加造价的新技术、新工艺、新材料的使用，都要从严控制，真正从技术、经济、管理各个方面把投资控制好。

5.1.2.8　编制质量控制流程图

质量控制目标在施工合同中均已予以明确，质量标准在国家施工验收规范和有关设计文件中也已确定。为了按标准要求实现合同确定的质量目标，监理机构应将质量目标具体化，即予以细化分解。为此，在开工前应组织专业监理人员按分项或工序编制质量预控措施和分项监理流程图，并将该图下发给施工单位，以便在今后施工中配合工作。

5.1.2.9　准备监理设备

在项目开工前，监理机构要做好各项物质准备，包括办公设施、办公生活用房、交通工具、通信工具、实验测量仪器等。以上装备根据监理合同约定，部分由监理单位自备，部分由项目法人提供。

5.1.2.10　协助项目法人做好施工准备工作

在工期目标确定之后，项目法人、承包商、监理机构都要认真准备，为项目按时开工积极创造条件，而项目法人的施工准备工作更不容忽视。许多项目法人往往有一种错误的认识，认为一旦合同签订，似乎所有问题就都由承包商负责了，这种认识往往导致准备不周而贻误工程，甚至还会引起承包商索赔。对此监理机构在施工准备阶段要特别予以注意，要认真检查项目法人负责的准备工作是否办妥和符合要求，如有不妥应尽早采取措施，督促或帮助项目法人尽快予以完善，以满足开工的需要。

5.2　承包商的施工准备工作

5.2.1　尽快向施工单位办理有关交接工作

为了帮助施工单位尽快进入角色，加快施工准备工作，监理机构应会同项目法人尽早将施工现场向施工单位办理交接，主要包括场地界线、自然地貌情况、四邻各类原有建筑物的详细情况、水源、电源接驳点及其管径、流量、容量等，如已装有水表电表，双方应办理水表、电表读数认证手续；水准点和坐标点交接；占道及开路口的批准文件，具体位置及注意事项；地下工程管线情况；交代指定排污点及市政对施工排水的要求；按合同规定份数向施工单位移交施工图纸、地质勘察报告及有关技术资料。

5.2.2　图纸会审和技术交底

施工图纸是施工的依据，施工单位必须严格按图施工，施工图纸同样也是监理的依据，因此熟悉施工图纸、理解设计意图、搞清结构布局是监理机构和施工单位的首要任务。同时由于施工图纸数量大，涉及多个专业，加之各种其他影响因素，设计图纸中难免存在不便施工、难以保证质量以及错漏等问题，故应于施工前进行施工图纸会审，尽可能早地发现图纸中的问题，以减少不必要的浪费与损失。

技术交底是项目法人主持，设计单位、施工单位和监理单位对新结构、新材料、重要结构和易被忽视的技术问题进行交流。并提出在确保施工质量方面具体的技术要求。在此基础上进行阅图和会审，将会有利于施工单位对图纸的理解。监理单位做好图纸会审纪要。

5.2.3　编制施工图预算

编制施工图预算是施工准备工作的一个重要部分，只有通过施工图预算才能提供准确的工程量和施工材料数量，为编制施工组织设计提供数据，故监理公司应督促施工单位尽早编制，并于编制完成后抓紧予以审查。

5.2.4　施工组织设计审查

施工组织设计是指导施工现场全部生产活动的技术经济文件，是施工单位组织施工的纲领性文件，编制施工组织设计是施工单位最主要和最关键的施工准备工作，审查施工组织设计同样也是监理机构的一项非常重要工作。

施工组织设计审查的重点是对施工方案，施工进度及施工平面布置（施工设备、道路、材料场、施工现场、临时建筑、水电管线等）。

5.2.5　施工组织机构的审查

对于施工组织机构的审查，可分为三部分。第一部分为工程负责人（项目经理）的资格审查。监理机构主要审查项目经理的资格是否符合工程等级要求，大型工程的项目经理需要具备一级项目经理资格，中型工程的项目经理需要具备二级以上项目经理资格，小型工程的项目经理需要具备三级以上项目经理资格。对于招标的项目，还要求项目经理必须是施工单位投标文件中所列的项目经理，如所报项目经理与投标文件不一致时，需经项目法人书面认可。第二部分为施工组织机构审查。施工组织机构即项目经理部，是由施工项目经理在企业的支持下组建并领导、进行项目管理的组织机构，是项目实施的组织管理班子，施工组织机构的任务是按照施工合同确定的承包范围和工期、质量、造价目标，合理调配人、材、物、技术等生产要素，组织好项目施工，达到投资少、工期快、质量好的最佳效果。第三部分为劳动组织机构审查（工种、工人级别、工人培训教育等情况）。一个施工组织机构应该包括管理机构和劳动组织两方面。对操作工人的审查主要内容包括审查劳动组织机构中的工种配置是否符合本工程特点；审查各工种工人的级别等级比例是否得当、特种作业工人有无上岗证书、持证上岗率和工人的培训教育等情况。审查可通过施工单位填表的方法进行。

5.2.6　材料审查

材料审查包括材料品名或种类、规格、数量、标准、运入预定期、制造公司名称、合格证及检疫证等审查。花草和树木检查内容包括花草和树木品种、根系活力、茎秆尺寸、叶片数量、病虫害；客土检查内容包括客土的质地、有机质含量、pH 值（5.5~6.5）、渗透速率（渗透系数大于 10^{-4} cm/s）、田间持水量、水溶性盐含量 0.4% 以下、全 N 含量 0.2% 以上，置换性 K 和 P 含量。肥料检查内容包括堆肥类、有机物充分腐熟、不含瓦砾、塑料等杂物。有机肥检查内容包括菜籽饼、鱼粉是否腐烂，有无杂质。化学肥料检查内容包括生产厂家、生产日期、合格证、成分、容量、外表有无破损等。灌溉系统检查内容包括喷头、管道、闸阀、自动控制设备、水源过滤设备及微灌灌水器的生产厂家、生产日期、合格证、容量、外表有无破损等。

5.3　施工准备阶段的协调工作

在目前施工合同中，留给施工单位做准备工作的时间远远小于正常需要的时间，而且还有逐渐缩短的趋势。为此监理单位在协助项目法人签订施工合同时，要做好解释工作，给出一个科学、紧凑、合理的施工准备时间，否则就要出现适得其反的结果。一旦合同签订之后，监理单位就应当全力以赴地抓好施工准备，力保草坪工程按合同要求的时间开工。

施工准备工作千头万绪，涉及勘察、设计、项目法人、监理和承包商。有些准备工作是各自独立进行的，有些准备工作是互相穿插和相互影响的，需要监理机构认真做好组织协调和监督检查，才能做到有条不紊地进行，达到既定目标。

5.3.1　编制施工准备计划书

指明不同时间段做具体工作，说明该具体工作负责人、工作要求、检查单位、验收单位、联系单位等，施工准备计划书在征求各家意见，要求勘察、设计、项目法人、监理和承包商严格遵守，如果不能按计划完成，从而影响整个目标的实现，未完成者将要承担经济责任；若在准备过程中出现异常情况，要及时通知监理工程师，以便采取相应的补救措施，这称为施工准备阶段的责任制。

5.3.2　建立会议协调制度

施工准备工作特点是任务重、时间紧、干扰多，监理工程师在一周内至少要召开一次由设计、项目法人、施工单位参加的碰头会，通报设计、项目法人、施工单位准备工作进展情况，下一步打算和需要解决的问题。监理工程师根据实际进展与计划的偏离情况，提出调整意见。碰头会要做好记录，遇有特殊情况时，监理工程师可召开临时会议解决。

5.3.3　建立申报制度

设计、项目法人、施工单位完成准备工作向监理工程师书面报告，从而组织验收，报告将转入下一项准备工作。当最后一项准备工作报告完成时，项目开工的时间到了。

5.4　草坪工程开工条件的控制

5.4.1　草坪工程审查开工条件

监理机构应在施工合同约定的期限内，经项目法人同意后向承包人发出进场通知，进场通知中应明确合同工期起算日期。承包人在接到进场通知后，应按约定及时调遣人员和施工设备、材料进场，按施工总进度要求完成施工准备工作。同时，监理机构应协助项目法人按施工合同约定向承包人移交施工设施或施工条件，检查材料到场（草坪种子、乔木及灌木、土壤、肥料）、施工及办公现场、设备及供水、供电、通信设施、施工技术方案、施工进度计划、安全保证体系等情况。

5.4.2　草坪工程延误开工的处理

由于承包人原因使工程未能按施工合同约定时间开工的，监理机构应通知承包人在约定时间内提交赶工措施报告，并说明延误开工原因。赶工措施报告应详细说明不能及时进点的原因和赶工办法，由此增加的费用和工期延误责任由承包人承担。

由于项目法人原因使工程未能按施工合同约定时间开工的，监理机构在收到承包人提出的顺延工期的要求后，应立即与项目法人和承包人共同协商补救办法。由此增加的费用和工期延误造成的损失由项目法人承担。

小结

监理单位的施工准备工作包括熟悉工程建设合同文件和施工图纸、检查开工前需要办理各种手续和调查施工环境、了解资金、大型设备订货和工程保险等情况、编制监理规划和监理细则、制定监理工作程序、编制综合控制进度计划、编制投资控制计划、编制质量控制流程图、准备监理设备、协助项目法人做好施工准备工作。承包商的施工准备工作包括尽快向施工单位办理有关交接工作、图纸会审和技术交底、编制施工图预算、施工组织设计审查、施工组织机构的审查、材料审查等。

施工准备阶段的协调工作包括编制施工准备计划书、建立会议协调制度、建立申报制度。草坪工程开工条件的控制包括草坪工程审查开工条件和草坪工程延误开工的处理。

思考题

1. 简述监理单位的施工准备工作内容。
2. 简述承包商的施工准备工作内容。
3. 简述施工准备阶段的协调工作内容。
4. 简述草坪工程开工条件的控制内容。

第**6**章

草坪工程质量控制

随着国民经济持续快速增长，草坪工程投资项目不断增加，使草坪施工企业快速发展。人们越来越关注草坪工程质量控制。如果草坪工程的质量管理和质量控制不到位，需要大幅度增加返修、加固、补强等人工、器材、能源的消耗，同时，将给业主增加使用过程中的维修、改造费用等，缩短工程使用寿命，使业主遭受经济损失。草坪工程质量问题直接影响草坪工程使用功能，把质量管理放在头等重要位置是刻不容缓当务之急。本章从草坪工程质量的含义出发，概述草坪工程质量控制的基本原理，对草坪工程质量测定项目、使用寿命、质量特点、影响质量的因素、控制原则和意义做了全面的论述。对施工阶段草坪工程质量控制的依据、程序、途径、手段、方法和质量控制点进行逐一的介绍。在草坪工程实施过程中重点对分部分项和施工过程中质量进行控制。采用事前施工质量控制、事中施工质量控制、事后施工质量控制和整个工程工序施工质量控制进行施工阶段草坪工程质量控制。从草坪工程质量验收的基本条件、材料检查方法、材料检验程度、材料质量检验项目等方面论述草坪工程施工质量验收的重要性。最后对草坪工程质量问题和质量事故处理进行介绍，明确草坪工程事故产生的原因，并就事故处理方案进行了细化。

6.1 草坪工程质量控制概述

6.1.1 草坪工程质量的概念

草坪工程质量是指通过草坪工程建设过程所形成的草坪工程项目应满足业主从事生产和生活需要的功能和使用价值；应符合设计要求和达到合同中规定相关规范、技术标准规定的质量标准。草坪工程质量评定项目有床土养分、床土质地、床土酸碱度、床土渗透性、草坪颜色、草坪高度、密度、均一性、草坪草生育类型(丛生型、根茎型、匍匐茎型)、抗逆性(寒冷、干旱、高温、水涝、盐渍及病虫害)、绿期、生物量、刚性(草坪叶片的抗压性)、弹性、光滑度、青绿度(草坪修剪后地上枝条剩余的量度)、草坪强度、草坪硬度、恢复力等。

6.1.2 草坪工程质量控制的基本原理

6.1.2.1 PDCA循环原理

草坪工程项目的质量控制是一个持续的过程，首先在提出项目质量目标的基础上，制订质量控制计划以及实现该计划需采取的措施。然后将计划加以实施，特别在组织上加以落实，真正将草坪工程项目质量控制的计划措施落实到实处。在试验过程中，经常检查和监测，以评价检查结果与计划结果的一致性。最后对出现的草坪工程质量问题进行处理，对暂时无法处理的质量问题重新进行分析，进一步采取措施加以解决，这一过程原理就是 PDCA 循环。

PDCA 循环又称戴明环，是美国质量管理专家戴明博士第一次提出，PDCA 由英语单词 Plan(计划)，Do(执行)，Check(检查)和 Action(处理)的首字母组成，PDCA 循环根据这个顺序进行质量管理，同时是不断循环进行的科学程序。

草坪工程项目质量管理活动离不开管理循环的运转，依靠 PDCA 循环进行草坪工程项目质量的改进和解决。提高草坪工程施工质量或降低草坪工程施工质量，首先，提出草坪工程施工质量目标和采取措施；其次，制订提高草坪工程施工质量或降低草坪工程施工质量的计划，根据计划检查草坪工程施工质量效果，通过检查找出草坪工程施工质量的问题和原因；最后，对草坪工程施工质量进行处理，总结经验和教训，制定标准，形成制度。

6.1.2.2　草坪工程项目控制三阶段原理

草坪工程质量控制是一个持续需要管理的过程。从草坪工程立项到竣工验收属于工程项目建设阶段的质量控制，项目投产到项目生命期结束属于工程项目生产阶段的质量控制或是经营阶段的质量控制。在质量控制内容上，工程项目建设阶段的质量控制与工程项目生产阶段的质量控制存在较大差异，但从控制工作的展开和控制对象实施的时间关系来看，均可分为事前控制、事中控制和事后控制。

事前控制强调质量目标的计划预控，并按质量计划进行质量活动前的准备工作状态的控制。首先，要熟悉和审查草坪工程项目的施工图纸，做好项目建设地点的自然条件和技术经济条件的调查分析，完成施工图预算、施工预算和项目组织设计等技术准备工作；其次，做好施工机具和生产设备的物资准备工作；最后，要根据草坪工程施工的特性，做好季节性施工措施，制定施工现场管理制度，组织施工现场准备方案等。

事中控制是指对质量活动的行为进行约束，对质量进行监控，实际上属于一种实时控制。如在草坪工程项目中，事中控制重点应该是坪床准备、给排水管道铺设和草坪建植等工序质量监控。

事后控制一般指在产品输出阶段的质量控制。事后控制也称合格控制，包括对草坪质量结果的评价认定和对质量偏差的纠正。如草坪工程竣工验收进行的质量控制，即属于草坪工程项目质量的事后控制。

6.1.3　草坪工程质量项目和测定方法

(1)床土养分

床土养分指床土中直接或经转化后能被植物根系吸收的矿物质营养成分，床土养分用单位重量床土中所含各种营养元素所占百分数表示，用化学分析法测定。

(2)床土质地

床土质地指床土中不同粒径矿物质颗粒的组合状况，用不同粒径所含比例来表示，用土壤机械分析法测定。

(3)床土酸碱度

床土酸碱度反映土壤溶液中氢离子浓度和土壤胶体上交换性氢、铝离子数量状况的一种化学特性，用土壤 pH 表示。用 pH 计直接测定，也可用 pH 指示剂或 pH 试纸比色测定。

（4）床土渗透性

床土渗透性指床土排水和透气性能，可用床土渗透排水速度来表示，用无底量筒法测定。将无底量筒插入草坪间铲出的裸地中，把一定量水倒入无底量筒，记录水渗透完毕所需时间，依公式计算出渗透排水速度，排水速度 = 单位时间单位面积的渗水量 $[\mathrm{mL}/(\mathrm{cm}^2 \cdot \mathrm{min})]$。

（5）草坪颜色

草坪颜色是草坪对反射光量度，是进行草坪品质目测评定的重要指标，通常用草坪植物的绿度表示，测定方法包括直接目测法、比色卡法、叶绿素含量分光光度计测定法、草坪反射光测定法等。

①直接目测法。观测者根据主观印象和个人喜好给草坪颜色打分，评分方法有 5 分制、10 分制和 9 分制，其中 9 分制较常用。在 9 分制中，9 分表示墨绿，1 分表示枯黄。在用目测法测定草坪颜色时，可在样地上随机选取一定面积的样方以减少视觉影响。测定时间最好选在阴天或早上进行，避免太阳光太强造成的实验误差。

②比色卡法。事先将由黄到绿色色泽范围内以 10% 的梯度逐渐增加至深绿色，并依次制成比色卡，将观测草坪颜色与比色卡进行比较，从而确定草坪颜色等级。

③叶绿素含量分光光度计测定法。主要影响测定叶绿素含量的因素是叶绿素提取溶剂和测定波长。用 80% 的丙酮作提取液，用波长为 663nm 和 645nm 光波来测定叶绿素的光吸收值（即光密度值 D）。

叶绿素 A：$C_A = (12.7D_{663} - 2.69D_{645})$；

叶绿素 B：$C_B = (22.94D_{645} - 4.68D_{663})$；

叶绿素总含量：$C_T = 0.5(20.2D_{645} + 8.02D_{663})$

以上各式单位是 mg/g。

用叶绿素含量表示颜色的方法有两种，即单位面积土地上叶绿素的含量即叶绿素指数（CI）和单位鲜重的叶绿素含量。叶绿素含量依表示方法不同于其含义和数值也不同，用叶绿素指数表示的叶绿素含量一般是指地上茎、叶的叶绿素总含量，是草坪颜色的整体表现；单位鲜重的叶绿素含量是叶片叶绿素含量与叶鲜重的比值，它主要侧重于对草坪的个体颜色的反映，为研究方便，一般情况下多用单位叶片鲜重的叶绿素含量来反映草坪颜色。

④草坪反射光测定法。用照度计测定草坪的颜色状况。照度计测得结果为草坪反射光的强度和成分，该强度和成分与人眼接受光相同，它能较好地反映草坪整体颜色状况。照度计法测定草坪颜色的仪器有多波段光谱辐射仪和反射仪。在测定时，手持仪器，尽力伸出，将仪器置于地面以上 1~2m 处测量草坪的光反射量。草坪光反射量因太阳光强度不同而不同，在弱光线条件下进行测定，为了减少误差，在较短的时间段内完成，一般选在阴天或早上时进行测量。

（6）草坪质地

草坪质地是对草坪草叶宽窄和触感的量度，一般多指草坪植物叶片的宽度。通常认为草坪草叶越窄，草坪草品质越优，叶宽以 1.5~3.3mm 为优。

观测法：草坪草叶宽决定草坪质地，草坪草叶宽除受栽培管理技术及密度的影响外，主要由其基因遗传特性所决定。依草坪草种和品种叶宽将草坪草进行分级，极细（细叶羊茅、绒毛翦股颖、非洲狗牙根等）、细（狗牙根、草地早熟禾、细弱翦股颖、匍匐翦股颖、细叶结缕草等)、中等(半细叶结缕草/马尼拉草、意大利黑麦草、小糠草等)、宽(草地羊茅、结缕草等)、极宽(高羊茅、狼尾草、雀稗等)。草坪质地的测定方法较统一,多用草坪草叶最宽处的宽度来表示,在叶宽测定中要选叶龄和着生部位相同的叶片,测量叶片最宽处重复次数大于 30 次。

(7)草坪高度

草坪高度是指草坪植物顶部及修剪后的草层平面与地表的平均距离。一般用直尺抽样量度法确定,样本数不应少于 30。

(8)草坪密度

草坪密度是指单位面积上草坪植物个体或枝条的数量。测定密度方法有目测法和实测法。草坪在生长发育过程中个体间存在种内竞争,因此草坪密度会随草坪建植时间而变化,随着竞争缓和草坪密度逐步稳定,草坪密度的测定应在草坪建植后和草坪密度稳定时进行。目测法是以目测估计单位面积内草坪植物的数量,并人为划分一些密度等级,进而对草坪密度进行分级或打分。草坪密度的目测打分多采用 5 分制,其中 1 表示极差,3 表示中等,5 表示优。实测法是记数一定面积样方内草坪植物的个体数。通常样方面积为 $50 \sim 100cm^2$。同时为了保证测定准确性和代表性,重复次数不少于 3 次。由于草坪种植密集,进行草坪密度实测的工作量非常大,试验的重复次数可根据实际情况而定。在样方选定后,将地上植株齐地面剪下,记数其地上植株或茎数、叶数。密度实测值的表示方法有单位面积株数、茎数和叶数。在一般情况下,草坪密度多用单位面积枝条数来表示。

(9)草坪盖度

草坪盖度是草坪草覆盖地面的程度,用一定面积上草坪植物的垂直投影面积与草坪所占土地面积的比表示。

①目测法 首先要制作一个面积 $1m^2$ 的木架,用细绳分为 100 个 $1dm^2$ 的小格,测定时将木架放置在选定的样点上,目测计数草坪植物在每格中所占的比例,然后将每格的观测值统计后,用百分数表示出草坪的盖度值。盖度值分级评价可采用五分制,盖度为 100%~97.5% 计 5 分;97.5%~95% 计 4 分;95%~90% 计 3 分;90%~85% 计 2 分;85%~75% 计 1 分;不足 75% 的草坪需要更新或复壮。

②点测法 将细长的针垂直或成某一角度穿过草层,重复多次,然后统计植物种及全部植物种与针接触的次数和针刺总数,针接触的次数与针刺总数的比值即为某一植物种的盖度和植被的总盖度;也可用 $1m \times 1m$ 的正方形样方,将样方分为 100 个格,然后用针刺每一格,统计针触草坪植物的次数,以百分数表示盖度,一般重复 5~10 次。

(10)草坪均一性

草坪均一性是对草坪平坦表示的总体评价。高品质的草坪应是高度均一、不具裸地、杂草、病虫害污点和生育型一致的草坪。草坪的均一性包含组成草坪的地上枝条和草坪表面平坦性的表观特征两项要素,可用植被特性测定中的相关量化指标来描述。

①样圆法 计数样圆内不同类群的数量,然后计算各自的比例和在整个草坪中的变异状况。在测定中多用直径 10cm 的样圆,重复次数依草坪面积而确定,为了准确的计算样方的变异程度,重复次数一般应在 30 次以上。

②目测法 一般进行 9 分制进行打分,9 表示完全均匀一致,6 表示均匀一致,1 表示差异很人。

③均匀度法　用草坪密度变异系数(CVD)、颜色变异系数(CVC)、质地变异系数(CVT)来计算均匀度，均匀度根据以下公式计算：

$$均匀度(U) = 1 - \frac{CVD + CVC + CVT}{3} \tag{6-1}$$

④标准差法　将 10 根有刻度的针间隔 20cm 等距离置于架子上，制成简易装置，其中针可以自由的上下移动，在测定中将该装置放在草坪上，读取各针的上下移动值，重复 3 次，计算标准差，用标准差的平均值表示均一性。

(11)草坪草植物组成

草坪草植物组成是构成草坪的植物种或品种及其比例。主要依据是草坪的使用目的，对草坪组成成分进行评价，在此前提下，可根据草坪的其他质量特征来评定组成成分。在实际应用中可先确定草坪是单一种草坪或混播草坪，如果是混播草坪则要测出主要建坪草种及其频度和盖度，然后与设计要求对比，就目的和功能的要求进行对照，做分级评估，达到设计要求的给 5 分，每下降 5% 扣 1 分。

(12)草坪草生育型

草坪草生育型是描述草坪草枝条生长特性和分枝方式的指标，包括以下几种草坪草生育型。

①丛生型(直立)　主要是通过分蘖进行扩展，在播种量充足的条件下，能形成一致性强的草坪。

②根茎型　通过地下茎进行扩展，由于根茎末端是在远离母株的位置长出地面，地上枝条与地面枝条趋于垂直，因此，强壮根茎型草坪草可形成均一的草坪。

③匍匐茎类型　通过匍匐茎的地上水平枝条扩展，匍匐茎在某些部位常产生与地面垂直的枝条，在修剪高度较高的条件下，修剪会产生明显的"纹理"现象，进而影响草坪工程的目视质量和草坪品质。对于每种草坪草而言，草坪草的生育型是一定的，它可以用植物形态学的方法加以识别。

(13)草坪草抗逆性

草坪草抗逆性是指草坪草对寒冷、干旱、高温、水涝、盐渍及病虫害等不良环境条件，以及践踏、修剪等使用、养护强度的抵抗能力。草坪的抗逆性除受草坪草的遗传因素决定之外，还受草坪管理水平和技术以及混播草坪草种配比的影响。草坪的抗逆性是一个综合特性，评价草坪抗逆性指标主要有形态、生理、生化和生物指标。不同用途的草坪对抗逆性要求的侧重点不同，如运动场草坪要求耐践踏能力强、耐修剪能力强、耐高强度管理；护坡保土草坪重点要求草坪草耐干旱能力强；观赏草坪则要求抗病虫害和绿期长。

(14)绿期

绿期是指草坪群落中 60% 的植物返青之日至 75% 的植物呈现枯黄之日的持续日数。绿期长者为佳。较高的养护管理水平可延长草坪的绿期，但草坪的绿期受地理气候和草种的影响较大。评价草坪绿期之前要获得不同草种在某地区绿期的资料，然后对被测草坪的绿期进行观测打分，达到标准值的计为 5 分，每缩短 5 天扣 1 分，如此测定草坪绿期的得分。

(15)生物量

草坪植物的生物量指草坪群落在单位时间内植物生物量的累计量，是由地上部生物量和地下部生物量两部分组成。草坪植物生物量累计量与草坪的再生能力、恢复能力、定植速度、草皮生产性能有密切关系。地下生物量是指草坪植物地下部分单位面积一定深度内活根的干重。草坪地下生物量的测定通常采用土钻法，土钻的直径一般为7cm或10cm，取样深度为30cm，可分3层取样。取样后用水冲洗清除杂质，烘干称重。地上生物量是草坪生长速度和再生能力的数量指标，一般以单位面积草坪在单位时间内的修剪量来表示。地上生物量可用样方刈割法测定，也可用剪下草屑的体积来估测。

（16）刚性

刚性是草坪叶片的抗压性，与草坪的抗磨损性有关，刚性大小受草坪植物组成的化学成分、水分、湿度、植株密度和植株形体的影响。刚性的反面是柔软性，草坪的刚性也可用草坪的柔软性来描述。

（17）弹性

弹性指外力作用消失后草坪恢复原来状态的能力，弹性受草种类别、留茬高度、床土物理性状等的影响。草坪弹性一般用反弹系数表示：

$$反弹系数(\%) = \frac{反弹高度}{下落高度} \times 100 \tag{6-2}$$

测定方法是将被测场地所使用的标准赛球在一定高度下落，目测或用摄像机记录第1次反弹高度，然后计算反弹系数。通常在不同运动类型场地应选用相应球测定。不同运动项目对草坪反弹性的要求有所不同，其标准各不相同。

（18）光滑度

光滑度是草坪的表面特征，是运动场草坪工程质量的重要评定因素。草坪的光滑度可用滑动摩擦性和滚动摩擦性来量度。可目测确定光滑度，但较准确的方法是球旋转测定器法，这种方法是在一定的坡度、长度和高度的助滑道上，让球向下自由滚动，记录滚过草坪表面的球运动状态（滑行的长度、滑行方向变化角度）以确定草坪光滑性。在测定中应选若干个具代表性样点，多次重复，最后求其平均值。

①滚动摩擦法　草坪滚动摩擦性能是指草坪和与其接触的物体在接触面上发生阻碍相对运动的力。用球在一定高度沿一定角度的侧槽下滑，从接触草坪起到滚动停止时的滚动距离来表示。通常采用的高度为1m，角度多采用45°或26.6°，测定用球应为该草坪场地拟使用的标准赛球。由于草坪多具有一定的坡度，同时测定时会受风向的影响，因此在测定中要正反两个方面各测一次。草坪滚动距离的计算公式为：

$$DR = 2S_1 \times \frac{S_2}{S_1 + S_2} \tag{6-3}$$

式中，DR为滚动距离；S_1为逆坡滚动距离；S_2为顺坡滚动距离。

②滑动摩擦法　草坪滑动摩擦性能是指互相接触的物体在相对滑动时受到的阻碍作用。可用滑动距离和转动系数法测定。

滑动距离测定时采用标准测车以一定速度在草坪表面滑动的距离来反映草坪表面滑动摩擦性能。标准滑车的质量为45kg±2kg，长85mm，宽60mm，底部测脚装有运动鞋鞋钉。鞋钉的材料、形状和数量应以草坪所适用运动项目中运动员所用的鞋钉为准。测定时将滑车置于一个长150mm，高870mm、斜边角度为30°的三脚支架上使滑车下滑（滑车接触被测草坪表面的滑行距离），依此数值来表示草坪滑动摩擦性能。

转动系数的测定是采用一个质量为46kg±2kg、直径为1500mm±2mm的圆盘，其底部装有运动鞋鞋钉，圆盘通过 1 个转动杆经固定衬套与扭力计连接，指标力矩数值，通过下列公式计算转动系数：

$$U = \frac{3T}{WD} \tag{6-4}$$

式中，U 为转动系数；T 为圆盘转动的力矩（Nm）；W 为圆盘的重力（N）；D 为圆盘的直径（m）。

（19）青绿度

青绿度是草坪修剪后地上枝条剩余量的量度。在特殊的草坪基因型内，增加青绿度与增加再生力和生活力的含意是一致的。在基因型相同时，修剪高度较高时，其青绿度较高，较耐磨损。青绿度可用单位面积内枝叶数或绿度指标来描述。

（20）草皮强度

草皮强度是指草坪耐受机械冲击、拉张、践踏能力的指标。用草坪强度计测定，也可凭经验目测打分进行评价，一般分 5 级，分别为强、较强、中等、较弱与弱，依次记 5～1 分。

（21）草坪硬度

草坪硬度是指草坪抵抗其他物体刻划或压入其表面的能力。最简单的方法是在球赛后用直尺测定球员脚踏入土壤表面时所造成的凹陷的深度，也可利用测定土壤物理性状的仪器来评价草坪的硬度，如土壤硬度计、土壤冲击仪等。

（22）恢复力

恢复力是指草坪受病原物、昆虫、交通、踏压、利用等伤害后恢复原来状态的能力。可用草坪再生速度或恢复率来表示。可用挖块法、抽条法测定，即在草坪中挖去 10cm×10cm 的草皮或抽出宽 10cm 和长 30～100cm 的草条，然后填入壤土，任其四周或两边的草自行生长恢复，按照恢复快慢打分。

6.1.4　草坪工程适用性

适用性即功能，是指草坪工程满足使用目的的各种性能。光照不足会影响草坪草的生长速度、分蘖数、根量、叶色等。光照严重不足时草坪草会因营养不良茎叶枯黄甚至枯死。暖季型草坪草耐阴性的强弱依次：钝叶草＞细叶结缕草＞结缕草＞假俭草＞地毯草＞斑点雀稗＞野牛草＞狗牙根等。冷季型草坪草耐阴性的强弱依次：紫羊毛＞细叶羊茅＞匍匐翦股颖＞苇状羊茅＞小糠草＞多年生黑麦草＞早熟禾等。

温度是限制草坪草种分布和栽培区域的主要因子之一，无论是冷季型草坪草或暖季型草坪草对温度变化的适应性都有较大的差别。暖季型草坪草耐热性的强弱依次：结缕草＞狗牙根＞野牛草＞地毯草＞假俭草＞钝叶草＞斑点雀稗等。冷季型草坪草耐热性的强弱依次：苇状羊茅＞牛尾草＞雀稗＞细弱翦股颖＞草地早熟禾＞加拿大早熟禾＞细叶羊茅＞小糠草＞多年生黑麦草等。暖季型草坪草耐寒性的强弱依次：结缕草＞狗牙根＞斑点雀稗＞假俭草＞地毯草＞钝叶草。冷季型草坪草耐寒性的强弱依次：匍匐翦股颖＞草地早熟禾＞紫羊茅＞高羊茅＞多年生黑麦草等。

在一定范围内，随着水分增加，草坪草的生长发育越好，但水分过多和过少不利于草坪草的生长发育。暖季型草种耐旱性的强弱依次：野牛草＞狗牙根＞结缕草＞雀稗＞钝叶草＞假俭草＞地毯草等。冷季型草种耐旱性的强弱依次：异穗薹草＞细叶羊茅＞苇状羊茅＞

冰草 > 草地熟禾 > 匍匐翦股颖 > 多年生黑麦草等。暖季型草种耐涝性的强弱依次：狗牙根 > 斑点雀稗 > 钝叶草 > 地毯草 > 结缕草 > 假俭草等。冷季型草种耐涝性的强弱依次：匍匐翦股颖 > 苇状羊茅 > 细弱翦股颖 > 六月禾 > 多年生黑麦草 > 细叶羊茅等。

在 pH 值为 5.0 ~ 6.5 的弱酸性土壤中，草坪草生长发育良好，但不同的草坪草种对土壤 pH 值有不同忍受能力。暖季型草坪草对土壤酸性的忍耐能力强弱依次：地毯草 > 假俭草 > 狗牙根 > 结缕草 > 钝叶草 > 斑点雀稗等。冷季型草坪草对土壤酸性的忍耐能力强弱依次：苇状羊茅 > 细叶羊茅 > 细弱翦股颖 > 匍匐翦股颖 > 多年生黑麦草 > 六月禾等。暖季型草坪草对土壤碱性的忍耐能力强弱依次：野牛草 > 狗牙根 > 结缕草 > 钝叶草 > 斑点雀稗 > 地毯草 > 假俭草等。冷季型草坪草对土壤碱性的忍耐能力强弱依次：匍匐翦股颖 > 苇状羊茅 > 多年生黑麦草 > 细叶羊茅 > 细弱翦股颖等。

适当土壤硬度有助于提高草坪的耐践踏能力，但其硬度超过一定限值时，土壤硬度影响草坪草的生长发育，使根系坏死，而导致草坪草死亡。据调查，一般公园和运动场土壤硬度为 $5.5 ~ 6.2 kg/cm^2$，裸地硬度为 $10.3 ~ 22.2 kg/cm^2$。结缕草适宜生长土壤硬度为 $2 kg/cm^2$，当土壤硬度高于 $2 ~ 10 kg/cm^2$ 时，结缕草种子虽然发芽，但根系不能生长。因此，在建植草坪和草坪管理中，防止土壤板结是非常重要的工作措施。

高温高湿季节是病原体大量繁殖季节，此时若修剪不当或氮肥施用量过多，草坪草极易感染病害。南方草坪草的发病率较高，春、夏发病率高于秋、冬季节，草坪草幼苗期发病率高于成年期。草坪草对病原微生物的抵抗能力称为抗病性。暖季型草坪草抗病性的强弱依次：假俭草 > 地毯草 > 结缕草 > 狗牙根 > 钝叶草等。冷季型草坪草抗病性的强弱依次：苇状羊茅 > 多年生黑麦草 > 六月禾 > 细叶羊茅 > 细弱翦股颖等。

草坪杂草与草坪草争夺光、肥、水和生存空间，严重影响草坪草的生长发育和草坪观赏价值和使用质量。草坪草抵抗和抑制杂草生长的能力称为抗杂草性。暖季型草坪草抗杂草能力的强弱依次：钝叶草 > 斑点雀稗 > 假俭草 > 狗牙根 > 地毯草 > 结缕草等。冷季型草坪草抗杂草能力的强弱依次：多年生黑麦草 > 苇状羊茅 > 匍匐翦股颖 > 细弱翦股颖 > 细叶羊茅 > 六月禾等。

草坪草对践踏有较强的承受能力。轻度践踏能促进草坪草的生长，而超过一定限度的频繁践踏会影响草坪草的生长发育，严重时导致生长衰弱和死亡。草坪草对践踏的承受能力称为草坪草的践踏性。暖季型草坪草耐践踏性的强弱依次：狗牙根 > 结缕草 > 羊茅 > 假俭草 > 地毯草 > 野牛草等。冷季型草坪草耐践踏性的强弱依次：白三叶 > 翦股颖 > 草地早熟禾 > 黑麦草类等。

草坪草株型越小，耐修剪性能越强。匍匐型草坪草具有较强的耐修剪性。在一定范围内，修剪次数和草坪枝叶密度成正比。对于暖季草坪草，8 月下旬的滑动距离测定时采用标准测车以一定速度在草坪表面滑动的距离来反映草坪表面滑动摩擦性能及时修剪可延长草坪绿色期 20 ~ 30 天，但草坪草的耐修剪性是个相对的概念，它与修剪高度和修剪频率有关。暖季型草坪草耐修剪的强弱依次：狗牙根 > 结缕草 > 假俭草 > 地毯草 > 钝叶草 > 斑点雀稗等。冷季型草坪草耐修剪的强弱依次：翦股颖类 > 羊茅草类 > 白三叶 > 草地早熟禾 > 黑麦草类等。

土壤养分对草坪草生长发育、绿色期、色彩嫩绿产生明显的影响。一般情况下，多年生草坪草比一年生草需要更多的养分以防止衰老。暖季型草坪草耐瘠薄能力的高低依次：狗牙

根 > 结缕草 > 假俭草 > 地毯草 > 钝叶草等。冷季型草坪草耐瘠薄能力的高低依次：细叶羊茅 > 苇状羊茅 > 多年生黑麦草 > 六月禾 > 细弱翦股颖 > 匍匐翦股颖等。

6.1.5　草坪工程使用寿命

　　草坪工程建成后，草坪工程使用寿命主要取决于养护管理。俗话说，草坪工程使用寿命取决于 30% 种植和 70% 管理。为了延长草坪使用寿命，必须做好草坪修剪、施肥、灌溉和病害防治。对一般草地而言，人类只要求较高产草量，而对草坪而言，人类追求平整、美观和富有弹性，以体现草坪美学功能和使用功能。草坪修剪很重要，修剪不仅要注意修剪时间、次数和高度，修剪机械也很重要。草坪有专用的修剪机械，而且比较讲究。修剪从土壤和植物中带走营养元素，为保持草坪草正常健康生长，维持草坪系统的营养元素平衡，科学合理施肥很需要。根据区域、草坪类型、草坪草种类、季节和生长发育阶段，草坪草进行施肥。根据不同地区及不同气候条件下草坪草需水量，建立合理灌溉制度是草坪管理的一个重要措施。

　　为了使草坪具有美观外貌和实现使用功能，必须对草坪进行病虫害防治。常见草坪草病害有禾草褐色条枯病、褐斑病、尾孢属叶斑病、铜斑病、霜霉病、枯萎病、菌核病等。常见草坪草虫害有黏虫（主要危害黑麦草、早熟禾、翦股颖、结缕草、高羊茅等，白天潜伏在表土层或茎基，夜间取食叶片，清晨捕杀幼虫或诱杀成虫）、斜纹夜蛾（暴食性害虫，可在短期内啃食完草坪草，可危害黑麦草、早熟禾、翦股颖、结缕草、高羊茅等，通常群体聚散，沿叶边缘咀嚼叶片，在暴食期以前，并在午后及傍晚幼虫出来活动后喷洒毒死蜱、敌百虫杀灭）、草地螟（将叶吃成缺刻或孔洞，甚至造成光秃，夜间取食草坪幼叶，形成不规则的棕色死亡斑点，幼虫黄褐色或暗黄色，可用拉网捕捉成虫，喷施地亚农、毒死蜱、敌百虫等）、蝗虫（食叶片和嫩茎，采用药剂或毒饵防治）、蜗牛和蛞蝓（取食叶片、嫩茎和芽，造成缺刻或漏洞，甚至造成缺苗，爬行过的地方留下黏液痕迹，喜阴暗潮湿环境）、蚜虫（喷施吡虫啉可湿性粉剂，利用七星瓢虫进行生物防治）、盲蝽（被害茎叶上出现褪绿斑点，北方常见，喷施吡虫啉可湿性粉剂）、叶蝉（灯光诱杀、喷施叶蝉散乳油）、飞虱（被害部位出现不规则褐色条斑，叶片自下而上变黄，植株萎缩，使用氨水或撒石灰粉防治）、螨（被害叶片褪绿和发白，逐渐变黄而枯萎，春秋干旱时发生，用扫螨净可湿性粉剂喷施进行防治）、秆蝇（严重时草坪枯死，成虫晴朗无风上午和下午活跃，可采用杀螟或乳油等药剂喷施进行防治）、潜叶蝇（被害叶片上可见"蛇形隧道"，用阿巴丁乳油等喷施进行防治）、线虫（危害草坪草长势，可多次少量灌水和增施 P 肥进行防治）、蛴螬（咬草坪草根系，草皮易被掀起，成虫——金龟甲，用辛硫磷颗粒剂进行毒土法防治）、金针虫（每年 4～10 月食草坪草根和分蘖节，采用喷灌和撒施辛硫磷颗粒剂防治）、地老虎（低龄幼虫造成草坪草缺刻孔洞；高龄幼虫咬断草坪草茎而枯死，诱杀成虫或幼虫危害期喷洒功夫乳油等药剂）、蝼蛄（啃食草坪草根系，高湿度时采食最为活跃，诱杀成虫，用辛硫磷颗粒剂进行毒土法防治）、蚂蚁（打洞使草坪草根裸露，用辛硫磷乳油浇灌蚁洞）、蚯蚓（采用毒死蜱颗粒剂进行防治）、鼠类（诱捕）。

　　草坪经营过程是伴随草坪草生长的一个长期的管理过程，需要持久的工作时间和较高工作效益。草坪耐践踏性是评价草坪质量和使用寿命的关键因素，是草坪的重要考核指标之一，是草坪草耐磨损性、耐土壤紧实性及恢复能力的综合体现。

6.1.6　草坪工程经济性及环境协调性

草坪工程以经济实惠和保护环境为前提，利用有限的资源来换取最大的成果、美化环境和提供运动休闲场所。但草坪工程建植中施用农药化肥等给环境带来令人担忧的污染问题，并遭到环境组织和媒体的广泛批评，所以人们开始担心或指责草坪工程运营过程中施用农药化肥等对环境造成不利影响。公众和舆论对草坪工程环境问题的关注已经在一定程度上影响了政府对草坪工程开发建设政策，进而间接对草坪工程产业（草坪种子业、草坪机械、草坪肥料及化学药业等、草坪建植与管理业、草坪教育业）发展产生了巨大的影响和冲击。20 世纪 70 年代开始，欧美草坪工程发达的国家开始关注草坪工程运营所带来的环境问题，公众对草坪工程土地和水资源利用、化学物质施用、自然景观以及野生动物保护等问题提出质疑或批评指责。一些国家和组织建立相应的草坪工程环境认证程序和标准，其中，具有代表性是美国奥杜邦学会（The National Audubon Society）和欧洲草坪工程环境组织（Golf Environment Organization），该学会和组织旨在通过对草坪工程建设和运营的生态环境影响进行综合评估和有效管理，将草坪工程对生态环境的负面影响降至最低程度。奥杜邦是一个非盈利性的环境保护宣教组织。该组织的宗旨是通过教育和认证系统帮助各种组织和人们掌握可持续性管理自然环境的能力，引导和鼓励人们保护他们周围的土地、水资源、野生动植物和其他自然资源。该组织通过与土地所有者、高尔夫球场业主、球场设计师和工程承包商在新建高尔夫球场项目过程中的沟通与合作，致力于项目开发与自然景观、水资源和其他重要的环境因素保持和谐关系，运用创新与合理的管理措施为业主在项目选址、设计、建筑和开发管理中注入新的思维，提供有益的尝试。通过强调生态设计、生态施工和可持续资源管理的作用，使项目开发在满足经济效益和社会需求，同时实现与自然的和谐统一；通过对环境—经济—社会产出可持续发展模型的宣传和推广，从而鼓励大众寻求变革；提供新的解决方案，指出政府相关中存在的阻碍可持续发展的政策，并为克服这些政策提供可行方法。

6.1.7　草坪工程质量影响因素

影响施工阶段草坪工程质量的因素归纳起来有 5 个方面，即人的因素、材料因素、机械因素、方法因素和环境因素。其中人的因素主要是施工操作人员的质量意识、技术能力和工艺水平，施工管理人员的经验和管理能力；材料因素包括原材料、半成品、构件、配件的品质和质量，草坪工程设备的性能和效率；机械因素包括选择的施工机械数量、型式、性能参数和施工机械现场管理手段；方法因素包括施工方案、施工工艺和施工组织设计的合理性、可行性和先进性；环境因素主要是指工程技术环境、工程管理环境（如管理制度的健全与否，质量体系的完善与否、质量保证活动开展的情况等）和劳动环境。上述 5 方面因素都在不同程度上影响草坪工程质量，所以施工阶段质量控制实质上是对这 5 个方面的因素实施监督和控制的过程。

6.1.8　草坪工程质量特点

草坪工程质量特点是由草坪本身和建造工程的特点所决定的，草坪工程质量本身有以下特点。

①影响因素多 决策、设计、材料、机械、环境、施工工艺、管理制度、技术措施、人员素质、工期、造价等均直接和间接地影响草坪工程质量。

②质量波动大 草坪工程施工不像一般工业产品那样用固定的生产流水线，在稳定的生产环境下制造出相同系列规格和相同功能的产品，而影响草坪工程质量偶然性因素和系统性因素比较多，其中任一因素发生变动，都会使草坪工程质量产生波动，产生系统因素的质量变异，造成工程质量事故，因此要严防出现系统性因素的质量变异。

③质量隐蔽性 在草坪工程施工过程中，由于工序交接多、中间产品多、隐蔽工程多，若不及时检查并发现其存在的问题，很可能留下质量隐患，产生判断错误，将不合格品当做合格品。

④终检的局限性 草坪工程项目建成以后不可能像一般工业产品那样依靠终检判断产品质量，或将产品拆卸、解体来检查其内在的质量。

⑤评价方法特殊性 草坪工程质量评价是对草坪整体性状的评定，是反映成坪后草坪是否满足人们对它的期望和要求。草坪工程质量评价指标体系设置是对草坪进行综合评价的前提和基础，直接影响评价结果的科学性、可靠性和准确性。到目前为止，国内草坪学者在进行草坪科研和生产过程中从不同角度制定了许多草坪质量的评价指标体系。例如从草坪的质量验收角度提出坪床基础→草坪建植→草坪养护评价指标体系，主要应用于草坪的招标发包和竣工验收。草坪质量评价对草坪养护管理具有重要的作用，可为草坪管理提供依据，以实现草坪生态的良性循环；可为草坪规划设计与建立提供经验和教训，根据草坪固有特征特性，草坪质量不仅包括外观质量和使用质量，还包括反映环境适宜性的生态质量。草坪外观质量由密度、色泽、质地和均一性等构成；生态质量包括草坪盖度、绿期、生物量、抗病性等；使用质量主要有草坪弹性、草坪强度、光滑度、耐践踏性、养护管理费用等指标。草坪工程质量综合评价的步骤为确定不同用途草坪质量评价的指标和各指标在不同用途草坪中的权重；确定草坪质量评价指标的测定方法；确定草坪质量综合评价的标准；草坪质量评价指标实测值的获得。草坪工程质量是在施工单位按合格质量标准自行检查评定的基础上，由监理工程师(或业主项目负责人)组织有关单位和人员进行检验，并确认验收。

6.1.9 草坪工程质量控制

草坪工程质量是指草坪满足规定要求和具备所需要的特性总和。所谓"满足规定"通常是指应当符合国家有关法规、技术标准和合同规定的要求；所谓"满足需要"一般是指满足用户的需要，是对草坪的性能、寿命、可靠性及使用过程的运用性、安全性、经济性等特征的要求。草坪建造工程质量是在合同环境下形成的。从功能和使用价值来看，草坪工程质量体现在实用性、耐久性、安全性、可靠性、经济性以及与环境的协调性。这6个方面彼此之间相互依存，都必须达到基本要求，缺一不可。在工程项目施工阶段，质量的形成是通过施工中的各个控制环节逐步实现的，即通过工序质量→单元工程质量→分部工程质量→单位工程质量，最终形成工程质量。

草坪工程质量还包括工作质量。工作质量是参与工程的建造者为了保证工程质量所从事工作的水平和完善程度，包括社会工作质量和生产过程工作质量。社会工作质量如社会调查、市场预测、质量回访和保修服务等；生产过程工作质量如政府工作质量、管理工作质量、技术工作质量和后勤工作质量等。社会工作质量和生产过程工作质量贯穿于草坪形成和体系运行的全过程，围绕草坪形成的全过程的每一个阶段，对影响草坪工程质量的人员、机械、设备、工程材料、方法和环境条件进行控制，并对质量活动的成果进行分阶段验证，以便及时发现问题，查明原因，采取相应的纠正措施，防止不合格草坪工程发生。要坚持预防为主与检验把关相结合的原则，达到规定要求的草坪工程质量。

6.1.10 草坪工程质量控制的意义

为达到草坪工程质量要求所采取的作业技术和活动称为质量控制。草坪工程质量控制是为了通过监视质量形成过程，消除质量环上所有阶段引起不合格或不满意效果的因素，以达到质量要求，获取经济效益，而采用的各种质量作业技术和活动。草坪工程质量控制是指为保证和提高草坪工程质量，运用一整套质量控制体系、手段和方法所进行的系统控制活动。草坪工程是施工期长、投资大和使用时期长的项目，草坪工程质量控制是指监理人员按照合同、设计文件、施工图纸、技术规范等规定的预期质量计划目标评定施工和管理中各个项目。在施工和管理过程中通过一系列监控措施和手段，纠正施工和管理过程中所发生的一系列偏差，使预期质量目标得以实现，达到预期的草坪工程质量要求。施工质量涵盖于各分项工程包括场地准备（土层厚度、土壤平整和翻耕）、灌溉和排水系统安装、草坪种植施工、草坪养护和管理（灌溉、施肥、修剪、病虫害防治、通气等）、景观工程等。这些分项工程的质量是相互关联，相互促进相互影响，互为因果。在施工过程中，如有一项工序质量出了问题就会影响到整体草坪工程质量，为此，施工质量控制应从每个工序着手监控，严格按照合同及技术规范实行全过程和全方位的专业化监督管理。

6.1.11 草坪工程质量控制的原则

草坪工程质量控制遵循如下原则，督促承包商按施工图纸及设计文件说明施工，认真实现设计文件要求；以工程质量检验规范和质量验收标准为准绳，督促承包商实现所承诺的质量目标；以事前控制为重点，对工程项目实施全过程的质量控制；对工程项目的人员、机械、材料、方法和技术、环境等因素进行事前和事中、事后全面质量控制，检验承包商的质量保证体系落到实处。坚持测量和测量成果的复测、复验和仪器检验，严防差错。严格执行工程材料、构配件、试件的检验和工程设备试验制度。坚持不合格工程材料、构配件、设备不准在工程上使用。坚持上道工序质量不合格或未经检验不予签认，下道工序不得施工的规定。

6.2 施工阶段草坪工程质量控制

6.2.1 草坪工程质量形成过程

在草坪工程不同施工阶段，实施不同质量控制措施。

6.2.1.1 项目可行性研究

项目可行性研究是在项目建议书和项目策划的基础上，运用经济学原理对投资项目的有关技术、经济、社会、环境及所有方面进行调查研究，对各种可能的拟建方案和建成使用后的经济效益、社会效益和环境效益等进行技术经济分析、预测和论证，确定项目建造的可行依据。在此过程中，需要确定建造草坪工程项目的质量要求与投资目标相协调。项目可行性研究直接影响项目的决策质量和设计质量。

6.2.1.2　项目决策

项目决策是通过项目可行性研究和项目评估，对建造草坪方案做出决策，使草坪工程项目的建造充分反映业主的意思，并与地区环境相适应，做到投资、质量和进度协调统一，确定草坪工程项目应达到质量目标和水平。

6.2.1.3　草坪工程勘察和设计

为草坪工程场地选择、设计和施工提供资料，要进行地形地貌、自然环境（包括各种树木、植被的种类和分布情况）和交通、水文地质、气象资料、当地风土人情和风俗习惯等人文资料勘察。草坪工程设计师根据建造草坪项目总体需求和地质土壤勘察报告，对草坪工程外形和内在的实体进行筹划、研究、构思、设计和描绘，形成设计说明书和图纸等相关文件，使得草坪工程质量目标和水平具体化，为施工提供直接依据。草坪工程设计是决定草坪工程质量的关键环节，草坪工程采用的平面图布置、空间形式、结构类型、材料、构配件及设备等都直接关系草坪工程质量适用性、使用寿命、经济性、环境协调性及投资价格。在一定程度上讲，完美草坪工程设计反映了一个国家的科技水平和文化水平。设计严密性和合理性决定草坪工程建设成败，是草坪工程适用性、使用寿命经济性及环境协调性得以实现的保证。

以下以高尔夫球场设计为例加以祥述。

高尔夫运动是一项在绿色草地上，沐浴着阳光，自由呼吸新鲜空气，挥杆击球，健步迈向目标的集运动、休闲和社交为一体的户外体育运动。在高尔夫球场，人们可以亲近大自然和回归大自然。世界上没有完全相同的两片树叶，也没有完全相同的两个高尔夫球场，每个高尔夫球场都具有其独特性，高尔夫用地的原始地形地貌千差万别，而高尔夫球场设计追求的是自然，其普遍公认的设计原则是"最小破坏"；每一个设计师都有自己特色设计理念，在同一项目用地上，不同球场设计师会设计出不同特色球场；如果使用相同一套设计图纸，不同造型师和建造师也将造出不同品质球场；球场建成后不同管理者也将产生不同水平和效果的球场。正是这样，才造就了每一个球场都具有其独特魅力，也使一些如痴如狂的高尔夫球迷不惜金钱、南征北战去征服每一个球场，去挑战自然和超越自我。

高尔夫球场设计是在开发商或业主初步定位球场的情况下，结合拟建项目的用地范围及原始地形地貌、自然景观和生态环境，在充分理解、研究原始的地形地貌及自然环境的基础上，运用"最小破坏"的设计原则，充分利用现有的自然地形、地貌和自然景观，结合高尔夫运动的设计原理，巧妙合理地布设球道，使球场与周围环境自然协调和流畅，最大限度地减少土方搬运量，尽可能保留原有的树木和植被，减少对原有地形地貌和生态破坏，降低球场投资成本，实现成本最小化、生态环境最优化和效益最大化。高尔夫球场设计既要满足高尔夫运动的比赛场地需要，而且能适合各种水平的球手击球需要，又要有球场自身的独特性、公正性、趣味性、挑战性、安全性和景观性。高尔夫球场设计过程是设计师诠释大自然、利用大自然和修饰、改造大自然使之符合高尔夫运动特征的表现过程。高尔夫设计师的创作灵感只能来源于对球场每一寸土地深入的研究和对场地任何一处特色景物仔细的剖析，然后将高尔夫运动要素有机地融入到场地中，将自然赋予的特色景物予以保留，通过设计师的丰富灵感对场地进行巧妙的修饰和改造，形成天人合一的设计创作作品。高尔夫球场追求的是自然和原始地形地貌，这基本决定球场的主体风格。

世界上最早球场不是由人类设计出来的，而是大自然造就的，现存最古老的高尔夫球场——苏格兰安德鲁斯老球场就是这类球场典型代表，没有经过设计师的设计，人们只是对它进行了少量修饰和改造，经历几百年风雨沧桑，依然保持着无尽魅力和永恒的价值。在进行高尔夫球场设计之前，设计师首先必须花大量时间（每次大约需 3 ~ 7 天，甚至更长时间）结合地形图踏遍项目用地的每一寸土地，反复多次进行勘察，充分了解现场的地形地貌、自然环境（包括各种树木、植被种类和分布情况）和交通，收集水文地质、气象资料、当地风土人情和风俗习惯等人文资料，不能只走马观花，凭地形图开始做设计。只有对项目用地的地形地貌和自然景致充分考察、了解和研究的基础上才可着手对高尔夫项目进行初步总体规划方案设计。一个没有充分利用原有地形地貌特征和自然环境的设计，只能是一个拙劣的球场设计作品，这样设计只可能是纸上谈兵，甚至无法实施，如果实施必然造成自然植被大量破坏和水土大量流失，并且造成巨大浪费和影响周边生态环境。

在初步规划设计完成后，设计师需返回到项目用地现场进行实地粗放样计量，反复斟酌，特别是对每个球道的果岭、发球台、落球点的位置布设是否合适和合理，是否会破坏大量的有价值的树木、植被和生态等，然后再回到设计图上对不适宜球道设计进行必要调整，直至规划设计方案最终确定。

一流球场设计应该是高尔夫文化特色、天然景致和民族风情的多重结晶。一个合理球场设计不但能善于巧妙地利用自然资源、环境资源和人文资源，而且能把开发商的要求和期望融入其设计中，为投资商实现相对较低和合理投入。通过设计师创造力和表现力，把自然环境与高尔夫设计元素合理和巧妙地结合在一起，形成一个具有独特风格高尔夫球场设计作品。

在施工建造阶段，设计师能否定期跟进了解施工进展和适时调整设计是确保球场品质的重要环节。高尔夫球场设计与建筑工程设计完全不同，在建筑工程设计中，除基础可能有修改设计外，其余上部结构完全按图施工，而高尔夫球场不同，因为高尔夫球场是建设在自然的地形上，存在诸多不定性，遇到可变因素比较多，调整和修改设计在所难免，如果建造者生搬硬套按照球场设计图施工，往往造成可以保留的树木没有保留而被挖掉，不该挖掘土方被挖掉，原有植被破坏，不该回填地方被回填，造成大量水土流失、生态破坏及巨大浪费等。设计师要经常（每个月至少 1 ~ 2 次）到球场施工现场进行监督检查和指导施工，这样既能保证设计理念和意图的贯彻实施，也能发现设计中存在问题，并及时地加以修正，以保证球场品质和工程顺利进展。

国外球场设计师虽然洞悉高尔夫文化精髓，但不一定能完全了解中国国情，领会中华民族文化，因此常会出现"水土不服"的问题。在勘察现场、亲临现场进行设计这方面，本土球场设计师应可以比国外设计师做得更好，因为交通相对便利，差旅成本费用相对较低，并且在与业主、开发商以及建造商的沟通上没有语言障碍，比较了解国内风土人情，这是本土设计师优势。

高尔夫进入中国才 20 余年，中国高尔夫文化底蕴不足，经过 10 多年探索、学习和实践，借鉴和吸取国外球场设计精华，国内也涌现一批专业球场设计师。虽然独立设计的球场数量相对较少，但只要本土化设计师能脚踏实地多为投资商着想，因地制宜设计，能为投资商实现相对较低和合理投入，不断地总结经验，切实了解自然，诠释自然属性，把自然景物和生态系统融入其设计中，精益求精，设计建造一批一流品质高尔夫球场，切实做好球场设计后期服务工作。

由于高尔夫球场建造是一个复杂的系统工程，涉及的专业多和知识面广，因此，选择球场建造经验丰富的项目总监(建造总监)尤其重要。项目总监(建造总监)是项目组织的团队核心，是决定项目成功与否及控制球场建造品质的关键人物。项目总监(建造总监)不仅需要掌握专业高尔夫知识，理解大自然属性的能力，而且必须有丰富球场建造管理经验及卓越组织领导能力。

高尔夫球场项目总监(建造总监)首要工作是进行前期现场勘察。勘察了解项目用地范围内原始地形地貌、原有野生动植物资源和有保留价值文物古迹、原生态自然景观、周边自然环境等，包括收集当地水文地质气象资料，了解当地风土人情、风俗习惯等人文资料。与设计师进行充分沟通，深刻领会设计师设计意图和设计理念，做好施工前各项准备工作，如由于山地球场多数建在树木较多林区或半林区，清场前在施工范围内各种需要保留有特色、有价值树木都要做好保留标志，以免大型机械进场或清场时造成损伤、错挖、错砍等无可挽回后果。清场时应按照清场平面图分期进行，如在清场阶段遇到有价值树木、植被、奇石等，有经验项目总监往往会采取预先保留的措施，并及时与设计师沟通、协商进行局部修改设计，即通过移动球道中心线或稍微改变果岭、发球台、沙坑或人工湖位置，以尽可能加以保留利用。清场时要注重环境保护，处理好与自然生态环境协调关系，为动植物保留和提供生存和活动场所，为人类保留自然地质和地貌，改善和提高球场自然景观效果，并在施工建造前做好保护措施。

高尔夫球场一般设在丘陵地带开阔缓坡地上，占地面积 $65 \sim 75 \mathrm{hm}^2$，高尔夫球场选址基地用地不能太崎岖，也不宜太陡，基地内可保留一些缓坡和水面等自然特征，作为球场天然屏障。高尔夫球场的球道和果岭都需种植高质量的草皮，砂质土壤是高尔夫球场理想土壤，并要求土壤保肥、保水性和通透性较好，有利于草坪维护和管理。高尔夫球场应有方便交通条件，一般选在高速公路附近或城市干道附近。高尔夫球场大面积草坪养护需要大量水，水源供应充足。球场应选择环境优雅和气候宜人区域，如湖边、林间、风景地、山坡地等。

高尔夫球场一般包括会馆、标准球场、练习场及一些附属设施，球场主要规格有 9 洞和 18 洞。正规 18 洞球场划分为 18 个大小不等和形状各异场地，每块场地均由发球台、球道、果岭和球洞组成。发球台是每个球道击球开始，一个球道常包括 3 个远近不同的发球区，分别为女发球区、男发球区及比赛发球区，发球区应高于 4 周地势，以利于雨天排水。球道是球场中面积最大部分，从发球区到果岭所经过的路段，球道两侧是起伏地形或树丛，使球道之间分离，球道为宽阔草坪，球员一般能够在发球区看到果岭。根据运动员击球距离，常在落球区和果岭周围有计划地设置沙坑、水塘、小溪等障碍物，用于惩罚运动员不正确击球，并提高比赛刺激性和激烈程度。果岭是每个球道核心，是球洞所在地。球被打入球洞后，也就是该球道结束，进入下一个球道，果岭形状有圆形、椭圆形等。

发球台的形状多种多样，常见有长方形、正方形、椭圆形，不常见有半圆形、圆形、S形、L 形等，较周围高 $0.3 \sim 1.0 \mathrm{m}$，以利于排水，并增加击球者的可见性，发球台表面为修剪过短草，要求草坪有一定坚硬度，且表面光滑，发球台坡度为 $1\% \sim 2\%$。球道一般长为 $90 \sim 550 \mathrm{m}$，宽 $30 \sim 55 \mathrm{m}$。果岭是高尔大球场关键区域，每个果岭的大小、造型、轮廓和周边沙坑都各具特色，以创造丰富挑战性和趣味性，果岭草坪高度为 $5.0 \sim 6.4 \mathrm{cm}$，均匀和光滑。

果岭地表水应从 2 个或 2 个以上方向排出。果岭坡度不应超过 3%，以保证击球后球运动方向。练习果岭是供学习高尔夫球球员练习击球进洞的专用练习场地，通常位于高尔夫俱乐部附近。为保证练习果岭草皮质量，一个高尔夫球场应设置 2 个或 2 个以上练习果岭以轮换使用。障碍区一般由沙坑、水池或树丛组成，其目的是用来惩罚运动员不准确击球，从障碍区击球比从球道上击球困难得多。一般沙坑面积为 140～380m²，有的沙坑面积为 2400m²，大多数 18 洞高尔夫球场有 40～80 个沙坑，可根据打球需要和设计师设计思想确定，球场沙坑设置应合乎自然策略，使打球人想到发球台正确位置。根据地面和地表排水特点决定沙坑位置，沙坑要有好的地上和地下排水条件。在地势低平和地下排水充分，或在沙坑下有良好渗水条件区域，沙坑可以建在草地平面以下。从维护管理角度来说，果岭一侧沙坑应设置在距离果岭草坪 3～3.7m 处，以便修建机械通行及防止沙坑中沙子被风吹到果岭草坪上。高尔夫球场沙坑沙子粒径为 0.25～0.5mm，选用有棱角沙子，沙子颜色以白色、褐色或浅灰色为宜，应避免沙子颜色太白，导致看不清球体。水池不仅是击球障碍，而且起到很好造景作用，可以设计于单个球道内，也可以设计于多个球道内，可将球台或果岭设在四面环水岛上，增加击球难度和乐趣，丰富球道景观。水池边适宜造景，可设计小桥、汀步、喷泉或瀑布等。为使高尔夫球手在击球时能够计算出球落点位置，常在距发球台 50、100、150、200 码位置上栽植标志树，可在 50、150 码处栽植 1 棵大树或小树，在 100、200 码处栽植 2 棵大树或小树，使击球手容易判断球落地距离。

6.2.1.4　草坪工程施工

草坪工程施工是指按照设计图纸和相关文件的要求，在建设场地上将设计意图付诸实现的测量、作业、检验等，从而形成草坪工程实体的活动。任何优秀勘察设计成果，只有通过施工才能变为现实。草坪工程施工活动决定设计意图体现，直接关系草坪工程适用性、使用寿命经济性及环境协调性。设计师设计作品需要通过建造者建造才能表达出来，合理高尔夫球场设计不仅能充分地利用自然环境，善于结合原始地形地貌，最大限度地减少土方搬运量和原始植被破坏，为投资商节约不必要浪费，而且能为建造者创造可行施工条件。建造者要通过图纸会审和设计技术交底，充分理解设计师设计理念和设计意图，遵循设计技术要求及建造标准、细则和建造流程，尽可能地把设计意图表现出来。球场设计师和建造师服务对象是一致的，即服务于同一个投资商，应注意的是双方要互相理解和尊重，互相沟通协调和配合才能把球场顺利建成和建好。高尔夫球场设计和建造成功取决于对大自然的理解和对自然要素应用和发挥能力，只有把自然作为设计和建造的首要要素，才能在球场设计和建设中设法尽可能地减少对原有地形地貌和自然生态破坏，减少土石方搬运量，为投资商节省不必要开支。只有这样才能把球场打造成令设计师、建造师和投资商满意浑然天成高品质球场。

6.2.1.5　草坪工程竣工验收

草坪工程竣工验收是工程质量控制的一个重要环节和重要手段。竣工验收是我国建设工程的一项基本法律制度，所有建设工程按照批准的设计文件、图纸和建设工程合同约定工程内容进行施工，施工完毕具备规定竣工验收条件，都要组织竣工验收。草坪工程竣工验收依据是上级主管部门有关工程竣工验收的文件和规定；国家和各地方部门颁发的施工规范、质量规范、验收规范；批准设计文件、施工图纸及说明书；双方签订施工合同；设备技术说明书；设计变更通知书；有关协作配合协议书；依据我国有关规定，外资工程应提交竣工验收文件。完成草坪工程全部设计和合同约定的各项内容，达到使用要求，具有以下材料方可进行竣工验收。有完整技术档案和施工管理资料，并经核定符合验收规定；有勘察、设计、规划审批、施工、工程监理等单位签署质量合格文件；有工程使用主要建筑材料、建筑构配件、设备和土壤等进场试验报告；有施工单位签署草坪工程保养和维修书。草坪工程竣工验收程序分为初验、专项验收和竣工验收。施工单位完成设计图纸和合同约定的全部内容后，先进行自查自评，在自查自评等工作完成后，向业主提交工程验收报告，申请竣工验收。同时，监理单位应向业主提交由总监理工程师签字的工程质量评估报告。工程验收报告和工程质量评估报告包括已完工工程情况、技术档案和施工管理资料情况、设备安装调试情况、分部工程质量评定情况、土壤及水质化验报告、工程中间验收记录、设计变更文件、竣工图及工程预算、附属设施用材合格证或试验报告、施工总结报告等。竣工验收前，业主应先提请设计、审查、公安消防、环保、城建等有关部门进行专项验收；提请其上级主管部门和使用单位进行使用专项验收。经草坪工程质量监督机构审查，并同意验收，由业主组织勘察、设计、施工、监理等单位(项目)负责人和其他有关方面专家组成验收组，制订验收方案和确定验收时间。业主确定工程竣工验收时间后，应通知草坪工程质量监督机构，草坪工程质量监督机构应派人员对验收工作进行监督。业主单位验收人员包括单位(项目)负责人和其他现场管理人员；施工单位验收人员包括单位负责人、项目经理及质量、技术负责人；设计单位验收人员包括单位(项目)负责人、主要专业设计人；监理单位验收人员包括项目总监理工程师、其他现场监理人员。验收组组长由业主法人代表或其委托的项目负责人担任。业主也可邀请有关专家参加验收小组；政府投资项目，验收时业主的上级主管部门应当参加。竣工验收方案内容包括工程概况介绍、验收依据、时间、地点、验收组成人员、验收程序、内容和组成形式等。业主主持人宣布验收方案和验收组成员情况；业主、勘察、设计、施工、监理单位分别汇报工程概况、合同履约情况、专项验收情况和工程各环节执行法律、法规和工程强制性标准情况；验收组审阅业主、勘察、设计、施工、监理单位提供的工程档案资料和有关技术资料；按土建、安装、绿化组成专业验收小组，对工程实体质量进行查验；对工程实体查验数据进行记录，查验人签字；对从草坪建植→坪床基础→→草坪养护评价指标体系，对工程施工、材料设备、绿化效果、观感效果、安全和使用以及各管理环节做出总体评价，符合地方标准，验收人员签字通过验收。工程验收合格后，业主应编制《草坪工程竣工验收报告》或《草坪完工验收证明单》，内容包括工程概况、施工许可证号、工程质量情况以及业主、设计、园林绿化审批部门和施工、监理等单位签署的质量合格意见。

6.2.2　草坪工程施工质量控制的依据和程序

施工阶段监理工程师对工程项目质量进行控制，根据设计图纸和合同规定质量标准，组织监督和检查施工单位进行施工全过程。在项目总监理工程师领导下，由现场监理工程师和质量工程师实施监督和检查，同时根据工作需要，配备适当的监理人员，明确各自的职责和权限、工作方法和工作程序。

6.2.2.1　草坪工程施工质量控制的依据

草坪工程施工质量控制依据包括上级主管部门有关工程验收的文件和规定；国家和各地方管理部门颁发的施工规范、技术规范、操作规程、质量规程、质量等级评定标准、验收规范；批准的设计文件、设计图纸、施工图纸及说明书、技术要求和规定等；双方签订的施工合同、设备技术说明书、设计变更通知书、有关的协作配合协议书、设计底稿及图纸会审记录、设计修改和技术变更等、草坪工程专门技术性法规等。

6.2.2.2　草坪工程施工质量控制的程序

草坪工程施工质量做到以质量第一和预防为主，对员工进行质量教育和技术培训，建立健全质量责任制，建造草坪项目质量管理体系和制度，对图纸学习和会审，编制施工组织设计，组织技术交底，控制物资采购，严格选择分包单位，严格进行材料、构件试验、施工试验和实施工序质量监控，组织过程质量检验，重视设计变更管理，加强成品保护，积累工程施工技术资料，坚持竣工标准，做好竣工预检，整理工程竣工验收资料。施工质量控制中心任务是要通过建立健全有效的质量监督工作体系，从而确保工程质量达到合同规定的标准和等级要求。在草坪工程项目施工过程中，为了保证工程施工质量，应对草坪工程施工生产进行全过程和全面质量监督、检查和控制，即包括事前各项施工准备工作质量控制，施工过程中控制，以及各单项工程及整个工程项目完成后，对建造草坪施工及草坪质量事后控制。根据工程质量形成时间阶段，施工质量控制又可分为质量的事前控制、事中控制和事后控制。其中，工作重点应是质量事前控制，质量事前控制包括确定质量标准，明确质量要求；建立本项目的质量监理控制体系；施工场地质量检验收；建立完善质量保证体系；检查工程使用的原材料和半成品；施工机械质量控制；审查施工组织设计或施工方案。质量事中控制包括施工工艺过程质量控制（现场检查、旁站、量测、试验）、工序交接检查（坚持上道工序不经检查验收不准进行下道工序的原则，检验合格后签署认可才能进行下道工序）、隐蔽工程检查验收、做好设计变更及技术核定的处理工作、工程质量事故处理（分析质量事故的原因、责任；审核、批准处理工程质量事故的技术措施或方案；检查处理措施的效果）、进行质量、技术鉴定、建立质量监理日志、组织现场质量协调会等。质量事后控制包括组织运转试用；组织单位、单项工程竣工验收；组织对工程项目进行质量评定；审核竣工图及其他技术文件资料，搞好工程竣工验收；整理工程技术文件资料并编目建档。

6.2.3　草坪工程施工质量控制途径

在草坪工程施工过程中，质量控制主要是通过审核有关文件、报表以及进行现场检查及试验这两条途径来实现。审核有关技术文件、报告或报表，包括审查进入施工单位资质证明文件和开工申请书；检查、核实与控制其施工准备工作质量；审查施工方案、施工组织设计或施工计划，保证工程施工质量技术组织措施；审查有关材料、半成品和构配件质量证明文件（出厂合格证、质量检验或试验报告等），确保工程质量有可靠的物质基础；审核反映工序施工质量的动态统计资料或管理图表；审核有关工序产品质量的证明文件（检验记录及试验报告）、工序交接检查（自检）、隐蔽工程检查、分部分项工程质量检查报告等文件、资料，以确保和控制施工过程的质量；审查有关设计变更、修改设计图纸等，确保设计及施工图纸质量；审核有关新技术、新工艺、新材料、新结构等的应用申请报告，确保新技术应用质量；审查有关工程质量缺陷或质量事故处理报告，确保质量缺陷或事故处理质量；审查现场有关质量技术签证、文件等。

现场监督检查的内容包括开工前的检查，主要是检查开工前准备工作质量，能否保证正常施工及工程施工质量；工序施工中的跟踪监督、检查和控制，主要监督和检查在工序施工过程中的人员、施工机械设备、材料、施工方法及工艺或操作以及施工环境条件等是否均处于良好状态，是否符合保证工程质量要求，若发现有问题应及时纠偏和加以控制；对于重要的和对工程质量有重大影响的工序，应在现场进行施工过程旁站监督和控制，确保使用材料及工艺过程质量；工序检查、工序交接检查及隐蔽工程检查，在施工单位自检和互检基础上，隐蔽工程须经监理人员检查确认其质量后，才允许加以覆盖；复工前检查，当草坪工程因质量问题或其他原因停工后，在复工前应经检查认可后，下达复工指令，方可复工；分项和分部工程完成后，应检查认可后，签署中间交工证书。

要保证和提高草坪工程施工质量，质量检验和控制是施工单位保证施工质量必不可少的手段。质量检验是质量保证与质量控制的重要手段；质量检验为质量分析与质量控制提供有关技术数据和信息；质量检验保证质量合格材料和物资，避免因材料和物资的质量问题而导致工程质量事故的发生；在施工过程中，可以及时判断质量，采取措施，防止质量问题延续和积累；在某些工序施工过程中，通过旁站监督，在施工过程中采取某些检验手段可以判断其施工质量。

6.2.4　草坪工程施工质量控制的手段

在草坪工程项目施工阶段，监理工程师采用以下几种手段进行质量控制。

6.2.4.1　旁站监理

在草坪工程项目施工中，监理工程师派出监理人员（检查员或监理员）到施工现场，对施工过程进行临场定点旁站观察、监督和检查，采用视觉性质量控制方法对施工人员情况、材料、工艺、操作、施工环境条件等实施监督和检查，发现问题及时向施工单位提出和纠正，以便使施工过程始终处于受控状态，对监督内容及过程进行记录，并编写日报和周报。

6.2.4.2　现场巡视

现场巡视是指在施工过程中，监理人员对施工现场进行的巡回视察检查，以便了解施工现场情况，发现质量事故苗头和影响质量的不利因素，及时采取措施加以排除。现场巡视检查后，应写出巡视报告。

6.2.4.3　抽样检验

抽样检验是抽取一定样品或确定一定数量的检测点进行检查、测量或试验，以确定其质量是否符合要求。抽样检验时所采用的检验方法有检查、量测和试验。检查是根据确定检测点，采用视觉检查方法，对照质量标准中要求的内容逐项检查，评价实际施工质量是否满足要求。量测是利用测量仪器、仪表和工具，对确定的检测点进行量测，将取得实际量测数据与规定质量标准或规范要求进行对照，以确定施工质量是否符合要求。试验是通过对抽样取得的样品进行理化试验，或通过对确定检测点用无损检测的方法进行现场检测，将取得实际量测数据与规定质量标准或规范要求进行对照，分析判断质量情况。

6.2.4.4　规定质量控制制度或工作程序

规定施工阶段施工单位和监理单位双方都必须遵守的质量控制制度或工作程序。监理人员根据这一制度或工作程序来进行质量控制。例如施工单位在进行材料和设备采购时，必须向监理工程师申报，经监理工程师审查确认后，才能进行采购订货；工序完工后，未经监理人员检查验收和签署质量验收单，施工单位不得进行下一道工序的施工等。

6.2.4.5　下达指令文件

指令文件是指监理工程师对施工单位发出指示和要求的书面文件，用以向施工单位提出或指出施工中存在的问题，或要求和指示施工单位应做什么或如何做等。例如，施工准备完成后，经监理工程师确认，并下达开工指令，施工单位才能施工。施工中出现异常情况，经监理人员指出后，施工单位仍未采取措施加以改正或采取措施不利时，监理工程师为了保证施工质量，可以下达停工指令，要求施工单位停止施工，直到问题得到解决为止等。监理工程师发出各项指令必须是书面指令文件，并作为技术文件存档保存，如确因时间紧迫来不及做出书面指令文件时，可先以口头指令形式通知施工单位，但随后应在规定时间内以正式书面指令予以确认。

6.2.4.6　利用支付手段

支付手段是监理合同赋予监理工程师的一种支付控制权，也是国际上通用的一种控制权。支付控制权是指对施工单位支付各项工程款时，必须有监理工程师签署的支付证明书，项目法人才向施工单位支付工程款，否则项目法人不得支付。监理工程师可以利用赋予他的这一控制权进行施工质量控制，即只有施工质量达到规定标准和要求时，监理工程师才签发支付证明书，否则可拒绝签发支付证明书。例如分项工程完工，未经验收签证，而擅自进行下一道工序施工，则可暂不支付工程款；分项工程完工后，经检查质量未达合格标准，在返工修理达到合格标准之前，监理工程师也可暂不签发支付证书。

6.2.5　草坪工程施工质量控制的方法

6.2.5.1　事前施工质量控制的方法

事前施工质量控制的方法概括对建筑材料、构配件、试件等严格执行事前现场见证取样和见证送检制度；对关键工序、重点难点部位的施工过程进行旁站监理，及时纠正违规操作，预先消除重量隐患，跟踪可能出现的质量问题，预防质量问题发生；检查承包商的质量管理体系和质量保证体系及各级专职质量检查人员配备落实情况，对不称职质量管理人员建议予以撤换；检验承包商质量管理制度是否健全，主要管理人员、重要专业操作人员持证上岗的资质情况，不合格者建议撤换；检验施工机械设备调试运转情况及主要常用设备的备用情况，保证不因设备而影响工程质量；检查分包单位的资质是否符合工程要求，不符合分包单位要求承包商予以撤换。

6.2.5.2　事中施工质量控制的方法

事中施工质量控制的方法概括如下：协助承包单位完善工序控制，建立质量控制点，及时检查和审核承包单位提交的质量统计分析资料和控制图表；监理工程师或监理员对隐蔽工程的隐蔽过程、下道工序施工完后难以检查的重点部位、重要分部分项工程进行重点旁站，及时发现问题和解决问题；严格工序间检查，根据承包单位报送的隐蔽工程报验表和自检结果进行现场检查，对符合工序质量要求的予以签认，不符合要求的，要求承包单位整改，在再次检验合格前，不允许进行下道工序施工；专业监理工程师对承包单位报送的分项工程质量验评资料进行审核，符合要求后予以签认；总监理工程师组织监理人员对承包单位报送的分部工程和单位工程质量验评资料进行审核和现场检查，符合要求后予以签认；对施工过程中出现质量缺陷，专业监理工程师将及时下达监理通知，要求承包单位整改，并检验整改结果，如发现施工存在重大质量隐患，可能造成质量事故或者已经造成质量事故时，由总监及时下达工程暂停令，要求承包单位停工整改。整改完毕经监理人员复查，符合规定要求后，由总监及时签署工程报审表。下令停工和下令复工均将事先向建造单位报告；定期召开监理例会或质量专题会，分析、通报工程质量情况，研究和改进工程质量。

6.2.5.3　事后施工质量控制的方法

事后施工质量控制的方法概括如下：由总监理工程师组织各专业监理工程师，依据有关法律、法规、工程建设强制性标准、设计文件及施工合同，对承包单位报送的竣工资料进行审查，并对建造草坪工程质量进行预验收，对存在的问题及时要求承包单位整改。整改完毕由总监签署工程竣工报验单，并在此基础上提出工程质量评估报告，由总监和监理单位技术负责人审核签字；项目监理机构参加建造草坪单位组织的竣工验收，并提供相关监理资料，对验收中提到的整改问题，项目监理机构及时要求承包单位整改，工程质量符合要求后，由总监会同参加验收各方签署四方验收单；对需返工处理或加固补强的质量事故，总监将责令承包单位报送质量事故调查报告和经设计单位等相关单位认可的处理方案，项目机构将对质量事故处理过程和处理结果进行跟踪检查和验收，由总监及时向业主和本监理单位提交有关质量事故的书面报告，并将完整质量事故处理记录整理归档；在保修期内，由监理单位安排监理人员对业主提出的工程质量缺陷进行检查和记录，对承包单位进行修复工程质量并进行验收，合格后予以签收。

6.2.5.4　整个工程工序施工质量控制的方法

从源头抓起，把好质量控制点检验关和重点部位旁站监理，每道工序质量是分项和分部工程质量的基础，首先分清分项和分部工程的工序，重要工序需要旁站监理，明确分工每道工序和工艺质量检验点的质量责任，实施承包商专职质量检查人员和监理人员检查把关或双层抽检把关，发现问题及时纠正，不合格项目进行返工重做，合格项目进行签证验收。

6.2.6　质量控制点

6.2.6.1　质量控制点的概念

质量控制点是指质量活动过程中需要进行重点控制的对象或实体，具有动态特性。具体地说，在一定期间内和一定条件下对草坪工程需要重点控制的质量特性、关键部位、薄弱环节以及主导因素等采取特殊管理措施和方法，实行强化管理，使工序处于良好控制状态，保证草坪工程达到规定质量要求。

6.2.6.2　质量控制点的选择原则

在质量控制和验证质量的过程中，分工与协作关系日益发展，分工和专门化导致操作者不能全面了解草坪工程质量要求，以及操作者由于主观意识和某些心理因素对某些质量问题产生错误判断，为了达到合格草坪工程质量，进行有效质量控制。草坪工程质量控制的目的不仅仅是鉴别质量是否合格，而且还是为预防产生质量缺陷和为草坪工程维护和管理提供信息。

在草坪工程施工过程中，有许多质量特性要求，这些质量特性要求各自具有独特性，在一定期间内和一定条件下需要对重点控制的质量特性、关键部位、薄弱环节以及主导因素等采取特殊管理措施和方法，实行强化管理，使工序处于良好控制状态，保证草坪工程达到规定质量要求。草坪工程质量控制点是施工质量控制重点，对草坪工程工序活动中的重要部位或薄弱环节事先分析影响质量的因素，并提出相应措施，以便进行控制。质量控制点可能是技术要求高、施工难度大的结构部位，也可能是影响质量的关键工序或操作某一环节。结构部位、影响质量的关键工序、操作、施工顺序、技术参数、材料、机械、自然条件、施工环境等均可作为质量控制点。一般情况下，根据质量特性（关键、重要、一般）和对整个草坪生产过程全面分析，质量控制点设置遵循以下原则：施工过程中的关键工序或环节以及隐蔽工程；施工上无足够把握、施工条件困难或技术难度大的工序或环节；对草坪工程适用性有严重影响的关键质量特性、关键部位或重要影响因素；对草坪工程生产工艺有严格要求，对下一生产过程有严重影响的关键质量特性和关键部位；草坪工程质量稳定性较差和容易出现不合格草坪工程质量的关键质量特性和关键部位；生产价值较高或可能对生产安全有严重影响的关键质量特性和关键部位；采用新技术、新工艺、新材料的部位或环节。

显然，质量控制点设置主要是视其对质量特征影响大小、危害程度以及其质量保证难度而定。总之，质量控制点选择要准确和有效，为此，需要有经验工程技术人员来进行选择，同时，要集思广益，集中集体智慧，经有关人员充分研究讨论，在此基础上进行选择。在编制各施工项目技术方案时，要明确各分项工程质量控制点，要求项目部门、执法部门在施工过程针对已明确质量控制点进行重点控制和预控，质量控制点未经检验或验收不允许进行下道工序。

6.2.7 施工活动的质量控制

6.2.7.1 质量跟踪控制

监理工程师或其代表应常驻施工现场对所监控草坪工程项目进行质量跟踪监理和检测，发现有关工程质量问题进行及时纠正，并指令施工单位采取相应技术措施。其具体工作内容主要有包括开工前检查、工序交接检查、隐蔽工程完成后的检查、分项、分部工程完工后的检查、随班日常定期检查、停工后复工前检查、不定期的随机抽查。草坪工程建设项目是一种特殊复杂工程建设项目，同时，是一个动态系统，在施工质量目标控制整个过程中，其信息资料的传递，不仅种类多和数量大，依靠人工来收集、处理、分析信息，进度慢，而且效率低，根本不能满足质量目标控制的及时且准确的要求。因此，施工质量控制的资料信息处理必须借助现代化工具(计算机和项目管理软件)及时收集各种信息，快速地进行分类处理并分析整理，准确得到可靠结果。

6.2.7.2 承包商自检

当一个单位(单项)草坪工程完工后，要求承包商先进行竣工自检，并在自检合格基础上，向监理机构提交《工程竣工报验单》及竣工验收所需的文件资料，由总监组织相关监理人员进行工程竣工初验，并根据竣工初验情况，提出该单位(单项)工程《质量评估报告》。

6.2.7.3 监理单位抽检

质量抽检即项目监理机构利用一定的检查或检测手段，在施工单位自检的基础上按照一定的比例独立进行检查或检测的活动。所谓按一定的比例就是按一定的抽样方案，随机地从已经进场的材料、构配件、设备或建筑工程检验项目中抽取一定数量的样本进行检查。抽检的主要依据包括建设工程监理规范、建筑工程施工质量验收统一标准、工程施工相关技术规范、标准、工程监理规划和实施细则、工程质量监理平行检验和抽检计划、施工单位自检合格的记录资料(原材料试验、工序或分项工程质检记录以及工程报验申请表)、监理工程师下达的有关通知和指令、该分项工程上一个检验批的抽检记录，尤其是不合格项处置记录、监理机构的有关要求等。抽检的程序为编制工程质量抽检计划，审查并报业主备案；实施抽检前的准备，准备参加抽检的人员、仪器机具、交通通讯工具及抽检表的准备；核查施工单位已完成的具体分项工程、已购材料等项目的自检资料、报验申请等，审查作业技术活动是否真正结束、施工单位技术人员是否进行了自检、互检和专职检，审查报验申请表及其附件是否真实和齐全；质量抽检工作的总结。抽检活动应由项目监理组织机构中的负责人组织并指定专人参加。一般应由总监或总监代表组织并主持，各专业或相关专业监理工程师参加。抽检内容包括：影响草坪工程质量的原材料因素、半成品及构配件、原材料的组合因素、影响工程质量的机具设备因素、施工作业人员技术岗位资格、能力以及工程分包单位资质和工程试验室运转情况审查。

承包人应首先对工程施工质量进行自检。未经承包人自检或自检不合格、自检资料不完善的单元工程(或工序)，监理机构有权拒绝检验，监理机构对承包人经自检合格后报验的单元工程(或工序)质量，应按有关技术标准和施工合同约定的要求进行检验，检验合格后方予签认，监理机构可采用跟踪检测、平行检测方法对承包人的检验结果进行复核。

6.2.7.4　草坪工程变更控制

工程变更是指由承包商或施工单位提出，并要求调增投资的工程变更。草坪工程建设中不可避免地会发生工程变更，包括设计变更、进度计划变更、施工条件变更和现场签证变更。工程变更往往涉及费用和工期的变化，工程变更管理不善，势必影响工程进度控制目标和投资控制目标，甚至引起争议或索赔，因此对工程变更的管理尤为重要。工程变更管理应遵循以下原则，工程变更管理应依据工程施工合同；工程变更必须遵守设计任务书和初步设计审批的原则，符合有关技术标准设计规范，符合节约能源、提高工程质量、方便施工、利于使用、节约工程投资、加快工程进度的原则；变更设计必须在合同条款的约束下进行，任何变更不能使合同失效；工程变更应及时、正确处理，避免引起工程纠纷。

6.2.7.5　停工令和复工令的应用

在草坪工程施工过程中，监理要适时合理地签发停工警告、停工令和复工令。停工警告是指由监理工程师签发的，由于承包方拒不执行监理通知或者工程施工出现严重、安全、环保隐患，如继续施工将出现严重质量、安全、环保事故或其他严重损失时，强制承包方迅速采取处理措施的警告性文件。停工令是指由监理工程师签发的，由于承包方严重违反规程规范和合同要求，已经出现重大质量、安全、环保或者如果继续施工将对本工程造成无法弥补的损失时，勒令承包方停工整顿或进行事故处理的指令性文件。复工令是指由监理工程师签发的，承包方在接到停工令后，根据监理工程师的指令进行认真处理并达到要求，书面递交复工申请后，同意承包方继续进行正常施工的指令性文件。

6.3　草坪工程施工质量验收

6.3.1　草坪工程质量验收的基本条件

草坪工程质量验收应满足下列必备条件：施工质量应符合草坪工程施工质量验收统一标准和相关专业验收规范的规定，应符合工程勘察和设计文件的要求；参加草坪工程施工质量验收的各方人员应具备规定的资格；草坪工程质量的验收均应在施工单位自行检查评定的基础上进行；隐蔽工程在隐蔽前应由施工单位通知有关人员验收，并应形成验收文件；涉及结构安全的试块，试件以及有关资料，应按规定进行见证取样检测，承担见证取样检测及有关结构安全检测的单位应具有相应资源；对涉及结构安全和使用功能的重要分部工程应进行抽样检查；草坪工程的观感质量应由验收人员进行现场检查，并应共同确认。

6.3.2　草坪工程材料检查方法

6.3.2.1　资料文件审查

施工材料随行文件包括草坪工程施工材料的规格及型号、本批数量、供货单位、供货时间、合格证、来源或产地、使用工点及部位、取样地点和日期、检验人员及日期、检验结果、使用日期、监理审查意见等。

6.3.2.2　外观检测

设备和施工材料的质量验收是通过观察和判断，适当结合测量和试验等辅助手段对工程中使用的设备和材料进行的综合性的检验。设备和材料的质量验收是施工过程中必要的和正常的工序，对工程质量即起着至关重要作用和预防作用。设备和材料的质量验收又称进场检验，通过检验可及早发现不合格品，及时进行处理，防止不合格品非预期使用，从而确保草坪工程施工质量。设备、材料进场外观质量验收的范围包括构成工程实体的所有原材料、（半）成品及设备。设备和材料的质量验收通常按采购主体划分，可分为业主提供的设备和材料验收和施工单位采购的设备和材料验收。业主对其供应设备和材料的质量负责，施工单位对自行采购的设备和材料质量负责。工程中使用设备和材料应是采购合同规定的产品，包装完整，并有明显的标识和随行文件。检查有无压扁、破损、锈蚀、折伤、变形、霉斑、油污、异物或堵塞、穿孔等。设备和材料质量验收的依据包括设备和材料相应的国家标准和行业标准、采购合同或技术协议、设备和材料生产厂家的质量文件、商检部门的检验文件、设计图纸、填写"主要设备（材料/构配件）开箱申请表"。检查的主要内容包括设备和材料的规格、型号、数量、质量保证体系文件、产品技术文件等。

6.3.2.3　理化检测

理化检测是保证设备和材料质量最重要手段，加强理化检测科学管理，实现检测技术的程序化、规范化和标准化，确保检测结果准确可靠。理化检测是确保和提高产品质量的重要手段和科学依据，也是新材料、新工艺和新技术工程应用研究，使开发新产品、产品失效分析、寿命检测、工程设计和环境保护等工作的基础性技术，并对草坪工程质量既有监督保护作用，又有指导作用。

6.3.3　草坪工程材料检查检验程度

根据设备和材料的具体情况，其质量检验程度分免检、抽检和全检。

（1）免检

所谓"免检"就是免除质量检查检验的产品。产品质量长期稳定，企业有完善的质量保证体系，市场占有率高，经济效益在本行业内排名前列，产品标准达到或超过国家标准要求，产品经省级以上质量技术监督部门连续3次以上监督检查均为合格，产品符合国家有关法律法规和国家产业政策。

（2）抽检

抽检又称抽样检验或抽样检查，是从一批产品中随机抽取少量产品（样本）进行检验，据以判断该批产品是否合格的统计方法和理论。全面检验需对整批产品逐个进行检验，把其中不合格品拣出来；抽样检验则根据样本中产品的检验结果，推断整批产品的质量。如果推断结果认为该批产品符合预先规定的合格标准，就予以接收；如果推断结果认为该批产品不符合预先规定的合格标准，就予以拒收。抽样检验的方法分为简单随机抽样、系统抽样和分层抽样。简单随机抽样是指一批产品共有 N 件，如其中任意 N 件产品都有同样抽样检验的可能性。简单随机抽样时，必须注意不能有意识抽好的或差的产品，也不能为了方便，只抽取表面摆放的或容易抽到的产品。系统抽样是指每隔一定时间或一定编号进行抽样，是从一定时间间隔内生产出产品或一段编号产品中任意抽取一个或几个样本的方法。系统抽样主要用于无法知道总体确切数量的场合。分层抽样是用不同加工设备、操作者、操作方法对不同类产品质量进行评估的一种抽样方法。在全数检验是不现实或者没有必要时，往往经常要进行抽样检验，以保证和确认产品的质量。

（3）全检

全检是指根据某种标准对被检查产品进行全部检查。全检是针对抽检而言，对重要部位材料及贵重材料要求全检。

6.3.4　草坪工程材料质量检验项目

（1）花草和树木检查

花草和树木检查的检查项目有品种、根系活力、茎秆尺寸、叶片数量、病虫害、姿态和生长势、土球和裸根系、修剪（剥芽）等。

（2）客土检查

客土检查项目包括质地、有机质含量5%以上、pH 值（5.5~6.5）、渗透速率（渗透系数大于 10^{-4} cm/s）、田间持水量、水溶性盐含量0.4%以下、全 N 含量 0.2%以上，置换性 K 和 P 含量等。

（3）肥料检查

堆肥类检查项目包括有机物充分腐熟，瓦砾、塑料等杂物含量。有机肥检查项目包括菜籽饼、鱼粉是否腐烂，有无杂质。化学肥料检查项目包括生产厂家、生产日期、合格证、成分、容量、外表有无破损等。

（4）坪床整备验收

坪床整备验收程序为检查定位放线及标高→基床开挖、清基→施工单位自检及监理单位检查→回填床土→施工单位自检及监理单位检查土样测试。坪床整备验收项目包括有效土层厚度、土层板结程度、土壤基质（固相率＜45%）、容重、透水系数、保水性能、保肥性能、种植层厚度、过滤层厚度、排水层厚度、总孔隙度、非毛管孔隙度、有机质含量、速效 N 含量、速效 P 含量、速效 K 含量等。

（5）排灌系统安装验收

排灌系统验收程序为审查灌溉系统设计→材料、构件、设备验收→地基开挖验收→灌溉系统安装验收→工程建设验收→灌溉指标验收。排灌系统验收项目主要包括水力性能、机械性能和经济性能，水力性能、机械性能和经济性能均会影响喷头喷洒效果。喷头水力性能主要包括喷头工作压力、流量、喷洒范围或射程、喷灌强度、雾化效果、喷灌均匀度、喷洒扇形角度可否调节等。喷头流量和压强是管道和水泵计算和选择的依据。

（6）草坪建植验收

草坪建植验收程序：种子、树苗、花卉等材料验收→基床清理、沉淀灌水、粗平整→种植机具检验→播种或种植检测→覆盖遮阳及保温材料→监督浇水管理→除草管理→施肥→种植质量验收。草坪建植验收项目主要包括放线定位、品种、根系活力、建植方法、病虫害、播种量、土球和裸根系、修剪(剥芽)、垂直度、支撑和卷干等。

(7)草坪养护管理验收

草坪具有净化空气，吸附尘埃，防止噪音，抗污吸毒，减少水土流失，改良土壤结构，减缓太阳辐射，保护和恢复视力，绿化和美化城市，改善城市生态等作用。草坪养护管理验收项目主要包括修剪、施肥、浇水、打孔、清除杂草、病虫防治、更新复壮、滚压、覆沙等。

6.4　草坪工程质量问题和质量事故处理

6.4.1　草坪工程质量事故产生的原因

草坪工程工期较长，所用材料品种复杂，在施工过程中，受社会环境和自然条件等异常因素的影响，使草坪工程质量问题表现形式千差万别和类型多种多样。这使得引起草坪工程质量问题的成因错综复杂，往往一项草坪工程质量问题是由于多种原因引起。虽然每次发生草坪工程质量问题的类型不相同，但是通过对草坪工程质量问题调查和分析，发现引起草坪工程质量问题原因有违背建设程序；违反法规行为；地质勘察失真；设计差错；施工和管理不到位；不合格的原材料、制品及设备；自然环境因素等。

6.4.2　草坪工程质量问题

6.4.2.1　草坪工程质量问题成因分析方法

由于影响草坪工程质量的因素众多，草坪工程质量问题的实际发生可能原因是设计计算和施工图纸中存在错误、施工中出现不合格或质量问题、养护和管理不当、极端社会因素和自然因素等。要分析究竟是哪种原因所引起，必须对草坪工程质量问题的特征表现、施工实际情况和养护管理等进行具体分析。分析方法基本步骤为进行细致的现场研究，观察记录全部实况，充分了解与掌握引发质量问题的现象和特征；收集调查与问题有关的全部设计和施工资料，分析摸清草坪工程在施工或使用过程中所处的环境及面临的各种条件和情况；找出可能生产质量问题的所有因素，分析、比较和判断，找出最可能造成质量问题的原因；进行必要的计算分析或模拟实验予以论证确认。

6.4.2.2　草坪工程质量事故处理方案

草坪工程质量事故处理方案是指技术处理方案，其目的是消除质量隐患，以达到草坪工程安全可靠和正常使用各项功能及使用寿命要求，并保证施工正常进行。草坪工程质量事故处理原则是正确确定事故性质，事故性质是表面性或实质性、是结构性或一般性、是迫切性或可缓性。正确确定处理范围包括直接发生部位和相邻影响作用范围。草坪工程质量事故处理基本要求是满足设计要求和用户的期望；保证结构安全可靠，不留任何质量隐患；符合经济合理的原则。

修补处理是最常用的一类处理方案。通常当草坪工程的某个分项或分部工程质量虽未达到规定、规范、标准或设计要求，但通过修补或更换设备后还可达到要求标准，通过修补不影响使用功能和外观要求，在此情况下，可以进行修补处理。

当草坪工程质量未达到规定的标准和要求，存在着严重质量问题，对草坪工程使用和安全构成重大威胁，且无法通过修补处理达到设计效果，这时对分项和分部甚至整个草坪工程进行返工处理。

某些草坪工程质量问题虽然不符合规定的要求和标准，但经过分析、论证、检测，该草坪工程质量问题对草坪工程使用及安全影响不大，质量问题经过后续工序可以弥补，或虽然出现质量问题，经检测鉴定达不到设计要求，但经原设计单位核算，仍能满足工程使用及安全功能，可不做专门处理。

6.4.2.3　工程质量事故处理的鉴定验收

草坪工程质量事故处理完成后，应严格按施工验收标准及有关规范的规定进行验收，依据质量事故技术处理方案设计要求，通过实际量测，检查各种资料数据进行验收，并应办理交工验收文件，组织各有关单位会签。对所有的质量事故无论经过技术处理，通过检查鉴定验收，均应有明确的书面结论。若对后续草坪工程施工有特定要求，应在结论中提出。草坪工程质量事故处理验收结论通常包括事故已排除，可以继续施工；隐患已消除，施工安全有保证；经修补处理后，完全能够满足使用要求；基本上满足使用要求，但使用时有附加限制条件；对使用寿命的结论；对草坪工程质量的结论。草坪工程质量问题处理方案应以分析原因为基础，如果对某些问题一时认识不清，且一时不致产生严重后果，可以继续进行调查和观测，以便掌握更充分的资料和数据，做进一步分析，找出起源点，方可确认处理方案，避免急于求成造成反复处理的不良后果。处理方案应牢记安全可靠、不留隐患、满足草坪工程功能和使用要求、技术可行和经济合理原则。针对确认不需专门处理的质量问题，应能保证它不构成对草坪工程安全危害，且满足安全和使用要求。

6.4.3　草坪工程质量问题处理程序

草坪工程质量问题发生后，一般可以按以下程序进行处理。当发现草坪工程出现质量问题或事故后，应停止质量问题部位和有关部位及下道工序施工，应采取适当的防护措施，同时，及时上报主管部门。进行质量问题调研，调查力求全面、准确、客观，明确问题的范围、问题程度、性质、影响和原因，为分析处理问题提供依据。在问题调查基础上进行问题原因分析，只有对调查提供充分的调查资料和数据，进行详细和深入分析后，才能由表及里、去伪存真，找出造成事故真正原因。以事故原因分析为基础研究制订事故处理方案，如果某些事故一时认识不清，而且事故一时不致产生严重后果，可以继续进行调查和观测以便掌握更充分的资料数据，做进一步分析，找出原因，以利制订方案。确定草坪工程质量事故处理方案，质量事故处理通常都是由施工承包单位负责实施。如果质量事故不是施工单位方面的责任原因，则质量事故处理通常由施工承包单位负责实施；如果质量事故不是施工单位方面的责任原因，则质量事故处理所需的费用或延误的工期，应给予施工单位补偿。在质量事故问题处理完毕后，应组织有关人员对处理结果进行严格的检查、鉴定和验收，由监理草坪工程师写出"质量事故处理报告"，提交业主，并上报有关主管部门。

小结

草坪工程项目是一种新增加和能独立发挥经济效益的固定资产，只有符合质量要求草坪工程项目才能投产和交付使用，才能发挥经济效益。施工阶段草坪工程质量控制是草坪工程项目全过程质量控制的关键环节，草坪工程质量在很大程度上取决于施工阶段质量控制。草坪工程项目施工涉及面广，是一个极其复杂的过程。草坪工程施工质量控制是一个系统工程，涉及企业管理的各层次和施工现场的每个操作人员，产品生产周期长，外界影响因素多（设计、材料、机械、地形、地质、水文、气象、施工工艺、操作方法、技术措施、管理制度等），质量管理难度大。只有正确配置施工生产管理要素和采用科学管理方法，才能实现草坪工程项目预期的使用功能和质量标准。本章内容针对草坪工程项目施工质量的影响因素多、质量波动大、质量隐蔽性、终检局限性等特点，运用 PDCA 循环原理和质量控制点的重点控制，实现对草坪工程施工质量全过程的有效控制。

思考题

1. 试述草坪工程质量的含义及影响建设工程质量的因素。
2. 试述草坪工程质量控制的含义。监理工程师对草坪工程质量控制的原则有哪些？
3. 施工阶段质量控制的依据主要有哪些方面？
4. 施工阶段质量控制的方法有哪些？
5. 什么是质量控制点？选择质量控制点的原则是什么？在草坪工程监理中如何落实对质量控制点的控制？
6. 草坪工程质量验收的基本条件是什么？
7. 草坪工程质量事故产生原因有哪些？
8. 草坪工程质量事故处理的程序是什么？

第 **7** 章
草坪工程进度控制

随着我国草坪工程建设项目的数量和规模不断增长，要求草坪工程建设项目施工工期越来越短，草坪工程进度控制是工程管理中的重要环节，将直接决定工程竣工时间、施工单位的效益、成本控制水平、声誉、利益等。有效控制草坪工程进度是提高工程项目管理水平、节省工程投资成本和缩短建设周期的重要保证。要达到进度控制目标，需要建立有效控制体系，采取可靠措施，培育符合项目实际的项目文化，提高管理人员执行力。

本章内容从几方面分析影响草坪工程进度因素（项目法人因素、勘察设计因素、自然环境因素、社会因素、施工单位因素、管理部门因素），通过对进度控制理论和途径进行阐述，采用组织措施、技术措施、合同措施、经济措施和信息管理措施，进行草坪工程进度控制，结合现场各项具体措施，保证进度计划草坪工程进度顺利实施。

7.1 草坪工程进度控制概述

7.1.1 草坪工程进度控制的概念

在草坪工程施工中，保证草坪工程项目按计划运行是草坪工程项目控制的任务。世界上没有理想完美无缺计划，没有无干扰和完全均衡的组织、没有不需要控制项目。草坪工程实施是处在一个开放的动态条件下，环境变化、业主目标修正、技术设计修改、施工方案缺陷等使原计划必须不断修改，以适应新变化。解决草坪工程实施与原计划差异的矛盾和问题是控制。

广义草坪工程进度控制包括提出问题、研究问题、计划、控制、监督、反馈等完善的管理全过程。进度控制必须遵循动态控制原理。草坪工程进度控制是指在实现项目进度目标过程中，将所检查收集到的实施信息与原计划进度计划进行比较，如果发现进度偏差在允许偏差范围之外，采取措施纠正进度偏差，以保证按原计划正常实施的活动过程。如果采取措施不能维持原计划，则需要对原进度计划进行调整或修正，再按新进度计划实施。

狭义草坪工程进度控制是根据进度总目标和资源优化配置的原则，编制草坪工程施工各阶段的工作内容、工作程序、持续时间和衔接关系，并付诸实施，然后在进度计划的实施过程中经常检查实际进度是否按计划要求进行，对出现偏差情况进行分析，采取补救措施，调整或修改原计划，再付诸实施，如此循环，直到草坪工程竣工验收交付使用。在工程进度控制实施过程中，草坪监理工程师运用各种监理手段和方法，依据合同文件和法律法规所赋予的权力，监督工程项目任务承揽人采用先进合理的技术、组织、经济等措施，不断检查调整自身进度计划，在确保草坪工程质量、安全和投资费用的前提下，在合同规定草坪工程施工期限+草坪监理工程师批准的工程延期时间内完成项目建设任务。

草坪工程进度控制贯穿于项目实施的全过程，草坪工程进度控制越早，进度实现越有保障，草坪工程进度控制不是少数人的事情，而是全体参与人员的责任，要尽力提倡主动控制，在实施前或偏离前已预测偏离的可能性，主动采取措施，提早防止偏离发生。草坪工程进度控制最终目的是确保草坪工程按预定时间使用或提前交付使用。草坪工程进度控制的总目标是建设工期。

7.1.2　草坪工程进度控制基本原则

（1）动态控制原则

进度按计划进行时，实际符合计划，计划的实现就有保证；否则产生偏差。此时应采取措施，尽量使项目按调整后的计划继续进行。但在新的因素干扰下，又有可能产生新的偏差，需继续控制，进度控制就是采用这种动态循环的控制方法。

（2）系统原则

为实现草坪工程项目的进度控制，首先应编制项目的各种计划，包括进度和资源计划等。计划的对象由大到小，计划的内容从粗到细，形成了项目的计划系统。项目涉及各个相关主体、各类不同人员，需要建立组织体系，形成一个完整的项目实施组织系统。为了保证项目进度，自上而下都应设有专门的职能部门或人员负责项目的检查、统计、分析及调整等工作。当然，不同的人员负有不同的进度控制责任，分工协作，形成一个纵横相连的项目进度控制系统。无论是控制对象，还是控制主体，无论是进度计划，还是控制活动，都是一个完整的系统。进度控制实际上就是用系统的理论和方法解决系统问题。

（3）封闭循环原则

草坪工程项目进度控制的全过程是一种循环性的例行活动，其中包括编制计划、实施计划、检查、比较与分析、确定调整措施和修改计划。从而形成了一个封闭的循环系统，进度控制过程就是这种封闭循环中不断运行的过程。

（4）信息原则

信息是项目进度控制的依据，项目的进度计划信息从上到下传递到项目实施相关人员，以使计划得以贯彻落实；草坪工程项目的实际进度信息则自下而上反馈到各有关部门和人员，以供分析并做出决策和调整，以使进度计划仍能符合预定工期目标。为此需要建立信息系统，以便不断地传递和反馈信息，所以项目进度控制的过程也是一个信息传递和反馈的过程。

（5）弹性原则

草坪工程项目一般工期长且影响因素多，这就要求计划编制人员能根据统计经验估计各种因素的影响程度和出现的可能性，并在确定进度目标时分析目标的风险，从而使进度计划留有余地。在控制项目进度时，可以利用这些弹性缩短工作的持续时间，或改变工作之间的搭接关系，以使项目最终能实现工期目标。

（6）网络计划技术原则

网络计划技术不仅可以用于编制进度计划，而且可以用于计划的优化、管理和控制。网络计划技术是一种科学且有效的进度管理方法，是项目进度控制，特别是复杂项目进度控制的完整计划管理和分析计算的理论基础。

7.1.3 草坪工程进度控制监理主要任务

草坪工程实施阶段进度控制的主要任务分为设计前准备阶段的工作进度控制、设计阶段的工作进度控制、招标工作的进度控制、施工前准备工作进度控制、施工进度控制、工程物资采购工作进度控制、项目动用前的准备工作进度控制等。在草坪工程设计准备阶段，进度控制监理的主要任务是收集有关工期信息，协助草坪业主确定工期总目标，进行工期目标和进度控制决策；进行项目总进度目标的分析和论证，并编制项目总进度计划；编制设计准备阶段详细工作计划，并控制其执行；进行环境及施工现场条件的调查研究和分析等。在草坪工程设计阶段，进度控制监理的主要任务是编制设计阶段工作进度计划，并控制其执行；编制详细的出图计划，并控制其执行。注意，尽可能使设计工作进度与招标、施工、物资采购等工作进度相协调。在草坪工程施工阶段，进度控制监理的主要任务是编制施工总进度计划，并控制执行；编制单位工程施工进度计划，并控制执行；编制工程年、季、月、周的施工进度计划，并控制执行。在草坪工程供货阶段，进度控制监理的主要任务是编制供货进度计划，并控制其执行，供货计划应包括供货过程中的原材料采购、加工制造、运输等主要环节。

根据草坪监理合同，监理单位从事监理工作是全过程监理或阶段性监理，是整个草坪建设项目监理或某个子项目监理。草坪工程监理进度控制工作意义主要取决于业主委托要求。通过实行草坪工程监理，草坪工程监理单位能协助业主实现草坪工程施工投资效益最大化。随着草坪工程施工寿命周期费用观念和综合效益理念被草坪业主接受，草坪工程施工投资效益实现最大化，从而提高投资效益，促进国民经济健康和可持续发展。为了有效地控制草坪工程进度，监理工程师要在设计准备阶段向业主提供有关工期的信息，协助业主确定工期总目标，并进行环境及施工现场条件的调查和分析。在设计阶段和施工阶段，监理工程师不仅要审查设计单位和施工单位提交的进度计划，而且要编制监理进度计划，以确保进度控制目标的实现。

7.1.4 草坪工程进度控制措施

在项目目标实施的过程中，为使草坪工程施工的实际进度与计划进度要求相一致，使工程项目按照预定的时间完成及交付使用而开展的控制活动。在草坪工程施工过程中，工程项目的实际进度往往不能按计划进度实现，实际进度与计划进度常常存在一定的偏差，有时候甚至会出现相当程度的滞后。这是由于草坪工程施工具有庞大、复杂、周期长等特点，工程施工进度无论在主观或客观上都受到诸多因素的制约。采取措施加强对施工单位工程进度控制管理，采取措施包括合同措施、经济措施、组织措施、管理措施和技术措施。

7.1.4.1 合同措施

施工合同是业主与施工单位订立的用来明确责任和权利关系，具有法律效力的协议文件，是运用市场经济体制组织项目实施的基本手段。业主根据施工合同要求施工单位在合同工期内完成草坪工程施工任务，并以施工单位实际完成工程量（符合设计图纸及质量要求的）为依据，按施工合同约定方式和比例支付工程款。合同措施是业主进行目标控制的重要手段，是确保目标控制得以顺利实施的有效措施。

　　一般来说，合同工期主要受业主的要求工期、工程规模、工程定额工期以及投标价格的影响。工程招投标时，由于工程项目工期紧迫，业主通常不采用定额工期而根据自身的现实需要提出要求工期，并由此限定投标工期，只从价格上选择相对低价者中标。多数施工单位为了实现中标这一首要任务，忽视工程造价与合同工期之间的辩证关系，致使在工程实施过程中，由于工程报价低，在要求增加人力、机械设备时显得困难，制约了工程进度，不能按合同工期期限完成。因此，要求工期的科学合理和允许投标工期在平衡投标报价中发挥作用，将有利于减小承包商在进度目标控制中存在的风险。

　　工程进度控制与工程款的合同支付方式密不可分，工程进度款既是对施工单位履约程度的量化，又是推进项目运转的动力。工程进度控制要牢牢把握这一关键，并在合同约定支付方式中加以体现，确保阶段性进度目标的顺利实现。如合同文本对工程进度款支付的约定方式通常为按每月完成工程量计量，可调整为按形象进度计量，即将工程项目总体目标分解为若干个阶段性目标，在每一阶段完成，并验收合格后根据投标预算中该阶段的造价支付进度款。这样不但使工程进度款的支付准确明了，更重要的是提高了施工单位的主观能动性，使其主动优化施工组织和进度计划。

　　合同工期延期一般是由于业主、工程变更、不可抗力等原因造成的；而工期延误是施工单位组织不力或因管理不善等原因造成的，合同约定中应明确合同工期顺延的申报条件和许可条件，即导致工期拖延的原因不是施工单位自身的原因引起的，例如，施工场地条件变更和施工合同文件的缺陷，由于业主或设计单位图纸变更原因造成的临时停工和工期耽搁，由业主供应的材料和设备的推迟到货，影响施工的不可抗力等。上述原因造成的工期拖延是申请合同工期延期的首要条件，但并非一定可以获得批准。在工程进度控制中还要判断延期事件是否处于施工进度计划的关键线路上，才能获得合同工期延期的批准。若延期事件是发生在非关键线路上，且延长的时间未超过总时差时，工期延期申请是不能获得批准的。此外，合同工期延期的批准还必须符合实际情况和注意时效性。通常约定为在延期事件发生后 14 天内向业主代表或监理工程师提出申请，并递交详细报告，否则申请无效。

7.1.4.2　经济措施

　　要促使事物朝有利的方向发展，经济杠杆都是行之有效的重要手段之一，工程项目进度控制也不例外。草坪工程项目进度控制的经济措施涉及资金需求计划、资金供应的条件和经济激励措施等。经济措施包括及时办理工程预付款及工程进度款支付手续、强调工期违约责任、引入奖罚结合的激励机制。

　　业主要想取得好的工程进度控制效果，实现工期目标，必须突出强调施工单位的工期违约责任，并且形成具体措施，在进度控制过程中，对企图拖延和蒙混工期的施工单位起到震慑作用。如根据审定的工程进度计划，属施工单位原因超过计划时间点未能完成形象进度的，以合同价款的若干比例按每延误 1 天向业主支付工期违约金，并在工程进度款支付中实际体现。施工单位在下一阶段目标或合同工期内赶上进度计划的可予以退还违约金；否则，业主将继续扣留或累计扣罚违约金，违约金支付上限不超过法规规定的合同总价款的 5%。

　　长期以来，在实现工程进度控制目标的巨大压力下，针对施工单位合同工期拖延，大多只采取"罚"，但效果并不明显。从根本上讲，业主的初衷是如期完工，而不在于"罚"，而某些工程项目施工单位在考虑赶工投入的施工成本后会得出情愿受罚的结论，原因是违约金上限不能超过合同总价款的 5%，违约金上限与增加人员投入和材料周转的费用相接近，且拖延工期直接降低了一定的施工成本。工程进度控制只采用罚的办法是比较被动的，而采取奖罚结合的办法可以引导施工单位变被动为主动。施工单位在合同工期内提前完工奖励的幅度可以约定为一个具体数值或是与违约金支付的比例相当。由于奖励比惩罚的作用更大，争创品牌的施工单位自然会积极配合业主的进度控制，尽可能为此荣誉而努力，也有利于促成双方诚信合作的良性循环。

7.1.4.3　组织措施

组织协调是实现进度控制的有效措施。为有效控制工程项目的进度，必须处理好参建各方工作中存在的问题，建立协调的工作关系，通过明确各方的职责、权利和工作考核标准，充分调动和发挥各方工作的积极性、创造性及潜在能力。在项目组织结构中应有专门的工作部门和符合进度控制岗位资格的专人负责进度控制工作。进度控制的主要工作环节包括进度目标的分析和论证、编制进度计划、定期跟踪进度计划的执行情况、采取纠偏措施以及调整进度计划。这些工作任务和相应的管理职能应在项目管理组织设计的任务分工表和管理职能分工表中标示并落实。应编制项目进度控制的工作流程。进度控制工作包含了大量的组织和协调工作，应进行有关进度控制会议的组织设计。组织是目标实现的决定性因素，因此，为实现项目的进度目标，应充分重视健全项目管理的组织体系。在项目组织结构中应由专门的工作部门和符合进度控制岗位资格的专人负责进度控制工作。进度控制的主要工作环节包括进度目标的分析和论证、编制进度计划、定期跟踪进度计划的执行情况、采取纠偏措施、以及调整进度计划。这些工作任务和相应的管理职能应在项目管理组织设计的任务分工表和管理职能分工表中标示并落实。应编制施工进度控制的工作流程，如定义施工进度计划系统（由多个相互关联的施工进度计划组成的系统）的组成；各类进度计划的编制程序、审批程序和计划调整程序等。进度控制工作包含了大量的组织和协调工作，而会议是组织和协调的重要手段，应进行有关进度控制会议的组织设计，以明确会议的类型、各类会议的主持人和参加单位及人员、各类会议的召开时间、各类会议文件的整理、分发和确认等，突出工作重心，强调责任。对于参建单位来说，工程项目的三大控制目标都同等重要，如果各方对三大控制目标都使用均等的力度来抓就有可能出现顾此失彼的问题。在实践中，比较理想的方案是施工单位、监理单位和业主分别以进度、质量和投资控制作为工作重点，三大控制目标并非各自独立，而是强调其主要责任使其有机结合。就进度控制来说，施工单位的主要职责是根据合同工期编制和执行施工进度计划，并在监理单位监督下确保工程质量合格，如造成工期拖延，业主和监理单位有权要求其增加人力、物力的投入并承担损失和责任。

7.1.4.4　管理措施

施工单位工程项目部是建设项目进度实施的主体，业主进度控制的现场协调离不开工程项目部人员的积极配合。工程项目部组成人员的素质尤为重要。业主应当要求工程项目部的人员配备与招投标文件相符，主动加强与工程项目部人员的相互沟通，了解其技术管理水平和能力，正确引导其自觉地为实现目标控制而努力。在工程项目部消极应付和不积极配合工作的情况下，业主现场管理人员有权对工程项目部组成人员的调整提出意见。草坪工程项目进度控制的管理措施涉及管理的思想方法和手段以及承发包模式、合同管理和风险管理等。用网络计划的方法编制进度计划有利于实现进度控制的科学化。承发包模式的选择直接关系到项目实施的组织和协调。工程物资的采购模式对进度也有直接的影响。还应注意分析影响项目进度的风险，重视信息技术（包括相应的软件、局域网、互联网以及数据处理设备）在进度控制中的应用。同时，业主还可以敦促施工单位对工程项目部从进度、质量、资金等方面进行监督检查管理。施工进度控制的管理措施涉及管理的思想、管理的方法、管理的手段、承发包模式、合同管理和风险管理等。在理顺组织的前提下，科学和严谨的管理十分重要。用工程网络计划的方法编制进度计划时，必须很严谨地分析和考虑工作之间的逻辑关系，通过工程网络的计算可发现关键工作和关键路线，可知道非关键工作可使用的时差，工程网络计划的方法有利于实现进度控制的科学化。承发包模式的选择直接关系到工程实施的组织和协调。为了实现进度目标，应选择合理的合同结构，以避免过多的合同交界面而影响工程的进展。工程物资的采购模式对进度也有直接的影响，对此应作比较分析。为实现进度目标，不但应进行进度控制，还应注意分析影响工程进度的风险，并在分析的基础上采取风险管理措施，以减少进度失控的风险量。常见的影响工程进度的风险，如组织风险、管理风险、合同风险、资源(人力、物力和财力)风险、技术风险等。应重视信息技术(包括相应的软件、局域网、互联网以及数据处理设备等)在进度控制中的应用。虽然信息技术对进度控制而言只是一种管理手段，但它的应用有利于提高进度信息处理的效率、有利于提高进度信息的透明度、有利于促进进度信息的交流和项目各参与方的协同工作。

7.1.4.5 技术措施

草坪工程项目进度控制的技术措施涉及对实现进度目标有利的设计技术和施工技术的选用。设计工作前期，应对设计技术与工程进度的关系作分析比较；工程进度受阻时，应分析有无设计变更的可能性。施工方案在决策选用时，应考虑其对进度的影响。施工进度控制的技术措施涉及对实现施工进度目标有利的设计技术和施工技术的选用。不同的设计理念、设计技术路线、设计方案对工程进度会产生不同的影响，在工程进度受阻时，应分析是否存在设计技术的影响因素，为实现进度目标有无设计变更的必要和可能变更。施工方案对工程进度有直接的影响，在决策其选用时，不仅应分析技术的先进性和经济合理性，还应考虑其对进度的影响。在工程进度受阻时，应分析是否存在施工技术的影响因素，为实现进度目标有无改变施工技术、施工方法和施工机械的可能性。

7.1.5 草坪工程进度控制目标系统

草坪工程进度控制计划体系主要包括业主的计划系统、监理单位的计划系统、设计单位的计划系统和施工单位的计划系统。

7.1.5.1 草坪业主的计划系统

草坪业主的计划系统包括草坪工程项目前期工作计划、草坪工程施工总进度计划、草坪工程项目建设总进度计划和草坪工程项目年度计划。草坪工程项目前期工作计划是指对工程项目可行性研究、项目评估及初步设计的工作进度安排计划，使工程项目前期决策阶段各项工作的时间得到控制。草坪工程项目建设总进度计划是指初步设计被批准后，在编报工程项目年度计划之前，根据初步设计，对工程项目从开始建设(设计、施工准备)至竣工投产(动用)全过程的统一部署。草坪工程项目建设总进度计划是编报草坪工程施工年度计划的依据，其主要内容包括文字和表格。表格包括草坪工程项目一览表、草坪工程项目总进度计划、投资计划年度分配表和草坪工程项目进度平衡表。草坪工程项目年度计划是依据工程项目建设总进度计划和批准的设计文件进行编制，其主要内容包括文字和表格。表格包括内容年度计划项目表、年度竣工投产交付使用计划表、年度建设资金平衡表和年度设备平衡表。

7.1.5.2 监理单位的计划系统

监理单位对承包商的进度计划进行监控外，同时，编制监理单位有关进度计划，以便更有效地控制草坪工程实际进度。监理单位的计划系统包括监理总进度计划和监理总进度分解计划。监理总进度计划是依据工程项目可行性研究报告、工程项目前期工作计划和工程项目建设总进度计划编制的，其目的是对草坪工程进度控制总目标进行规划，明确草坪工程前期准备、设计、施工、动用前准备及项目动用等各个阶段的进度安排。按工程进展阶段分解，监理总进度分解计划包括设计准备阶段进度计划、设计阶段进度计划、施工阶段进度计划、动用前准备阶段进度计划。按时间分解，监理总进度分解计划包括年度进度计划、季度进度计划、月度进度计划和周度进度计划。

7.1.5.3 设计单位的进度计划系统

设计单位进度计划是业主对草坪工程施工控制的关键程序，也是设计单位提高工作效率和项目管理的关键因素。业主和设计单位都很重视管理环节，但在实施过程中设计单位却屡遭投诉。设计单位在规定时间内完成设计文件编制、制订适合设计进度计划及制订控制设计进度措施尤为关键。设计单位进度计划系统包括设计总进度计划、阶段性设计进度计划、设计准备工作进度计划、初步设计工作进度计划、施工图设计工作进度计划和设计作业进度计划。

设计总进度计划是用于安排自己设计准备开始至施工图设计完成的总设计时间所包含的各阶段工作开始时间和完成时间，从而确保设计总进度目标的实现。阶段性设计进度计划是用来控制各阶段设计进度，从而实现阶段性设计进度目标，在编制阶段性设计进度计划时，必须考虑设计总进度计划对各个设计阶段的时间要求。设计准备工作进度计划时，一般考虑规划设计条件确定、设计基础资料提供及委托设计等工作时间安排。提前准备好设计勘察提纲，熟悉项目情况、环境、资源及相关流程，收集相关资料，保证严格按设计合同要求的现场勘察的程序和时间进行勘察。设计初步设计工作进度计划要考虑方案设计、初步设计、技术设计、设计的分析评审、概算的编制、修正概算的编制以及设计文件审批等工作的时间安排，按单位工程编制。设计施工图设计工作进度计划主要考虑各单位工程进度及其搭接关系。设计作业进度计划是指为了控制专业设计进度，并作为设计人员分配设计任务的依据，根据施工图设计工作进度计划、单位工程设计工日及所投入设计人员数，编制设计作业进度计划。设计进度的计划编制应与业主沟通，确认后提交计划。

7.1.5.4 施工单位的进度计划系统

施工单位的进度计划系统包括施工准备工作计划、施工总进度计划、单位工程施工进度计划和分部分项工程进度计划。

1）施工准备工作计划

施工准备工作计划包括技术准备计划、现场和物资准备计划、施工队伍准备计划和冬季雨季施工准备计划。

（1）技术准备计划

技术准备计划包括实地考察，收集有关资料；施工前组织有关单位做好现场交接工作，布设施工用电线路、用水管线和临建设施；及时组织内部专业图纸会审，组织工程技术人员认真熟悉图纸，领会设计意图，全面掌握施工图纸内容，检查施工图纸是否完整和齐全，施工图纸与各组成部分有无矛盾或不妥，在尺寸、坐标、标高等方面，建筑图与其相关的结构图是否一致；根据本工程的具体情况，编制切实可行的单项施工工艺措施和施工方案，重点阐明重要项目的施工方法、施工工艺、工程进度安排、劳动力组织、质量及安全保证措施，以利于有效地指导现场施工；做好技术交底工作，在工程开工前，进行详细技术交底，重点放在施工方案、技术措施、作业指导书、工艺标准、安全措施方面，必须结合具体操作部位、关键部位和施工难点的质量要求、操作要点和安全要求等。及时编制施工预算，充分反映工程所需的各种费用、材料、劳动力等，有效指导进度计划、材料计划、劳动力安排、竣工决算和经济分析等工作。

（2）现场和物资准备计划

现场和物资准备计划是指在下达开工令之前安排好设备以及材料进场的准备工作，确定好材料堆场，下达开工令后立即组织进场或提前组织进场。严格执行项目制度，及时提出材料、设备供应计划，及时采购符合环保标准和优质合格的各种材料和设备，以保证业主利益不受侵害。认真做好材料计划采购准备，编制各项材料计划，根据材料采购、入库、保管和出库等制定完善的管理方法。

（3）施工队伍准备计划

施工队伍准备计划是指对项目管理人员及劳动力实施有效的选派和管理，即作好施工管理人员及劳动力的计划、决策、组织、指挥、监督、协调等项的工作，达到有效和合理组织劳动力，以确保质量、工期、安全目标的实现。为保证施工需要，尽量使各专业工种组合，技术工人与普通工人比例适当和配套。

（4）冬季雨季施工准备计划

冬季雨季施工准备计划是指做好施工场地天气情况调查，掌握施工场地天气气候特征，为冬季雨季施工做好第一手技术资料，做好冬季雨季施工的施工方案和技术组织措施，做好各项准备工作。在施工顺序安排上，应注意晴雨结合。晴天多进行室外作业，为雨天创造作业面。不宜在雨天施工的项目，应安排在雨季之前进行。做好施工现场的排水防洪工作，加强排水设施的管理，经常疏通排水沟，防止堵塞，对地下室要准备抽水设备，防止积水。加强施工物资的储存和保管，防止物品淋雨浸水而变质。做好道路维护工作，保证运输畅通。采取有效措施，做好安全施工的教育工作。

土方施工时必须切实做好排水工作，确保施工质量。沟槽开挖至回填前，除了采取防止边坡塌方措施外，还必须加强排水工作，尤其是降雨期间，极为重要。挖出土方堆置附近时，尽量堆高沥水。回填土应选择连续无雨5天时回填，最好用挖出的黏质土回填，回填土及时摊平及时碾压，并向两侧做好一定坡度，以保持填土面结实无积水现象，及时将面上水分扫去，边沟应及时疏通，以减少路基内含水量，再填土时应在表面没有水迹，碾压时，压轮足迹规范施工。管道施工时应加强沟槽排水，回填时应排干沟内积水，确保质量。路基施工期间，疏干土路基中所含水分尤其重要，应作为重要措施来抓。

集中力量，缩短路段，加快施工进展，切记全面铺开。混凝土在雨水季施工时应对堆场做好排水工作，不使原材料中冲入泥浆，若有泥浆，应加以冲洗、过筛，对水泥仓库应严格保护，尤其在水泥运输中途不能使水泥受雨淋而受潮结硬，对仓库要经常检查。混凝土在拌和时应随时测定砂、石料含水量，及时调整水灰比，确保砼质量。砼浇筑施工期间必须密切注意气候预报，有大雨和中雨均不得浇捣，若有小雨但必须浇捣，则必须准备足够的防雨设施和覆盖用的油布，塑料布等，并设法准备适量的雨蓬，采用下面用塑料薄膜，上面再盖草袋的方法予以保护。雨季混凝土施工要充分做好运输、劳力准备，使浇筑、振捣成活各工序间缩短时间。浇筑过程中遇到下雨时，必须采取有效应急措施，尽量不在两井间留有施工缝。管理人员必须密切注意天气预报，合理安排工序。对各种电器、机具加强监护，作为一项重点工作来抓，消除安全隐患。加强值勤工作，下雨时工地上必须认真巡查，发现问题立即处理。

冬季施工时，现场应备好防冻保暖物品、防冻剂、草包等，临时自来水管应做好防冻保温工作，采用稻草、泥、纸、棉布等包裹，现场严禁烤火，宿舍内严禁使用电炉。冬季来临前，应及时安排好室外作业工作，室外作业必须做好封堵封闭等防冻措施。每日开工时，应先开挖向阳处，气温回升后再开挖背阴处。开挖遇水应做临时排水沟及时排水。

2）施工总进度计划

施工总进度计划是施工现场各项控制性活动在时间上的体现。施工总进度计划是以建设项目为对象，根据规定的工期和施工条件，在施工部署中的施工方案和施工流程的基础上，对全工地的所有施工活动在时间进度上的安排。

施工总进度计划的编制原则包括合理安排施工顺序，保证在劳动力、物资以及资金消耗量最少的情况下，按规定工期完成拟建工程施工任务；采用合理的施工方法，使建设项目的施工连续、均衡地进行；节约施工费用。

施工总进度计划的编制依据包括工程的初步设计或扩大初步设计；有关概（预）算指标、定额、资料和工期定额；合同规定的进度要求和施工组织规划设计；施工总方案（施工部署和施工方案）；建设地区调查资料。

施工总进度计划的编制内容一般包括划分工程项目，并确定其施工顺序，估算各项目的工程量，并确定其施工期限，搭接各施工项目，并编制初步进度计划，调整初步进度计划，并最终确定施工总进度计划。首先根据建设项目的特点划分项目，然后确定其施工顺序。由于施工总进度计划主要起控制性作用，因此项目划分不宜过细，一般以主要单位工程及其分部工程为主进行划分，一些附属项目、辅助工程及临时设施可以合并列出。确定整个工程的施工顺序是编制施工总进度计划的主要工作之一，对于工程按期优质和成套地投入生产和交付使用，充分利用人力、物力，减少不必要的消耗，降低工程成本都有极其重要的作用。排定施工顺序时，一般是先进行准备工程，再进行全场性工程，最后安排单项工程的施工，并注意妥善安排分期和分批工程的施工顺序。在具体安排各项目的施工顺序时，可按上述施工部署中确定施工程序的要求进行。可按初步设计或扩大初步设计图样确定各项目的工程量，可根据工程规模、结构类型、建筑面积等，查找有关工期定额，确定各项工程（包括准备工程）的施工期限。为了把各项工程合理地连接起来，组织全场性的流水作业，以保持均衡施工，一般从工程量较大的工种工程或大型机械施工的工种工程着手，组成全场性的流水作业。工程量可根据扩大指标计算出来，然后根据工期确定每季（或月、旬）应完成的工程量，并使依次施工的各项目的主要工程量的总和大致与每季（或月、旬）应完成的工程量相符，这样，工程流水施工就可以组织起来了，各项目之间的搭接关系也可以相应地确定下来。据此可以初步确定施工总进度计划，总进度计划可用横道图或网络图表示。

初步施工总进度计划排定后，还得经过检查和调整，最后才能确定较合理的施工总进度计划。一般的检查方法是观察劳动力和物资需要量的变动曲线。这些动态曲线如果有较大高峰出现时，则可用适当移动穿插项目的时间或调整某些项目的工期等方法逐步加以改进，最终使施工趋于均衡。

（1）单位工程施工进度计划

单位工程施工进度计划是一定工作内容的施工过程，是施工进度计划的基本组成单元。根据计划需要决定单位工程施工进度工作内容。对于大型高尔夫球场，经常需要编制控制性施工进度计划，单位工程施工进度工作可以划分得粗一些，一般只明确到分部工程即可。如果编制实施性施工进度计划，单位工程施工进度工作内容应划分得细一些。在一般情况下，单位工程施工进度计划中的工作项目应明确到分项工程或更具体，以满足指导施工作业和控制施工进度的要求。由于单位工程中的工作项目较多，应在熟悉施工图纸的基础上，根据草坪工程特点和施工方案，按施工顺序逐项列出，以防止漏项或重项。为了按照施工技术规律和合理组织进行施工，应该确定各项目工程施工顺序，解决各工作项目之间在时间上的先后和搭接问题，以达到保证质量、安全施工、充分利用空间、争取时间、实现合理安排工期的目的。应根据施工图和工程量计算规则计算工程量，针对所划分的每一个工作项目进行，并结合施工方法、施工组织和施工安全的要求计算工程量，计算工程量时应注意工程量的计算单位应与现行定额手册中所规定的计量单位相一致，以便计算劳动力、材料和机械数量时直接套用定额，而不必进行换算，要结合具体的施工方法和安全技术要求计算工程量，应结合施工组织的要求，按已划分施工段分层分段进行计算。当某工作项目是由若干个分项工程合并而成时，则应分别根据各分项工程的时间定额（或产量定额）及工程量，计算劳动量和机械台班数。零星项目所需要的劳动量可结合实际情况，根据承包单位的经验进行估算。水暖电卫等工程通常由专业施工单位施工，在编制施工进度计划时，不计算其劳动量和机械台班数，仅安排其与土建施工相配合进度。凡是与工程对象施工直接有关的内容均应列入计划，而不属于直接施工的辅助性项目和服务性项目则不必列入。确定工作持续时间应当参照相关的劳动定额和机械台班定额计算工作时间，并要保证有足够的工作面和不低于正常工作时间。应当根据项目的特点和人们的习惯选择适当的计划表达形式，并尽量使用优化技术来获得最佳计划。另外，有些分项工程在施工顺序上和时间安排上是相互穿插进行，或者由同一专业施工队完成的，为了简化进度计划内容，应尽量将这些项目合并，以突出重点。

单位工程施工进度计划的编制的依据有施工总进度计划、单位工程施工方案、合同工期或定额工期、施工定额、施工图预算或施工预算、施工现场条件、物资供应条件和气象资料等。编制单位工程施工进度计划的主要步骤是收集计划编制依据；划分工作项目；确定施工顺序；计算工程量；计算劳动力用量和机械台班使用量；确定各项目工作的持续时间；正确处理工序搭接关系；绘制初步单位工程施工进度计划图，可采用横道图或网络图；对初步计划进行优化，做出适当调整，获得正式的单位工程进度计划。

（2）分部分项工程进度计划

分部分项工程进度计划是针对工程量较大或施工技术比较复杂的分部分项工程，在依据工程具体情况所制定的施工方案基础上，对其各施工过程所做出的时间安排。如大型高尔夫球场工程，应编制详细的进度计划，以保证单位工程施工进度计划的顺利实施。

按施工合同规定施工工期要求进行施工是草坪工程施工阶段进度控制的最终目标。为了控制施工工期总目标，必须采用目标分解的原理，将施工阶段总工期目标分解为不同形式各类分目标，从而构成草坪工程施工阶段进度控制的目标体系。按建设项目组成可以把施工总工期分解为各单项工程（基床工程、种植工程、灌溉工程、景观工程、养护工程）的工期目标、各单位工程的工期目标及各分部分项工程的工期目标，并以此编制草坪工程施工项目施工阶段的总进度计划、单项工程施工进度计划、单位工程施工进度计划和各分部、分项工程施工的作业计划。按工程项目施工承包方分解施工阶段总进度目标，分为总包方的施工工期目标、各分包方的施工工期目标，并以此编制工程项目总包方的施工总进度计划、各分包方的项目施工进度计划。按施工阶段分解施工总工期目标可以分为基床工程施工进度目标、种植工程施工进度目标、灌溉工程施工进度目标、景观工程施工进度目标、养护工程施工进度目标等，将高尔夫球场工程分为土方工程进度目标、土壤改良工程进度目标、造型工程(粗造型和细造型)进度目标、排水工程进度目标、喷灌系统工程进度目标、坪床和植草工程进度目标(发球台进度目标和果岭进度目标)、沙坑建造工程进度目标、高草区工程施工进度目标、人工湖防渗及边坡处理工程进度目标、球道工程进度目标、练习场工程进度目标、养护和管理工程进度目标，并以此分别编制各施工阶段的施工进度计划。按计划期分解施工进度总目标可以分为年度施工进度目标、季度施工进度目标、月旬施工进度目标，并以此编制工程项目施工年度进度计划，工程项目施工的季度、月旬施工进度计划。

7.1.6　影响草坪工程进度的因素

为了对草坪工程的施工进度有效地控制，在施工进度计划实施之前，必须对影响项目工程进度的因素进行分析，进而提出保证施工进度计划实施成功的措施，以实现对草坪工程项目施工进度主动控制。影响草坪工程进度因素有人为因素，技术因素，设备、材料及构配件因素，机具因素，资金因素，地形地貌、自然环境(包括各种树木、植被种类和分布情况)和交通、水文地质、气象资料，以及当地风土人情和风俗习惯等人文资料。

(1)项目法人因素(草坪业主的计划系统)

业主提供的地形地貌、自然环境(包括各种树木、植被种类和分布情况)、交通、水文地质等资料不准确或错误；提供的图纸不及时和不配套；依据客户要求而变更设计；所提供施工场地不能满足工程施工正常需要；资金不足，不能及时向施工承包单位或材料供应商按合同约定支付工程款等；在施工过程中地下障碍物等方面处理，业主组织管理协调能力不足使工程施工不能正常进行，不可预见事件发生等。

(2)勘察设计因素

勘察资料和设计不正确，特别地形地貌、自然环境(包括各种树木、植被种类和分布情况)、交通、水文地质等资料错误或遗漏；设计内容不完善，规范应用不恰当，设计有缺陷或错误；设计对施工可能性未考虑或考虑不周；施工图纸供应不及时和不配套或出现重大差错；项目设计配置设计人员不合理，各专业之间缺乏协调配合，致使各专业之间出现设计矛盾；设计人员专业素质差和设计内容不足，设计深度不够；设计单位管理机构调整和人员调整，不能按要求及时解决施工过程中出现设计问题。

(3)自然环境因素

影响草坪工程进度的自然环境因素包括复杂工程地质条件；不明地形地貌和水文气象条件；地下埋藏文物保护和处理；洪水、地震、台风等不可抗力等。当然，影响施工进度的因素并不限于这些，还有影响施工进度的其他未明因素。在上述诸多影响因素中，业主和施工单位对工程进度的影响最大，勘察设计单位、材料供应商和监理单位对工程进度的影响次之。为了保证草坪工程施工进度顺利实施，业主、施工、监理单位就必须对影响施工进度的各种因素进行全面的评估和分析，采取各种控制措施，从主客观方面消除影响施工进度不利因素。

（4）社会经济因素

影响草坪工程进度的社会经济因素包括临时停水、停电、断路、重大政治活动、社会活动、节假日、市容整顿、交通道路限制等。

（5）施工单位因素

施工单位管理水平低和经验不足使施工组织设计不合理和施工进度计划不合理，采用施工方案不得当；施工人员资质、资格、经验和水平低，人数少，技术管理不足，不能看透图纸、通晓规范、熟悉图集，不能理解深层次的设计意图，致使对设计图纸产生歧义，形成质量缺陷；技术交底不到位和自检不到位使施工中存在质量缺陷，且对质量缺陷处理不及时；现场劳务承包单位素质较差或劳动力较少或施工机械供应不足；材料供应不及时，材料数量、型号及技术参数不能满足施工要求；总承包商协调各分包商的能力不足，相互配合不及时和不到位；施工现场安全防范不到位，安全隐患较多，或出现安全事故；施工单位自有资金不足，或资金安排不合理，垫付能力差，无法支付相关费用等。

（6）管理部门因素

有关部门提出各种申请审批手续的延误；合同签订时遗漏条款和表达失当；计划安排不周密和组织协调不力导致停工待料和相关作业脱节；领导不力和指挥失当使参加草坪工程施工的各个单位、各个专业、各个施工过程之间交接和配合发生矛盾等。

7.2　进度控制监理主要工作

众所周知，从事草坪工程施工和绘制施工进度计划图是一项重要工作。下面介绍用Excel绘制草坪工程进度计划图。常见草坪工程进度计划表示方法有"横道图"和"网络图"。

7.2.1　工程横道图进度计划编制方法

亨利·甘特先生在第一次世界大战时期发明工程横道图进度计划，他制定了一个完整的用条形图表进度的标志系统。由于亨利·甘特图形象简单，在简单和短期项目中亨利·甘特图得到最广泛运用。亨利·甘特是推广科学管理制度和科学管理运动的先驱者之一，他非常重视工业中人的因素，他也是人际关系理论的先驱者之一。亨利·甘特对科学管理理论的重要贡献又提出了任务和奖金制度；强调对工人进行教育的重要性，重视人因素在科学管理中的作用；制订亨利·甘特图——生产计划进度图。亨利·甘特图和时间表是两种不同的任务表达方式，亨利·甘特图使用户可以直观地知道有哪些任务在什么时间段完成，而时间表则提供更精确时间段数据，用户还可以在时间表中直接更新任务进程。亨利·甘特图的优点是图形化概要，通用技术，易于理解；中小型项目一般不超过30项活动，便于应用亨利·甘特图；有专业软件支持，无须担心复杂计算和分析。亨利·甘特图的局限性是阅读较难，亨利·甘特图反映项目管理的时间、成本和范围的三重约束，但项目施工者和管理者主要关注进程管理，尽管亨利·甘特图能够通过项目管理软件描绘出项目活动的内在关系，但如果关系过多，纷繁芜杂的线图必将增加亨利·甘特图难度，同时亨利·甘特图软件还存在不足。亨利·甘特图包含含义有以图形或表格的形式显示活动；通用显示进度的方法；应包括实际日历天和持续时间，并且不要将周末和节假日算在进度之内。亨利·甘特图具有简单、醒目和便于编制等特点，在企业管理工作中被广泛应用。根据亨利·甘特图反映的内容不同，可将亨利·甘特图分为计划图表、负荷图表、机器闲置图表、人员闲置图表和进度表等形式。高尔夫球场施工进度计划横道图如图 7-1 所示，高尔夫球场喷灌系统施工进度计划横道图如图 7-2 所示。

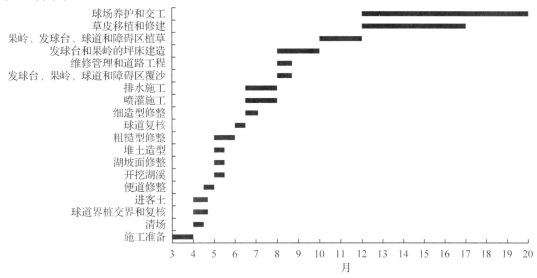

图 7-1　高尔夫球场施工进度计划横道图

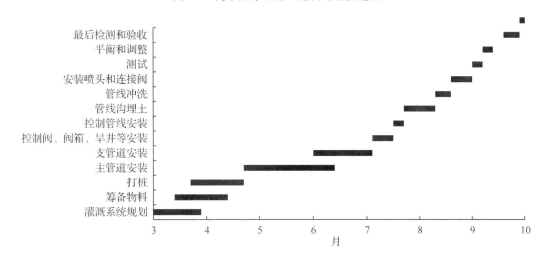

图 7-2　高尔夫球场喷灌系统施工进度计划横道图

7.2.2　工程网络图进度计划编制方法

7.2.2.1　分类编辑

根据我国《工程网络计划技术规程》（JGJ/T 121—2015）推荐，常用工程网络计划类型分为双代号网络计划和单代号网络计划。应用工程网络计划技术时，将工程项目及其相关要素作为一个系统来考虑，在工程项目事实过程中，工程网络计划应作为一个动态过程进行检查和调整。根据表达逻辑关系和时间参数肯定与否，常用工程网络计划类型分为肯定型和非肯定型。根据计划目标的数量，双代号时标网络图可以分为单目标网络模型和多目标网络模型。网络图组成元素为箭线、节点和线路。节点和箭线在不同网络图形中有不同含义，在单代号网络图中，节点表示工作，箭线表示关系；在双代号网络图中，箭线表示工作及走向，节点表示工作开始和结束。线路是指从起点到节点的一条通路，工期最长一条线路称为关键线路，必须保证关键线路上的工作时间，否则会出现工期延误。网络计划优化目标应包括工期优化（网络计划的计算工期不满足要求工期时，通过压缩关键工作的持续时间以满足要求工期的过程）、费用优化（寻求工程总成本最低时的工期安排，或按要求工期寻求最低成本的计划安排过程）和资源优化（"资源有限，工期最短"和"工期固定，资源均衡"）。对网络实施计划应该定期检查，当网络计划检查结果与计划发生偏差，应该采取相应措施进行纠偏，使计划得以实现。

7.2.2.2　关系编辑

关系编辑种类有双代号网络图（箭线型）和单代号网络图（节点型）。双代号网络图（箭线型）是指用 1 个箭线表示一项活动，活动名称写在箭线上。箭尾表示活动的开始，箭头表示活动的结束，在箭头和箭尾标上圆圈，并编上号码，用前后两个圆圈中的编号来代表这些活动的名称。单代号网络图（节点型）是指用 1 个圆圈代表一项活动，并将活动名称写在圆圈中。箭线符号仅用来表示相关活动之间的顺序，不具有其他意义，因其活动只用 1 个符号就可代表，故称为单代号网络图。网络图中作业之间逻辑关系是相对的，不是一成不变的。只有指定某一确定作业，考察它与其他各项作业逻辑联系才有意义。高尔夫球场施工进度计划网络图见表 7-1，喷灌系统施工进度计划网络图见表 7-2。

表 7-1　高尔夫球场施工进度计划网络图

序号	分项工程名称	开始时间	完成时间	工作天数	投入人数	2014 年																					
						3 月			4 月			5 月			6 月			7 月			8 月			9 月			10 月			11 月		
						10	20	31	10	20	30	10	20	31	10	20	30	10	20	31	10	20	31	10	20	30	10	20	31	10	20	30
						10	20	31	41	51	61	71	81	92	102	112	122	132	142	153	163	173	184	194	203	214	224	234	245	255	265	275
1	施工准备																														
2	清场																														
3	球道界桩																														
4	进客土																														
5	便道修整																														
6	开挖湖溪																														
7	坡面修整																														
8	堆土造型																														
9	粗糙型修整																														
10	球道复核																														
11	细造型修整																														
12	喷灌施工																														
13	排水施工																														
14	覆沙																														
15	道路工程																														
16	坪床建造																														
17	植草																														
18	草皮移植																														
19	养护和交工																														

表 7-2　高尔夫球场喷灌系统施工进度计划网络图

序号	分项工程名称	开始时间	完成时间	工作天数	投入人数	2014 年																					
						3 月			4 月			5 月			6 月			7 月			8 月			9 月			10 月			11 月	
						10	20	31	10	20	30	10	20	31	10	20	30	10	20	31	10	20	31	10	20	30	10	20	31	10	20	30
						10	20	31	41	51	61	71	81	92	102	112	122	132	142	153	163	173	184	194	203	214	224	234	245	255	265	275
1	系统规划																																
2	筹备物料																																
3	打桩																																
4	主管道安装																																
5	支管道安装																																
6	控制阀、阀箱等安装																																
7	控制管线安装																																
8	管线沟埋土																																
9	管线冲洗																																
10	安装喷头等																																
11	测试																																
12	平衡和调整																																
13	检测和验收																																

7.2.3　进度控制监理主要工作

7.2.3.1　发布开工通知

开工通知指业主委托监理单位通知承包方开工的函件。业主同意后，监理人应在开工日期 7 天前向承包人发出开工通知，自监理人发出开工通知中载明开工日期起计算工期。根据承包单位和业主双方关于工程开工的准备情况，监理工程师选择合适的时机发布工程开工令，工程发布令的日期 + 合同工期即为工程竣工日期。工程开工应具备的条件有施工许可证已获政府主管部门批准；征地拆迁工作满足工程进度需要；施工组织设计已获总监理工程师批准；现场管理人员已到位，机具和施工人员已进场，主要工程材料已落实；场地、水、电、通讯等已满足开工需要；质量管理、技术管理和质量保证的组织机构已建立；质量管理和技术管理制度已制定；专职管理人员和特种作业人员已取得资格证和上岗证；现场临时设施已满足开工条件要求；地下障碍物已清除或已查明。

7.2.3.2　编制控制性进度计划

编制控制性进度计划有总进度计划、施工进度和材料设备供应计划，供图计划等。施工进度总计划是施工现场各项控制性活动在时间上的体现。

施工总进度计划是以草坪工程为对象，根据规定工期和施工条件，在施工部署施工方案和施工流程，对全工地所有施工活动在时间进度上安排。

编制施工总进度计划是一项要求严格、量大、面广和步骤繁琐的工作，其基本要求是保证拟建工程项目在规定的期限内按时或提前完成；基本做到施工的连续性和均衡性；努力节省施工费用，降低工程造价。为编制出科学合理的施工总进度计划，应掌握以下要点：准确计算所有项目的工程量，并填入工程量汇总表，项目划分不宜过细过多，应突出主要项目，一些附属和辅助工程可予以合并；根据施工经验、企业机械化程度、建设规模、建筑物类型等，参考有关资料，确定建设总工期和单位工程工期。根据使用要求和施工条件，结合物资技术供应情况以及施工准备工作的实际，分期分批地组织施工，并明确每个施工阶段的主要施工项目和开、竣工时间；同一时间开工的项目不宜过多，以免施工干扰较大，人力、材料和机械过于分散。但对于在生产（或使用）上有重大意义的主体工程，工程规模较大、施工难度较大和施工周期较长的项目，需要先期配套使用或可供施工使用的项目，提高施工速度和减少暂设工程项目，应尽量优先安排；尽量做到连续、均衡、有节奏地施工；在施工的安排上，一般要做到先地下后地上，先深后浅，先干线后支线，先地下管线后筑路。在场地平整的挖方区，应先平整场地，挖管线土方；在场地平整的填方区，应由远及近先做管线后平整场地。

施工总进度计划的特点：①综合性较强，施工总进度计划是施工项目最高层次的进度计划，反映施工项目的总体施工安排和部署，满足施工项目的总进度目标要求，是各个分进度目标的有机结合，具有一定的内在规律。②整体性与协调性，施工总进度计划要反映上下级计划的彼此联系，解决各单项工程、单位工程、各个分包合同之间的界面关系，单项工程中的各个技术系统的协调才能使工程顺利投产和发挥效益。③复杂性，施工总进度计划不仅涉及施工项目内部的队伍组织、资源调配和专业配合，还涉及市场条件、社区、政府等的协调问题，并且满足自然条件的限制，因而牵涉面广和关系错综复杂。

施工总进度计划是施工组织总设计中的主要内容，也是现场施工管理的中心工作，是施工现场各项施工活动在时间上的具体安排和具体体现。正确地编制施工总进度计划，是保证各项工程至整个建设项目按期交付使用，充分发挥投资效果、降低工程成本的重要条件。具体地讲，施工总进度计划的作用主要包括以下内容：确定各个施工项目及其主要工种工程、施工准备工作和全工地性工程的施工期限、开工和竣工的日期；确定建筑施工现场各种劳动力、材料、成品、半成品、施工机械的需要数量和调配情况；确定施工现场临时设施的数量，水、电供应数量，能源、交通的需要数量；确定附属生产企业的生产能力大小。

7.2.3.3　组织现场协调会

监理工程师应每周定期召开不同层级的现场协调会，以解决工程施工过程中的相互协调配合问题，每月末的例会为高级协调会，通报工程项目建设的重大变更事项，协调其后果处理，解决各承包单位之间以及业主与承包单位之间的重大协调配合问题；在每周召开的管理层协调会上，通报各自进度状况，存在的问题以及下周安排，解决施工中的相互协调配合问题。通常包括各承包单位之间的进度协调问题；工作面交接和阶段成品保护责任问题；场地与公用设施利用中的矛盾问题；断水、断电、断路、开挖要求对其他方面影响的协调问题，以及资源保障、外协条件配合问题。在平行、交叉施工单位多，工序交接频繁且工期紧迫的情况下，现场协调会甚至需要每日召开，对某些未曾预料的突发变故问题，监理工程师还可以通过发布紧急协调指令，督促有关单位采取应急措施维护施工的正常秩序。

7.2.3.4　对施工进度进行检查和调整

监理工程师要随时了解施工进度计划执行过程中存在的问题，帮助承包单位予以解决，监理工程师不仅要及时检查进度报表和分析资料，同时还要进行必要的现场实地检查，核实所报已完项目的时间和工程量，杜绝虚报现象。监理工程师在对工程实际进度资料进行整理的基础上，应将实际进度与计划进度相比较以判断是否出现偏差，当出现偏差时，还应进一步分析此偏差对进度目标的影响程度及其原因，以便研究对策，提出纠偏措施，必要时对后期工程进度计划进行调整。

7.2.3.5　进度控制的动态检查

在施工进度计划的实施过程中，各种因素的影响常常会打乱原计划安排而出现偏差，因此监理工程师必须对进度执行情况进行动态检查，并分析进度偏差产生的原因，以便为施工进度计划调整提供必要信息。进度控制检查的方式有定期地和经常地收集由承包单位提交的有关进度报表资料；由监理工程师现场跟踪检查草坪工程的实际进度情况，一般每周检查 1 次。在每周例会上由承包单位向监理机构汇报工程实际进展情况。

进度检查的方法主要是对比法，利用横道图比较法、"S"曲线比较法、香蕉曲线比较法、前锋线比较法、列表比较法等，将经过整理的实际进度数据和计划进度数据比较，从中发现是否出现进度偏差以及进度偏差的大小。通过检查分析，找出产生偏差的原因。

7.2.3.6　督促施工单位采取赶工措施

通过检查分析，如果进度偏差较小，在分析其原因的基础上采取有效措施解决矛盾，排除障碍，继续执行原计划。采取赶工措施包括组织措施、技术措施、经济措施和其他配套措施。组织措施包括增加工作面，组织更多施工阶段，增加每天施工时间，增加劳动力和施工机械的数量。技术措施包括改进施工工艺和施工技术，缩短工艺技术间歇时间，采用更先进的施工方法和施工机械，以减少施工过程的数量。经济措施包括实行包干奖励，提高奖金额，对所采取措施给予相应补偿。其他配套措施包括改善外部配合条件，改善劳动条件，实施强有力的调度等。

7.2.3.7　调整进度计划

如果采取赶工措施，仍然不能按原计划实现原进度计划，这时应考虑对原计划进行调整，即适当延长工期，或改变施工速度，这就要求确定新进度计划目标作为进度控制的新依据。进度调整的方法包括压缩关键工作的持续时间，进而缩短工期，通过组织搭接作业或平行作业来缩短工期。当工期拖延太长时，采用以上某一种方法调整受到限制时，还可同时采用两种方法对施工进度计划进行调整，以满足工期要求。

7.2.3.8　工程延期审批

由于以下原因导致工程拖延，可以申请延期，监理工程师应按合同规定，批准工程延期时间。申请延期条件包括监理工程师发出的工程变更指令而导致工程量增加；合同所涉及的任何可能造成延期的原因，如延期交图和工程暂停等；异常恶劣的气候条件；由于业主造成的任何延误、干扰或障碍，如未及时提供现场和未及时付款等；非承包商自身的其他任何原因。工程延期审批程序如图 7-3 所示。

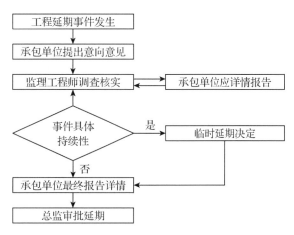

图 7-3　工程延期审批程序

7.2.4　监理单位对进度计划的审批

在草坪工程承建合同规定的期限内，监理机构应完成对承建单位、分部工程施工进度计划的审批。单位、分部（分项）工程施工进度计划审批程序宜包括：通过对施工进度计划的审阅，提出预审意见；必要时召开施工进度计划审查会议，约请业主、设计各方听取承建单位的报告，并针对存在的问题进行讨论、研究和澄清；针对存在的问题与承建单位进行讨论和协商，并提出调整与修改意见；批准承建单位调整与修改后的施工进度计划。

监理机构应以报经批准的施工总进度计划为依据，对承建单位报送的单位、分部（分项）工程施工进度计划报告进行查阅和审议，审查的主要内容应包括：

草坪工程施工进度计划对实现合同工期和阶段性工期目标的响应性与符合性；重要工程项目的进展、各施工环节的逻辑关系，以及施工进度计划与其他相关施工标施工进度计划衔接关系的合理性；计划安排的均衡性、关键线路的合理性；施工布置与施工方案对工程质量、施工安全和合同工期的影响；施工资源保障及其合理性；在恶劣的气候和自然条件下，以及出现严重干扰事件时，施工进度计划抗风险能力和对其应急预案、方案措施的评估；当单位、分部（分项）工程施工进度计划涉及对合同工期控制目标的调整或合同商务的条件的变化，或可能导致业主供应条件与支付能力不足等情况时，监理机构在做出批准前应事先得到业主的批准。

7.2.5　草坪工程进度检查和调整

7.2.5.1　实际进度监测和调整

对进度计划执行情况进行跟踪检查是计划执行信息的主要来源，是进度分析和调整的依据，也是进度控制的关键步骤。进度计划执行情况进行跟踪检查包括定期收集进度报表资料；现场实地检查工程进展情况；定期召开现场会议。然后将实际进度数据的加工处理和实际进度与计划进度进行对比分析。对进度调整的系统过程包括分析进度偏差产生的原因；分析进度偏差对后续工作和总工期的影响；确定后续工作和总工期的限制条件；采取措施调整进度计划；实施调整后的进度计划。将实际进度和计划进度对比与分析方法有图式对比和公式对比。

7.2.5.2　分析进度偏差对后续工作及总工期的影响

如果出现偏差工作位于关键工作线路上，则无论其偏差有多大，都将对后续工作和总工期产生影响，必须采取相应的调整措施；如果出现偏差工作位于非关键工作线路上，则需要根据进度偏差值与总时差和自由时差的关系作进一步分析。如果工作进度偏差大于该工作的总时差，则此进度偏差必将影响其后续工作和总工期，必须采取相应的调整措施；如果工作进度偏差未超过该工作的总时差，则此进度偏差不影响总工期，需要根据偏差与其自由时差的关系作进一步分析对后续工作影响程度。如果工作进度偏差大于该工作的自由时差，则此进度偏差将对其后续工作产生影响，应根据后续工作限制条件确定调整方法；如果工作进度偏差未超过该工作的自由时差，则此进度偏差不影响后续工作，对原进度计划可以不作调整。

7.2.5.3　进度计划的调整方法

进度计划的调整方法包括改变某些工作间的逻辑关系和缩短某些工作的持续时间。缩短某些工作的持续时间是不改变工程项目各项工作之间的逻辑关系，而通过采取增加资源投入、提高劳动效率等措施来缩短某些工作的持续时间，使工程进度加快，以保证按计划工期完成该工程项目。根据限制条件及对其后续工作的影响程度，进度计划的调整方法有所不同。

7.2.6　草坪工程延期的控制

在草坪工程的施工过程中，工期的延长有两种情况：工期延误和工程延期。虽然工期延误和工程延期使工期拖期，但工期延误和工程延期的性质不同，因而项目法人与承包商所承担的责任也就不同。如果属于工期延误，则由此造成的一切损失均应由承包商承担。同时，项目法人有权对承包商施行违约误期罚款。如果属于工程延期，则承包商不仅有权要求延长工期，而且还有权向项目法人提出赔偿费用的要求，从而弥补由此造成的额外损失。因此，监理工程师将施工过程中发生的工期延长批准为工程延期，对项目法人和承包商均有重要意义。

7.2.6.1　工程延期的审批原则

监理工程师在审批工程延期时应遵循下列原则：合同条件、关键线路和实际情况。

（1）合同条件

草坪监理工程师批准的工程延期必须符合合同条件。也就是说，导致工期拖延的原因确实属于承包商自身以外的，否则不能批准为工程延期。这是草坪监理工程师审批工程延期的一条根本原则。

（2）关键线路

发生延期事件的工程部位，必须在施工进度计划的关键线路上，才能批准工程延期。如果延期事件发生在非关键线路上，且延长的时间并未超过总时差时，即使符合批准为工程延期的合同条件，也不能批准工程延期。应当说明，草坪工程施工进度计划中的关键线路并非固定不变，关键线路会随着工程的进展和情况的变化而转移的。监理工程师应以承包商提交的、经自己审核后的施工进度计划（不断调整后）为依据来决定是否批准工程延期。

（3）实际情况

批准的工程延期必须符合实际情况，承包商应对延期事件发生后的各类有关细节进行详细记载，并及时向草坪监理工程师提交详细报告。与此同时，草坪监理工程师也应对施工现场进行详细考察和分析，并做好有关记录，从而为合理确定工程延期时间提供可靠依据。

7.2.6.2　工程延期的控制

选择合适的时机下达开工令。监理工程师在下达工程开工令之前，应充分考虑项目法人的前期准备工作充分情况，特别是征地、拆迁问题是解决情况，设计图纸能否及时提供，以及付款方面有无问题等，以避免由于上述问题缺乏准备而造成工程延期。

提醒项目法人履行施工承包合同中所规定的职责。在施工过程中，监理工程师应经常提醒项目法人履行自己的职责，提前做好施工场地及设计图纸的提供工作，并能及时支付工程进度款，以减少或避免由此而造成的工程延期。

妥善处理工程延期。当工程延期发生以后，监理工程师应按合同规定进行妥善处理。既要尽量减少工程延期时间及其损失，又要在详细调查研究的基础上合理批准工程延期时间。

此外，项目法人在施工过程中应尽量少干预和多协调，以避免由于项目法人干扰和阻碍而导致延期事件发生。

小结

草坪工程项目进度控制是一项复杂的系统工程，把工程计划、信息技术、项目管理等方面进行有机结合，根据草坪工程项目合同要求和工程项目自身的特点，制定科学合理工程项目进度控制目标，编制切实可行的工程项目进度控制计划；定期跟踪检查草坪工程项目进度控制计划，进行系统、科学、合理的动态化管理，将取得节省建设工程投资、保证工程质量和缩短建设工期等效果，实现草坪工程项目总进度控制目标。

在制定项目的总体进度计划和节点进度目标时，项目业主或项目管理单位大多采用横道图和网络图。在制定各级项目施工进度计划时，项目承包人多采用横道图和网络图。关键路径法具有简单明了和重点突出等特点，不仅能用于寻找关键线路和关键工作，而且可以通过工期优化、费用优化及资源优化等手段，对网络图计划进行优化，提高目标满足限制条件能力。在工程建设管理中，关键路径法运用较广泛。

思考题

1. 草坪工程监理进度控制的概念是什么？
2. 草坪工程进度控制的措施有哪些？其中经济措施有哪些？
3. 影响草坪工程进度的因素有哪几个方面？
4. 如何调整计划进度？
5. 横道图和网络图的形式、特点及优缺点是什么？
6. 监理工程师施工进度控制的工作内容是什么？
7. 监理工程师如何处理工程延期？

第 8 章

草坪工程投资控制

草坪工程投资控制是我国建设工程监理的一项主要任务，投资控制贯穿于工程建设的各个阶段，同时，贯穿于监理工作的各个环节。草坪工程投资控制，是在投资决策阶段、设计阶段、发包阶段、施工阶段以及竣工阶段，把投资控制在批准投资限额以内，随时纠正发生偏差，以保证草坪工程项目投资管理目标的实现，以求合理使用人力、物力和财力，取得较好投资效益和社会效益。

近年来，草坪工程项目投资失控是我国草坪项目建设中较为普遍问题。提高草坪建设项目投资控制的水平和有效提高投资效益是一个重要而迫切需要解决的问题。大中型草坪工程项目投资活动涉及面广、占时多、耗用多、影响因素多和投资控制难度大，尤其在项目设计阶段和施工阶段，监理的投资控制工作稍有偏差，就会造成投资失控。本章内容论述了监理投资控制过程主线：即决策、设计、招投标、施工和竣工验收的投资控制的管理。

8.1 草坪工程投资控制概述

8.1.1 草坪工程项目投资的概念

草坪工程项目总投资一般是指草坪工程项目从建设前期准备工作至草坪工程项目全部建成竣工验收为止所发生的全部投资费用。草坪工程项目总投资包括项目固定资金投资（建设投资）和流动资金投资（运营投资）。草坪工程项目投资主要包括土地价格、土地上不动产（如建筑、树木、耕地等）动迁赔偿、政府各项收费（如行政性收费、资源性收费）、草坪工程建设费用、草坪工程养护和管理费用等。

8.1.2 草坪工程项目投资的构成

草坪工程建设费用主要包括前期施工费用和施工中期费用。前期施工费用包括咨询费、调研费、球道设计费、建筑设计费、道路设计费等。其中高尔夫球场设计费用包括球道设计、球场规划和会馆建筑方案、会馆施工图设计、练习场设计、后勤楼设计、地质勘察、喷灌系统设计、排水系统设计、景观工程设计等费用。高尔夫球场施工中期费用主要有会馆土建和装饰工程费用、道路工程费用、球场维护管理中心土建和装饰工程费用、球场行政办公中心土建和装饰工程费用、高尔夫球场土方工程费用、造型工程费用、排水工程费用、喷灌工程费用、坪床和植草工程费用、园林景观工程费用、球道和桥梁工程费用、人工湖工程费用、卖点和凉亭工程费用、配发电工程费用、喷灌水源补给工程费用、修持建造和维修设备费用、建造监理费、管理费用等。一般说来，高尔夫球场建设期间的管理费用应包括员工工资、汽车设备办公用品等各项开支、水电费、肥开支、药开支、广告策划等经营开销和贷款利息等财务费用。

草坪工程养护和管理费用应包括管理员工工资、灌溉、锄草、施肥、撒药、剪草、覆沙、打孔等机械设备维修费和运行费、办公用品、水电费、肥开支、药开支等费用。

草坪工程项目建设必须占用一定土地，为获得建设用地而支付的费用称为土地使用费。土地使用费包括通过划拨方式取得土地使用权而支付的土地征用及迁移补偿费。土地征用及迁移补偿费包括土地补偿费、青苗补偿费和被征用土地地上房屋、水井、树木等附着物补偿费、拆迁安置补助费、缴纳的耕地占用税、城镇土地使用税、土地登记费、征地管理费、征地动迁费等。

建设期贷款利息包括向国内银行和其他非银行金融机构贷款、出口信贷、外国政府贷款、国际商业银行贷款以及在境内外发行的债券等在建设期间内应偿还的利息。

8.2 草坪工程决策阶段的投资控制

8.2.1 草坪工程投资决策的含义

草坪工程投资决策是为了实现预期投资目标运用一定的科学理论、方法和手段，通过一定程序对投资的必要性、投资目标、投资规模、投资方向、投资结构、投资成本和收益等进行分析、判断和方案选择，选择和决定投资方案的过程。具体讲，草坪工程投资决策是对拟建草坪工程的必要性和可行性进行分析论证，对不同建设方案进行技术经济比较，最终做出决定的过程。在草坪工程可行性研究阶段和投资决策阶段，草坪工程监理工程师主要协助业主进行投资控制，保证项目投资决策的合理性，进行项目建议书及可行性研究的编制，论证项目在技术上是先进、适用和可靠的，同时，论证项目在财务上是赢利的和在经济上是合理的。在草坪工程决策阶段，为了找出技术经济统一的最优方案，监理工程师必须对拟建草坪工程方案进行投资控制。

8.2.2 草坪工程投资决策阶段投资控制的意义

在草坪工程项目投资决策阶段，监理工程师根据业主提供的草坪工程规模、场址、协作条件等，对各种拟建方案进行固定资产投资估算，向业主提交投资估算和建议，以便业主了解可行方案决策，确保建设方案在功能上、技术上和财务上的可行性，确保项目的合理性。具体而言，通过可行性研究阶段投资估算的合理确定和最佳投资方案的优化选择，达到资源合理配置的目的，促使草坪工程科学决策。反之，该投资方案确定不合理，就会造成项目决策失误。另外，投资决策阶段所确定投资额的合理性直接影响到整个项目设计、施工等后续阶段投资。投资决策阶段所确定投资额作为整个项目的限额目标，对于草坪工程后续设计概算、设计预算、承包合同价、结算价和竣工决算都有直接影响。

通过草坪工程监理工程师在投资决策阶段的投资控制，确定合理的投资估算，优选可行方案，为业主进行项目决策提供依据；为草坪工程主管部门审批项目建议书、可研报告及投资估算提供基础资料；为项目规划、设计、招投标、设备购置、资金筹措等提供重要依据。

8.2.3　草坪工程投资决策阶段监理工程师的主要任务

投资者为了排除盲目性和减少风险，一般都要委托咨询设计等部门进行可行性研究，委托监理单位进行可行性研究的管理和对可行性报告的审查。在草坪工程项目投资决策阶段，监理工程师的主要工作包括编制和审查可行性研究报告，监理工程师的具体任务是审查拟建项目投资估算的正确性和投资方案的合理性，分析比选投资方案。

8.2.3.1　审查投资估算基础资料

对草坪工程进行投资估算时，咨询单位、设计单位或业主等投资估算编制单位通常要事先确定拟建项目的基础数据资料，这些资料的准确性和正确性直接影响投资估算的准确性。监理工程师应对基础数据资料逐一进行分析。

围绕草坪工程是否符合业主投资意图，审查拟建草坪工程。草坪工程监理单位通过直接向业主咨询和调查判断草坪工程是否符合业主投资意图。向相关设备制造厂或供货商进行咨询，审查生产工艺设备构成真实性和正确性。参照已建成同类型草坪工程或尚未建成但设计方案已经批准、图纸已经会审、设计概预算已经审查通过草坪工程的资料，包括同类草坪工程历史经验数据及有关投资造价指标或指数等资料，对拟建草坪工程生产要素市场价格行情等因素进行准确判断，审查拟建草坪工程配套指标和调整系数的合理性。

8.2.3.2　审查投资估算所采用方法

投资估算方法有很多种，主要分为静态投资估算方法和动态投资估算方法。监理工程师应根据投资估算精确度要求及拟建草坪工程技术经济状况来决定投资估算方法。

在草坪工程项目投资决策阶段，如投资估算精度允许偏差较大时，可用单位生产能力估算法或资金周转率等进行投资估算。在已知拟建草坪工程生产规模和同类型草坪工程建设经验数据时，可用生产规模指数估算法进行投资估算，但要注意生产规模指数取值和调价系数等的差异。当拟建草坪工程生产工艺流程、施工技术、设备组成比较明确时，可运用比例估算法进行投资估算。

8.2.3.3　审查草坪工程投资方案

通过对拟建草坪工程方案进行重新评价，进而审查草坪工程投资方案，评估可行性研究报告编制部门所确定的方案。在投资方案审查时，监理工程师所做工作包括列出实现业主投资意图的各个可行方案，尽可能做到全面不遗漏，如果遗漏方案正好是最优方案，必将会直接影响可行性研究工作质量和投资效果。同时监理工程师要熟悉草坪工程方案的评价方法，具体包括草坪工程财务评价方法、国民经济评价方法、评价内容、评价准则、评价指标及其计算方法等。监理工程师要对拟建草坪工程施工前期、施工时期、建成投产使用期等草坪工程费用支出和收益以及全部财务状况进行全面了解，理清各阶段草坪工程财务现金流量，利用静态投资估算方法和动态投资估算方法计算各种可行性方案的评价指标，进行财务评价。

监理工程师通过对拟建草坪工程方案的审查和比选，确定拟建草坪工程最优方案，同时完成草坪工程投资的合理确定和有效控制。

8.3　草坪工程设计阶段的投资控制

草坪工程设计是可行性研究报告批准后和工程开始施工前，设计单位根据已批准的设计任务书，为实现拟建草坪工程的技术和经济要求，拟定草坪工程施工等所需的规划、图纸、数据等技术文件的工作，分为草坪工程进行初步设计、施工图设计和技术设计阶段。

按我国现行有关规定，在草坪工程初步设计阶段，应编制初步设计概算；在草坪工程施工图设计阶段，应编制施工图预算；在草坪工程技术设计阶段，应编制修正概算。设计概算不得突破已经批准的投资估算，施工图预算不得超过批准的设计概算。

在设计阶段，草坪工程投资合理性主要体现在设计方案，设计概算和施工图预算，即初步设计概算不超投资估算，施工图预算不超设计概算。为实现该目标，监理工程师需要进行以下几方面的工作。

8.3.1　设计标准

设计标准是国家经济建设的重要技术规范，不仅是草坪工程规模、内容、建造标准、安全和预期使用功能的要求，而且是草坪工程建设所必要的指数和定额，该参数为降低造价和控制工程投资提供依据。

8.3.2　标准化设计

标准化设计称为定型设计或通用设计，是工程建设标准化组成部分。如高尔夫球场的会馆土建和装饰工程、道路工程、球场维护管理中心土建和装饰工程、球场行政办公中心土建和装饰工程、高尔夫球场土方工程、造型工程、排水工程、喷灌工程、坪床和植草工程、园林景观工程、球道和桥梁工程、人工湖工程、卖点和凉亭工程、配发电工程、喷灌水源补给工程、修持建造和维修设备等要进行标准化没计。标准化设计是经过多次反复实践以达到检验和补充完善，较好地贯彻国家技术经济政策，密切结合自然条件和技术发展水平，合理利用能源，充分考虑施工生产、使用、维修要求等经济指标，从而完成草坪工程施工。在草坪工程设计阶段，采用标准设计可促进工业化水平、加快工程进度、节约材料、降低投资。监理工程师建议设计单位推行标准设计，该措施是设计阶段投资控制的重要工作。

8.3.3　限额设计

限额设计就是按照批准的投资估算，控制初步设计及概算，按照批准初步设计概算控制施工图设计及预算。即将上阶段设计审定的投资额和工程量先行分解到各专业，然后再分解到各单位工程和分部工程。各专业在保证使用功能的前提下，按分配投资限额控制设计，严格控制技术设计和施工图设计，从而保证总投资不超过设计概算。

草坪工程监理工程师应事先确定或明确设计各阶段、各专业、各单位、各分部工程的限额设计目标，并依此对设计各阶段和各专业进行投资额控制。

可从两个途径进行限额设计控制工程投资。按照限额设计过程从前往后依次进行控制，称为纵向控制；对设计单位及其内部各专业、科室及设计人员进行考核，实施奖惩，进而保证设计质量，控制方法称为横向控制。横向控制首先必须明确各设计单位以及设计单位内部各专业科室对限额设计所负的责任。将工程投资按专业进行分配和分段考核，下段指标不得突破上段指标，责任落实越接近于个人，效果越明显，并赋予责任者履行责任的权利；其次，要建立健全奖惩制度，在保证工程安全和不降低工程功能的前提下，采用新技术、新工艺、新材料、新设备节约投资的设计人员，设计单位应根据节约投资额，对设计人员进行奖励；因设计人员设计错误、漏项或扩大规模、提高标准而导致工程静态投资超支，要视其超支比例扣减相应比例的设计费。

8.3.4　限额设计控制要点

　　限额设计的前提是严格按建设程序办事，即将设计任务书的投资额作为初步设计投资的控制限额，将初步设计概算投资额作为施工图设计投资控制限额，以施工图预算作为按施工图施工投资的依据；在投资决策阶段，要提高投资估算的准确性，据此确定限额设计。为了适应限额设计要求，在可行性研究阶段就要树立限额设计观念，充分收集资料，提出多种方案，认真进行技术经济分析和论证，从中选出技术先进和经济合理的方案作为最优方案。并以批准可行性研究报告和下达设计任务书中的投资估算额作为控制设计概算的限额；充分重视和认真对待每个设计环节及每项专业设计。在满足功能要求的前提下，每个设计环节和每项专业设计都应按照国家的有关政策规定、设计规范和标准进行，注意它们对投资的影响。在投资限额确定的前提下，通过优化设计满足设计要求，这就要求设计人员善于思考，在设计中多做经济分析，发现偏离限额时立即改变设计，加强设计审核。设计单位和监理单位有关部门和人员必须做好审核工作，既要审核技术方案，又要审核投资指标；既要控制总投资，又要控制分部分项工程投资。要把审核设计文件作为动态投资控制的一项重要措施；建立设计单位内部经济责任制。设计单位要进行全员的经济控制，在目标分解的基础上，科学地确定投资限额，然后把责任落实到每个人身上。建立设计质量保证体系时，必须把投资经济指标作为设计质量控制的内容之一；施工图设计应尽量吸收施工单位人员意见，使之符合施工要求。施工图设计交底会审后，进行一次性洽商修改，尽量减少施工过程中的设计变更，避免造成投资失控。

8.3.5　设计方案优化

　　在设计过程中，为保证设计方案既满足技术要求和使用功能要求，又要经济合理，要对设备工艺流程、建筑、结构、材料、管道、设备等各可行方案进行技术经济分析，从中选出最佳方案。监理工程师协助业主做好设计方案优选或直接参与设计方案优选的工作，这也是草坪工程设计阶段投资控制的重要工作。设计方案的优化，除上述通过推行标准设计和实施限额设计做法，还可通过设计招标或设计方案竞选的途径优化设计方案，可通过运用价值工程优化设计方案。

　　草坪工程业主首先就拟建草坪工程的设计任务通过新闻媒介、报刊、信息网络等发布公告，吸引设计单位参加设计招标或设计方案竞选，以获得众多的设计方案；然后组织专家评定小组，采用科学合理的方法，按照经济、适用、美观的原则，以及技术先进、功能全面、结构合理、安全适用、满足节能、消防及环保等要求，综合评定各设计方案，并从中选择最优方案，或将各方案的可取之处进行组合，提出最佳方案。

　　价值工程是建筑设计和施工中有效地降低工程成本的科学方法。价值工程是对所研究对象的功能和费用进行系统分析，不断创新，提高研究对象价值的一种技术经济分析方法。其目的是以研究对象最低寿命周期为成本，可靠地实现使用者所需的功能，以获取最佳的综合效益。在设计阶段，应用价值工程进行投资控制的步骤包括对象选择、功能分析、功能评价、分配目标成本和方案创新及评价等。

在设计阶段，应用价值工程控制工程投资，对投资控制影响较大的草坪工程作为价值工程的研究对象。分析草坪工程具有哪些功能和各项功能之间的关系；评价各项功能，确定功能评价系数，计算实现各项功能的实际成本，从而计算各项功能的价值系数；根据限额设计的要求，确定研究对象的目标成本，并以功能评价系数为基础，将目标成本分摊到各项功能上，与各项功能的实际成本进行对比，确定成本改进期望值；根据价值分析结果及目标成本分配结果的要求，提出各种方案，并应用加权评分法选出最优方案，使设计方案更加合理。

8.3.6　审查设计概算

在初步设计阶段进行投资控制，除审查设计方案工作外，还应审查设计概算，以保证初步设计概算不超投资结算。监理工程师审查设计概算有利于合理分配投资资金，加强投资计划管理，有助于合理确定和有效控制工程投资；有利于促进概算编制单位严格执行国家有关概算编制规定和费用标准；有利于促进设计的技术先进性和经济合理性；有利于核定草坪工程的投资规模；有利于为草坪工程投资落实提供可靠的依据。

审查设计概算编制依据的合法性，编制依据必须经过国家或授权机关批准；审查设计概算编制依据的时效性，审查编制概算所依据的定额、指标、价格、取费标准等是否现行有效；审查设计概算编制依据的适用范围，即设计概算编制依据的定额、价格、指标、取费标准等是否符合草坪工程所在地和所在行业的实际情况等。

审查设计概算的编制内容，编制内容包括审查设计概算编制是否符合国家的建设方针、政策，是否根据工程所在地的自然条件编制；审查建设规模、建设标准、配套工程、设计定员等是否符合原批准的可行性研究报告或立项批文的标准；审查编制方法、计价依据和程序是否符合现行规定；审查工程量计算是否正确，工程量的计算是否根据初步设计图纸、概算定额、工程量计算规则和施工组织设计的要求进行，有无多算、重算和漏算，尤其对工程量大和投资大的草坪工程要重点审查；审查材料用量和价格，审查主要材料如草种、土方、给排水管道等的用量数据是否正确，材料预算价格是否符合工程所在地的价格水平，材料价差调整是否符合现行规定及其计算是否正确等；审查设备规格、数量和配置是否符合设计要求，是否与设备清单相一致，设备预算价格是否真实，设备原价和运杂费的计算是否正确，非标准设备原价的计价方法是否符合规定，进口设备各项费用组成及其计算程序、方法是否符合国家主管部门的规定；审查建筑安装工程的各项费用的计取是否符合国家或地方有关部门的现行规定，计算程序和取费标准是否正确；审查综合概算和总概算的编制内容、方法是否符合现行规定和设计文件的要求，有无设计文件外草坪工程，有无将非生产性草坪工程以生产性草坪工程形式列入；审查总概算文件的组成内容，是否完整地包括草坪工程从筹建到竣工投产为止的全部费用组成；审查工程建设其他各项费用。按国家和地区规定逐项审查，不属于总概算范围的费用草坪工程不能列入概算。审查费率或计取标准是否按国家、行业有关部门规定计算，有无随意列项、有无多列、交叉计列和漏项等；审查技术经济指标计算方法和程序是否正确，将综合指标和单项指标与同类型工程指标进行比较。

审查设计概算的编制深度包括审查编制说明、编制方法、深度和编制依据等；一般大中型草坪工程的设计概算应有完整的编制说明和"三级概算"（即草坪工程总概算表、单项工程综合概算表、单位工程概算表），并按有关规定的深度进行编制。审查是否符合规定的"3 级概算"，各级概算的编制、核对、审核是否按规定签署，有无随意简化，有无把"3 级概算"简化为"2 级概算"，甚至"1 级概算"；审查概算编制范围及具体内容是否与主管部门批准的草坪工程范围及具体工程内容一致；审查分期草坪工程的建筑范围及具体工程内容有无重复交叉，是否重复计算或漏算；审查其他费用应列的草坪工程是否符合规定，静态投资、动态投资和经营性草坪工程铺底流动资金是否分别列出等。

审查设计概算是确保审查质量和提高审查效率的关键，审查设计概算常用方法主要有对比分析法、查询核实法和联合会审法等。①对比分析法中对比要素有建设规模和标准与立项批文对比，工程数量与设计图纸对比，综合范围和内容与编制方法和规定对比，各项取费与规定标准对比，材料和人工单价与统一信息对比，引进设备和技术投资与报价要求对比，技术经济指标与同类工程对比等。通过以上对比，发现设计概算存在的主要问题和偏差。②查询核实法是对一些关键设备、设施、重要装置、图纸、难以核算的较大投资工程等进行多方查询核对，逐项落实的方法。向设备供应部门或招标机构查询核实主要设备的市场价；向同类企业（工程）查询重要生产装置价格；向进出口公司调查落实引进设备价格及有关费税；向同类工程的建设、承包、施工单位征求复杂建筑安装工程意见，向原概算编制人员和设计者咨询深度不够或不清楚的问题。③联合会审前，可采取多种形式分头审查，包括设计单位自审、业主初审、承包单位初审和监理工程师评审，邀请同行专家预审，审批部门复审等，经层层审查把关后，由有关单位和专家进行联合会审。

8.3.7　审查施工图预算

审查施工图预算的内容是工程量、定额、单价和取费标准是否符合现行规定等。

审查施工图预算的方法主要有全面审查法、标准预算审查法、分组计算审查法、筛选审查法、重点审查法、对比审查法、利用手册审查法等。

①全面审查法　又称逐项审查法，即按预算定额顺序或施工的先后顺序，逐一全部进行审查的方法。全面审查法的优点是全面、细致、差错少和质量高；缺点是审查工作量相对比较大。

②标准预算审查法　对于利用标准图纸或通用图纸施工的工程，先集中力量编制标准预算，以此为标准审查预算的方法。标准预算审查法的优点是审查时间短、效果好、好定案；缺点是只适应按标准图纸设计的工程，适用范围小。

③分组计算审查法　是一种加快审查工程量速度的方法，具体做法是把预算中的草坪工程划分为若干组，并把相邻且有一定内在联系的草坪工程编为一组，审查或计算同一组中某个分项工程量，利用不同工程量间的关系，判断同组其他几个分项工程量计算准确程度的方法。

④对比审查法　用已建成工程的预算或虽未建成但已审查修正的工程预算对比审核拟建类似工程预算的一种方法。

⑤筛选审查法　是统筹法的一种，也是一种对比审查方法。草坪工程虽然有建植面积和果岭数等不同，但草坪工程的分部分项工程的工程量、造价、用工量在每个单位面积上的数值变化不大，把每个单位面积上的数值加以汇集、优选、归纳为工程量和造价。这些基本值作为"筛子孔"，用来筛选各分部分项工程，不审查筛下去工程，没有筛下去的就意味着此

分部分项造价不在基本值范围之内，应对该分部分项工程详细审查。

⑥重点审查法　抓住重点工程预算进行审查的方法。重点工程是工程量大或投资较多的工程、结构复杂的工程等。

⑦利用手册审查法　把工程中常用构件和配件事先整理成预算手册，按手册对照审查的方法。

审查施工图预算的步骤包括作好审查前的准备工作，包括熟悉施工图纸，了解预算包括的范围，弄清预算采用的单位估价表；选择合适的审查方法，审查相应的内容，由于各草坪工程规模、工程所处地区自然、技术、经济条件存在差异，工程草坪施工方法和施工承包单位情况不一样，所编工程预算质量也不同，因此，需选择适当审查方法进行审查；对工程施工图预算审查以后，如果不存在问题，监理工程师批准其作为签订合同、工程施工、结算的依据；如果发现需要进行增加或核减，经与编制单位协商，统一意见后，进行相应修正。

在设计阶段，监理工程师通过上述各项具体工作，达到初步设计不超投资估算，施工图预算不超设计概算的投资控制目标。

8.4　草坪工程招投标阶段的投资控制

草坪工程施工招标投标阶段的投资控制是通过招标手段合理确定工程造价，将其控制在预定的投资额内，并通过价格竞争使工程造价更趋于合理，提高投资效益，不断降低社会平均消耗水平。

8.4.1　招标控制价

8.4.1.1　招标控制价的概念及相关规定

招标控制价是招标人根据国家或省级、行业建设主管部门颁发的有关计价依据和办法，按设计施工图纸计算的，对招标工程限定的最高工程造价。

在国家标准《建设工程工程量清单计价》（GB 50500—2013）中，对招标控制价有如下规定：国有资金投资的工程建设项目应实行工程量清单招标，并应编制招标控制价；招标控制价超过批准的设计概念时，招标人应将其报原概算审批部门审核；招标人的投标报价高于招标控制价的，其投标应予以拒绝；招标控制价应由具有编制能力的招标人或受其委托具有相应资质的工程造价咨询人编制；招标控制价应在招标文件中公布，不应上调或下浮，招标人应将招标控制价及有关资料报送工程所在地工程造价管理机构备查。

8.4.1.2　招标控制价的编制内容

招标控制价的编制内容包括单位工程的分部分项工程费、措施项目费、规费和税金，各个部分都有一定的计价要求。

8.4.1.3　招标控制价的审查

招标控制价审查的主要内容是编制依据完整性和正确性；草坪工程量清单项目的列项齐全性；项目特征的描述正确性；工程量计算是否符合规定的计算规则，计算是否正确；各项目单价的确定是否合理；费用项目的构成是否完整，各项目费用的计费基础是否正确，费用表格是否规范。

8.4.2　合同计价方式选择

合同计价可以采用 3 种方式：固定价合同、可调价合同和成本加酬金合同。建设工程承包合同计价方式按国际通行做法，又可分为总价合同、单价合同、成本加酬金合同。

8.4.2.1　总价合同

总价合同是指根据合同规定的工程施工内容和有关条件，业主应付承包商的款项是一个规定的金额，即明确的总价。总价合同又分为固定总价合同和可调总价合同。

①固定总价合同　合同价格以图纸及规定、规范为基础，工程任务和内容明确，业主的要求和条件清楚，合同总价被承、发包双方接受以后固定不变，即不再因为环境的变化和工程量增减而变化。这种合同中承包了全部的工程量和价格风险。固定总价合同对业主投资控制有利。

②可调总价合同　合同价格以图纸及规定、规范为基础，是按照当时的物价水平计算出的包括全部工程任务和内容在内的暂定合同价格。可调总价是一种相对固定的价格，由于通货膨胀等原因而使人工、材料成本增加到达某一限度时，可以按合同的约定对总价调整；一般由于工程量变化和其他工程条件变化所引起的费用变化可以调整。这种合同对承包商风险较小，对业主投资控制不利，突破投资的风险增大。

8.4.2.2　单价合同

单价合同是指根据计划内容和估算的工程量，合同中明确每项工程的单价，实际支付时则根据实际的工程量乘以合同单价计算应付工程款。这种合同不存在工程量方面的风险，可以缩短招标投标的时间。单价合同又分为固定单价合同和可调单价合同。

固定单价合同是指合同的价格计算是以图纸及规定、规范为基础，工程任务和内容明确，业主的要求和条件清楚，合同单价一次包死，固定不变，即不再因为环境的变化和工程量的增减而变化的一类合同。

可调单价合同又称为变动总价合同，合同价格是以图纸及规定、规范为基础，按照时价（current price）进行计算，得到包括全部工程任务和内容的暂定合同价格。

8.4.2.3　成本加酬金合同

成本加酬金合同是由业主向承包人支付工程项目的实际成本，并按事先约定的某一种方式支付酬金的合同类型。即工程最终合同价格按承包商的实际成本加一定比例的酬金计算，而在合同签订时不能确定一个具体的合同价格，只能确定酬金的比例，包括酬金由管费、利润及奖金组成。

8.5　草坪工程施工阶段的投资控制

草坪工程投资主要发生在施工阶段，施工阶段投资控制受到自然条件和社会环境条件等主客观因素影响。在施工阶段，如果监理工程师不严格进行投资控制工作，将会造成较大投资损失以及出现整个草坪工程投资失控现象。

8.5.1　施工阶段投资控制的基本原理

草坪工程管理是动态管理，在施工阶段，监理工程师进行投资控制的基本原理是动态控制原理，该基本原理是把计划投资额作为投资控制的目标值，在草坪工程施工过程中定期将投资实际值与目标值进行比较，通过比较找出实际支出额与投资控制目标值之间的偏差，然后分析产生偏差的原因，并采取有效措施加以控制，以保证投资控制目标的实现。施工阶段投资控制应包括从工程草坪工程开工直到竣工验收的全过程。

8.5.2 施工阶段投资控制的措施

在施工阶段，监理工程师应从组织、技术、经济、合同等多方面采取措施控制投资。

（1）组织措施

组织措施是指从投资控制的组织管理方面采取的措施，包括在草坪工程监理组织机构中落实投资控制的人员、任务分工、职能分工、权利、责任；编制施工阶段投资控制工作计划和详细工作流程图。

（2）技术措施

从投资控制要求来看，技术措施并不是因为发生了技术问题才加以考虑，也可能因为出现较大投资偏差而加以应用。不同技术措施有不同经济效果。技术措施内容包括对设计变更进行技术经济比较，严格控制设计变更；继续寻找设计方案中节约投资可能性；审核施工承包单位编制的施工组织设计，对主要施工方案进行技术经济比较和分析。

（3）经济措施

经济措施包括编制资金使用计划，确定和分解投资控制目标；进行工程计量；复核工程付款账单，签发付款证书；对工程实施过程中的投资支出做出分析和预测，定期或不定期地向业主提交草坪工程投资控制存在问题的报告；在工程实施过程中，进行投资跟踪控制，定期地进行投资实际值与计划值的比较，若发现偏差，分析产生偏差的原因，采取纠偏措施。

（4）合同措施

合同措施在投资控制工作中主要指索赔管理。在施工过程中，索赔事件发生是难免的，监理工程师在发生索赔事件后，要认真审查有关索赔依据是否符合合同规定，索赔计算是否合理等。合同措施包括做好草坪工程实施阶段质量和进度等控制工作，掌握草坪工程实施情况，为正确处理可能发生的索赔事件提供依据，参与处理索赔事宜；参与合同管理工作，协助业主合同变更管理，并充分考虑合同变更对投资的影响。

8.5.3 施工阶段投资控制监理工程师的主要任务

8.5.3.1 确定投资控制目标

施工阶段一般以招投标阶段确定的合同价作为投资控制目标，监理工程师应对投资目标进行分析和论证，并进行投资目标分解，在此基础上依据草坪工程实施进度，编制资金使用计划。做到控制目标明确，便于实际值与目标值的比较，使投资控制具体化和实施化。

根据工程分解结构的原理，一个草坪工程可以由多个单项工程组成，每个单项工程还可以由多个单位工程组成，而单位工程又可分解成若干个分部和分项工程。按照不同子草坪工程的投资比例将投资总费用分摊到单项工程和单位工程中去，从而形成单项工程和单位工程资金使用计划。按草坪工程结构编制的资金使用计划表，计划表项目有工程分项编码、工程内容、工程量单位、工程数量、计划综合单价、计划资金需要量等，见表8-1。

表 8-1　按草坪工程结构编制的资金使用计划表

工程分项编码	工程内容	工程量		计划综合单价	计划资金需要量	合计
		单位	数量			
合计						

8.5.3.2　按时间进度编制资金使用计划

工程草坪工程的总投资是分阶段和分期支出的，考虑到资金的合理使用和效益，监理工程师有必要将总投资目标按使用计划时间（年、季、月、旬）进行分解，编制工程草坪工程年、季、月、旬资金使用计划，并报告业主，据此筹措资金和支付工程款，尽可能减少资金占用和利息支付。

在按时间进度编制工程资金使用计划时，必须先确定工程的时间进度计划，通常可用横道图或网络图，根据时间进度计划所确定的各子草坪工程开始时间和结束时间，安排工程投资资金支出，同时对时间进度计划也形成一定的约束作用。其表达形式有多种，其中资金需要量曲线和资金累计曲线（"S"形曲线）较常见。

8.5.3.3　审核施工组织设计

施工组织设计是承包单位依据投标文件编制的指导施工阶段开展工作的技术经济文件。监理工程师审核其保证质量、安全、工期、投资的技术组织方案的合理性、科学性，从而判断主要技术和经济指标的合理性，通过设计控制、修改、优化等，达到预先控制和主动控制的效果，从而保证施工阶段投资控制效果，见表 8-2。

表 8-2　草坪工程时间进度计划及投资额分布　　　　　万元

草坪工程	投资额	进度计划（月）									
		1	2	3	4	5	6	7	8	9	10
球场土建											
球场施工设备											
练习场											
果岭											
球道											
沙坑											
人工湖											
累计额											

对施工组织设计审核包括审核施工方案、进度计划、施工现场布置，以及保证质量、安全、工期等措施。采取不同的施工方法，选用不同的施工机械设备，不同的施工技术和组织措施，不同的施工现场布置等都会直接影响工程建设投资，监理工程师对施工组织设计具体内容是审核施工承包单位采取的施工方案、编制的进度计划、设计的现场平面布置及采取的保证质量、安全、工期等措施。

在施工阶段审核施工组织设计时，应注意承包单位开工前编制的施工组织设计内容应与招投标阶段技术标中施工组织设计承诺的内容一致性，实际发生工程量、人工、材料、机械、数量等费用与投标报价清单中是否吻合。为此，审核施工组织设计与投标报价中的分部分项工程量清单综合单价分析表、措施工程费用分析表，以及实施工程承包单位的资金使用计划，从而达到预先控制资金使用效果。

8.5.3.4 审核已完工的工程量

审核已完工的工程量是施工阶段监理工程师投资控制的一项最重要工作。无论草坪工程施工合同签订工程量清单或施工图预算加签证，按照合同规定实际发生工程量进行工程价款结算。监理工程师应依据施工设计图纸、工程量清单、技术规范、质量合格证书等认真做好工程计量工作，并据此审核施工承包单位提交的已完工程结算单，签发付款证书。

8.5.3.5 处理变更索赔事项

在草坪施工阶段，不可避免地会发生工程量变更、进度计划变更、施工条件变更等，进而经常会出现索赔事项，直接影响草坪工程投资。科学和合理地处理索赔事件是施工阶段监理工程师的重要工作。

总监理工程师应从草坪工程投资和草坪工程的功能要求、质量和工期等方面审查工程变更，并且在工程变更实施前与业主和施工承包单位协商，确定工程变更价款。专业监理工程师应及时收集和整理有关的施工和监理资料，为处理费用索赔提供证据。监理工程师应加强主动控制，尽量减少索赔，及时合理地处理索赔，保证投资支出的合理性。草坪工程监理机构处理费用索赔的依据包括国家有关的法律、法规和工程草坪工程所在地的地方法规；本工程的施工合同文件；国家、部门和地方有关的标准、规范和定额；施工合同履行过程中和索赔事件有关的凭证。

草坪工程监理机构处理费用索赔的程序包括施工承包单位在施工合同规定期限内向草坪工程监理机构提交对业主的费用索赔意向通知书；总监理工程师指定专业监理工程师收集与索赔有关的资料；施工承包单位在承包合同规定期限内向草坪工程监理机构提交对业主的费用索赔申请表；总监理工程师初步审查费用索赔申请表，符合费用索赔条件(索赔事件造成了施工承包单位直接经济损失、索赔事件是由于非承包单位的责任发生的)时予以受理；总监理工程师进行费用索赔审查，并在初步确定索赔额度，并与承包单位和业主进行协商；总监理工程师应在施工合同规定的期限内签署费用索赔审批表。

8.5.3.6 比较实际投资与计划投资

专业监理工程师应及时建立月完成工程量和工作量统计表，对实际完成量与计划完成量进行比较和分析，定期地将实际投资与计划投资做比较，发现投资偏差，计算投资偏差，分析投资偏差产生的原因，制定调整措施，并应在监理月报中向业主报告。

投资偏差 = 已完工程实际投资 - 已完工程计划投资 = 已完工程量×实际单价 - 已完工程量×计划单价 　　　　　　　　　　　　　　　　　　　　　　　　　　　(8-1)

式(8-1)中，结果为正表示投资增加，结果为负表示投资节约。在进行投资偏差分析时，要考虑进度偏差，只有进度计划正常的情况下，投资偏差为正值时，表示投资增加；如果实际进度比计划进度超前，单纯分析投资偏差是看不出投资是否增加。为此，在进行投资偏差分析时，往往同时进行进度偏差计算分析。

进度偏差 = 已完工程实际时间 - 已完工程计划时间 = 拟完工程计划投资 - 已完工程计划投资 = 拟完工程量×计划单价 - 已完工程量×计划单价 　　　　　　　　　(8-2)

式(8-2)中，进度偏差计算结果为正值时，表示工期拖延；结果为负值时，表示工期提前。

　　引起投资偏差的原因主要包括客观原因、业主原因、设计原因和施工原因。客观原因包括人工费涨价、材料费涨价、自然因素、地基因素、交通原因、社会原因、法规变化等；业主原因包括投资规划不当、组织不落实、建设手续不齐备、未及时付款、协调不佳等；设计原因包括设计错误或缺陷、设计标准变更、图纸提供不及时、结构变更等；施工原因包括施工组织设计不合理、质量事故、进度安排不当等。从偏差产生的原因看，由于客观原因是无法避免的，施工原因造成损失由施工承包单位自己负责。

　　除上述投资控制工作内容外，监理工程师还应协助业主按期提供合格的施工现场、符合要求的设计文件以及应由业主提供材料、设备等，避免索赔事件发生，造成投资费用增加。在工程价款结算时，还应审查有关变更费用合理性和价格调整合理性等。

8.6　草坪工程竣工验收阶段的投资控制

　　竣工验收是草坪工程建设全过程的最后一个程序，是检验和评价草坪工程是否按预定投资意图全面完成工程建设任务的过程，是投资成果转入生产使用的转折阶段。

8.6.1　草坪工程竣工结算

　　草坪工程进入竣工验收阶段，按照我国草坪工程施工管理惯例，也就进入工程尾款结算阶段，监理工程师应在全面检查验收草坪工程质量的基础上，对整个草坪工程施工预付款、已结算价款、工程变更费用、合同规定的质量保留金等进行综合分析计算，审核施工承包单位工程尾款结算报告，符合支付条件款项，报业主进行支付。工程竣工结算是指承包单位按照合同规定内容全部完成所承包工程，经验收质量合格，并符合合同要求之后，向业主进行最终工程价款结算。

　　根据式(8-3)计算竣工结算工程价款。

　　竣工结算工程价款 = 预算(或概算)或合同价 + 合同价款调整数额 − 预付及已结算工程价款 − 保修金　　　　　　　　　　　　　　　　　　　　　　　　　　　　(8-3)

　　业主收到施工承包单位递交的竣工结算报告及结算资料28天内，业主和承包单位按照协议书约定的合同价款及专用条款约定的合同价款调整内容，进行工程竣工结算；业主收到施工承包单位递交的竣工结算报告及结算资料28天内，进行核实，给予确认或者提出修改意见，如果业主确认竣工结算报告，通知经办银行向施工承包单位支付工程竣工结算价款；业主收到竣工结算报告及结算资料28天内无正当理由不支付工程竣工结算价款，从29天起按银行贷款利率支付拖欠工程价款的利息，并承担违约责任；业主收到竣工结算报告及结算资料28天内不支付工程竣工结算价款，施工承包单位可以催告业主支付结算价款；业主在收到竣工结算报告及结算资料56天内仍不支付工程竣工结算价款，承包单位可以与业主协议工程折价，承包单位申请人民法院将该工程依法拍卖，承包单位就该工程折价或拍卖的价款优先受偿；业主和施工承包单位对工程竣工结算价款发生争议时，按争议的约定处理。

8.6.2　审查竣工结算

　　审查工程竣工结算是竣工验收阶段监理工程师的一项重要工作。经审查核定工程竣工结算是核定草坪工程投资造价的依据，也是草坪工程验收后编制竣工决算和核定新增固定资产价值的依据。监理工程师应严把竣工结算审核关。在审查竣工结算时应从以下几方面入手。应审查竣工工程内容是否符合合同条件要求，只有按合同要求完成全部工程和验收合格才能进行竣工结算。其次，应按合同约定的结算方法、计价定额、取费标准和优惠条款等，对工程竣工结算进行审核，若发现合同开口或有漏洞，应请业主和施工承包单位认真研究，明确结算要求；检查隐蔽验收记录，所有隐蔽工程均需进行验收，有隐检记录，并经监理工程师签证确认。审核竣工结算时应检查隐蔽工程施工记录和验收签证，做到手续完整、工程量与竣工图一致方可列入结算；落实设计变更签证，设计修改变更应由设计单位出具设计变更通知单和修改图纸，设计和核审人员签字并加盖公章。经业主和监理工程师审查同意和签证，重大设计变更应经原审批部门审批，否则不应列入结算；按图核实工程数量，依据竣工图、设计变更单和现场签证等进行核算工程量，并按国家统一的计算规则计算工程量；认真核实单价，结算单价应按现行计价原则和计价方法确定，不得违背。

8.6.3　协助业主编制竣工决算文件

在办理验收手续之前，必须对所有财产和物资进行清理，编制竣工决算。竣工决算反映草坪工程实际造价和投资效果，可以通过竣工决算与概算、预算的对比分析，考核投资控制工作成效，总结经验教训，积累技术经济方面的基础资料，提高未来草坪工程的投资效益。竣工决算是草坪工程从筹建到竣工投产全过程中发生的所有实际支出费用，由竣工决算报表、竣工财务决算说明书、竣工工程平面示意图、工程投资造价比较分析等组成。

编制竣工决算依据包括可行性研究报告、投资估算书、初步设计或扩大初步设计、修正总概算及其批复文件、设计变更记录、施工记录或施工签证及其他施工发生的费用记录、经批准施工图预算或标底造价、承包合同、工程结算等。

竣工决算的编制步骤包括整理和分析有关依据资料；清理各项财务、债务和结余物资；填写竣工决算报表；编制草坪工程竣工决算说明；做好工程造价对比分析；清理和装订好竣工图；上报主管部门审查。

在编制竣工决算文件之前，应系统地收集、整理所有技术资料、费用结算资料、有关经济文件、施工图纸和各种变更和签证资料，并分析它们的正确性，特别注意草坪工程从筹建到竣工投产或使用全部费用的各项账务、债权和债务的清理。既要核对账目，又要查点库存实物的数量，做到账与物相等，账与账相符；对结余的各种材料、工器具和设备，要逐项清点核实，妥善管理，并按规定及时处理，收回资金。对各种往来款项要及时进行全面清理，为编制竣工决算提供准确的数据和结果。填写草坪工程竣工决算表格中的内容，应按照相关资料进行统计或计算各个草坪工程和数量，并将其结果填到相应表格栏目内，完成所有报表填写。按照草坪工程竣工决算说明的内容要求，根据编制依据材料填写报表，一般以文字说明。

8.6.4　草坪工程投资造价比较分析

在工程投资造价比较分析时，可先对比整个草坪工程的总概算，然后将会馆土建和装饰工程费用、道路工程费用、球场维护管理中心土建和装饰工程费用、球场行政办公中心土建和装饰工程费用、高尔夫球场土方工程费用、造型工程费用、排水工程费用、喷灌工程费用、坪床和植草工程费用、园林景观工程费用、球道和桥梁工程费用、人工湖工程费用、卖点和凉亭工程费用、配发电工程费用、喷灌水源补给工程费用、修持建造和维修设备费用、建造监理费、管理费等费用逐一与竣工决算表中所提供的实际数据进行对比分析，以确定竣工草坪工程总投资造价是节约还是超支，并在对比的基础上，总结先进经验，找出节约和超支的内容及其原因，提出改进措施。对整个草坪工程建设投资情况进行总结，提出成功经验及应吸取的教训。

小结

在设计阶段，草坪工程项目花费时间较短，使用资金较少，该阶段投资控制却对整个草坪工程项目的投资控制起决定性作用；在设计阶段，影响设计方案的因素较多，设计者灵活性较大，该阶段投资控制核心任务是寻求技术与经济最佳的结合点；在施工阶段，草坪工程投资控制是一个经历时间长和复杂的系统工程。在施工过程中，社会、自然、人为、经济等因素对草坪工程投资控制产生影响，这些影响因素解决和处理是工程技术和经济人员共同关心话题。其中，投资控制措施和施工方案是许多投资控制问题产生的根源。本章详尽论述了投资控制措施的构架，为业主和承包商进行工程施工阶段投资控制具有现实的指导意义，对提高我国施工企业自身管理水平具有较好的启发意义。在竣工验收阶段，草坪工程投资控制是对工程总投资的事后控制，也是投资控制一个很重要阶段。结合草坪工程竣工结算和计量支付可以加快审核进度，使结算更准确。

思考题

1. 简述草坪工程投资的概念及草坪项目投资的费用构成。
2. 在草坪工程投资决策阶段，监理工程师的主要任务有哪些？
3. 在草坪工程项目设计阶段，监理投资控制的内容是什么？
4. 在草坪工程施工阶段，投资控制的基本原理是什么？
5. 在草坪工程施工阶段，投资控制的主要任务是什么？
6. 草坪工程索赔费用一般程序是什么？
7. 如何进行草坪工程投资造价比较分析？
8. 草坪工程竣工决算与竣工结算的区别是什么？

第*9*章

草坪工程安全生产控制

草坪工程是现代城市建设的重要组成部分，具有改善生态环境、美化生活、增进人民身心健康、创造良好投资环境、促进经济发展等作用，同时，是创造人与自然和谐的根本途径，是城市可持续发展的重要标志之一。在当今草坪工程建设中，草坪工程质量安全问题日渐突出，直接影响整个城市建设的社会、经济和环境效益，同时，与人民生存自然环境息息相关。草坪工程建设质量安全问题的监控和防治成为城市建设和可持续发展的重要保障，对构建和谐社会具有深刻意义和深远影响。

9.1 草坪工程安全生产控制的概述

我国建设部颁布标准《施工企业安全生产评价标准》（JGJ/T 77—2010），在该标准的"术语"中，给出安全生产定义。安全生产（work safety）是指在生产经营活动中，为了避免造成人员伤害和财产损失事故而采取相应的事故预防和控制措施，以保证从业人员人身安全和生产经营活动顺利。草坪工程安全生产是指在规定物质条件和工作秩序下采取一系列措施从事草坪工程施工的过程，进而有效消除或控制危险和有害因素，保证无人身伤亡和财产损失等生产事故发生，从而保障人身安全和健康、设备和设施免受损坏、环境免遭破坏，使草坪工程施工得以顺利进行的一种过程。

9.1.1 与安全生产相关的概念

安全生产含义包括在生产过程中保护职工的人身安全和健康，防止工伤事故和职业病危害；在生产过程中防止其他各类事故发生，确保生产设备的连续、稳定、安全运转，保护国家财产不受损失。与安全生产相关的概念包括劳动保护、安全生产法规、工程施工现场安全生产保证体系、安全生产管理目标、安全检查、危险源、隐患、事故、应急救援等。

劳动保护是指国家采用立法、技术和管理等一系列综合措施，消除生产过程中的不安全和不卫生因素，保护劳动者在生产过程中人身安全和健康。安全生产法规是指国家为了改善劳动条件和实现安全生产，保护劳动者在生产过程中人身安全和健康而采取的各种措施的总和，是必须执行的法律规范。工程施工现场安全生产保证体系由工程承包单位制定，是实现工程施工目标所需的组织机构、职责、程序、措施、过程、资源和制度。安全生产管理目标是工程项目管理机构制定施工现场安全生产保证体系所要达到的各项基本安全指标，其主要内容包括杜绝重大人身伤亡、财产损失和环境污染等事故；一般事故频率控制到最低；安全生产标准化工地创建和文明施工等。安全检查是指对工程施工现场安全生产活动和结果符合性和有效性进行常规检测和测量活动，其目的是通过检查，发现工程施工中不安全行为、不安全状态和不卫生问题，从而采取对策，消除不安全因素，保障工程安全施工。危险源是指可能导致死亡、伤害、财产损失、工作环境破坏的组合因素或状态。隐患是指未被事先识别或未采取必要防护措施可能导致事故发生的各种因素。事故是任何造成疾病、伤害、死亡或财产、设备、产品、环境损坏或破坏的事件。应急救援是指在安全生产措施控制失效情况下，为避免或减少可能引发更多伤害而采取的补救措施和抢救行为，它是安全生产管理内容，是项目经理部实行施工现场安全生产管理的具体要求，也是监理工程师审核施工组织设计和施工方案中安全生产的重要内容。应急救援预案是指针对可能发生和需要进行紧急救援的安全生产事故，事先制定好的补救措施和抢救方案，以便及时救助受伤和处于危险状态中的人员、减少或防止事态进一步扩大，并为善后工作创造好条件。

9.1.2　草坪工程安全生产的特点

草坪工程事故频发是其自身特点决定的，只有了解其特点，才可有效进行防治。草坪工程事故的特点主要包括草坪工程施工场地大、生产周期长、施工次序繁琐等，且草坪工程施工集中大量的机械、设备、材料、人员，连续几个月或者几年才能完成施工任务，安全事故发生可能性会增加；草坪工程施工活动大部分是在露天空旷场地，严寒酷暑都要作业，劳动强度大，工人体力消耗大，如果安全意识不强，会造成安全事故；草坪施工队伍流动性大，施工队伍大多由外来务工人员组成，容易增加管理难度大，很多施工工人来自农村，文化水平不高，自我保护能力和安全意识较弱，如果施工承包单位不重视岗前培训，往往会形成安全事故频发状态；草坪工程施工过程多样性决定了施工过程变化大，一个单位工程有许多道工序，每道工序的施工方法、施工人员、施工机械设备、施工场地和施工时间不同，各工序交叉作业很容易增加管理难度，如果管理稍有疏忽，就会造成安全事故。

9.1.3　草坪工程安全生产控制的意义

草坪工程安全生产控制对提高工程施工领域安全生产水平、确保人民生命财产安全、促进经济发展和维护社会稳定具有十分重要的意义，主要表现包括确保施工安全，减少人员伤亡，草坪工程施工危险系数高，事故发生率高，若发生安全生产事故，常常伴随有人员伤亡，这将对个人、企业和社会造成巨大损失；规范施工程序，保证工程质量，工程质量是企业生存根本，是企业在激烈市场竞争中胜出保证，安全施工可以提供良好的施工环境和秩序，规范施工程序和步骤，为优良工程质量打下坚实基础；增加施工队伍信心，提高工作效率，安全施工为每一个参加草坪工程施工的施工人员提供保护伞，使得施工队伍能够安心生产，进而打消个人安全顾虑和增加信心，使职工集中精力做好本职工作；规范施工程序和步骤，提升企业形象，提高市场竞争力，安全施工在视觉上反映企业精神面貌，在产品上凝聚企业文化内涵，展示企业生存、生产、管理和市场竞争能力，提高产品合格率，减少成本，提高企业盈利能力，增加企业经济效益。

9.1.4　草坪工程安全生产控制的原则

鉴于草坪工程安全生产涉及面广、影响因素多、技术要求高，对于草坪工程安全生产控制的要求也在不断地提高。同时，随着社会化大生产的持续发展，劳动者在生产经营活动中的地位不断提高，人的生命价值也越来越受到社会的广泛关注与重视。现阶段在"创和谐社会、促可持续发展"的方针指导下，安全生产体现了"以人为本、关爱生命"的人性化理念。

草坪工程安全生产控制原则包括"安全第一，预防为主"，"安全第一"表明生产范围内安全与生产的关系，肯定安全生产在施工活动中的首要位置和重要性，"预防为主"体现事先策划、事中控制和事后总结的重要性；以人为本、关爱生命，维护作业人员合法权益原则，草坪工程安全生产管理应遵循维护作业人员合法权益原则，施工承包单位必须为作业人员提供安全防护设施，对其进行安全教育培训，为施工人员办理意外伤害保险，作业与生活环境应达到国家规定的安全生产和生活环境标准，真正体现出以人为本，关爱生命；职权与责任一致原则，草坪工程安全生产管理职权和责任应该相一致，其职能和权限应该明确；施工主体各方应该承担相应法律责任，对工作人员不能够依法履行监督管理职责，应该给予行政处分，构成犯罪，依法追究刑事责任。

9.1.5 草坪工程安全生产控制的任务

草坪工程安全生产控制主要任务是督促施工承包单位按照建筑施工安全生产法规和标准组织施工；落实各项安全生产技术措施，消除施工中的冒险性、盲目性和随意性；减少安全隐患，杜绝各类伤亡事故发生，实现安全生产。

9.1.6 影响草坪工程安全生产的因素

在草坪工程施工建设过程中，影响草坪工程安全生产主要存在两方面的因素，人为因素主要包括了法律法规、政府监管、从业人员专业素质、企业、安全生产管理等方面；环境因素主要体现在气候、水文和地理等方面。近几年来，城市绿化安全隐患问题已经开始突显。草坪工程安全存在隐蔽性和滞后性，但其危害性却比较严重。首先，在人为因素方面，建设工程相关的安全生产法律法规和技术标准体系有待进一步完善，相关标准也需要完善。据统计，我国自新中国成立以来颁布并实施的有关安全生产、劳动保护方面的主要法律法规约280余项，内容包括综合类、安全卫生类、伤亡事故类、职业培训考核类、防护用品类及检测检验类等，但专门针对草坪绿化工程建设业方面比较少。建设行政主管部门安全监督、检查执法力度和方式也需要改进和加强。此外，从业人员专业素质低、专职安全管理人员少、草坪工程建设安全生产的科技含量相对落后等问题，均给施工安全生产管理提出了新课题和新挑战。其次，南方城市的冰冻、台风等，北方城市的沙尘、雾霾等气候因素，水灾、水体污染等水文因素以及地理因素均会对草坪植被生长造成影响。

9.2 草坪工程安全生产控制中施工主体的责任

在草坪工程施工过程中，业主、勘察单位、设计单位、施工承包单位、工程监理单位及其他与草坪工程安全生产有关的单位，必须遵守安全生产法律和法规规定，保证草坪工程施工安全，依法承担草坪工程施工安全责任。

9.2.1　施工主体单位的安全责任

9.2.1.1　业主的安全责任

业主应当向施工承包单位提供施工现场、地形地貌、自然环境(包括各种树木、植被的种类和分布情况)和交通、水文地质、气象资料、当地风土人情和风俗习惯等资料，并保证资料真实、准确和完整；业主不得对勘察、设计、施工和工程监理等单位提出不符合草坪工程施工安全法律、法规和强制性标准规定的要求；不得压缩合同约定的工期；业主在编制工程概算时，应当确定草坪工程施工安全作业环境和措施所需费用；业主不得明示或暗示施工承包单位购买、租赁和使用不符合安全施工要求的安全防护用具、机械设备、施工机具及配件等；业主在申请领取施工许可证时，应当提供草坪工程有关安全施工措施资料；业主应当自开工报告批准 15 天内，将保证安全施工的措施报送草坪工程所在地的地方施工行政主管部门或者其他有关部门备案。

9.2.1.2　施工承包单位安全责任

施工承包单位从事草坪工程实施活动，应当具备国家规定的注册资本、专业技术人员、技术装备和安全生产等条件，依法取得相应等级的资质证书，并在其资质等级许可的范围内承揽工程；施工承包单位应当建立健全安全生产责任制度、安全生产教育培训制度、安全生产规章制度和操作规程等，保证本单位安全生产条件所需资金的投入，对所承担的草坪工程进行定期专项安全检查，并做好安全检查记录。施工承包单位的项目负责人应当由取得相应执业资格的人员担任，负责草坪工程项目安全施工，落实安全生产责任制度、安全生产规章制度和操作规程，确保有效使用安全生产费用，并根据工程特点组织制定安全施工措施，消除安全事故隐患，及时如实报告安全生产事故；施工承包单位对列入草坪工程概算安全作业环境和安全施工措施的费用，应当用于施工安全防护工具及设施采购和更新、安全施工措施落实和安全生产条件的改善，不得挪用；施工承包单位应当设立安全生产管理机构，配备专职安全生产管理人员，专职安全生产管理人员负责对安全生产进行现场监督检查，发现安全事故隐患，应当及时向项目负责人和安全生产管理机构报告；对违章指挥和违章操作，应当立即制止。

作业人员有权对施工现场的作业条件、作业程序和作业方式中存在的安全问题提出批评、检举和控告，有权拒绝违章指挥和强令冒险作业。在施工中发生危及人身安全的紧急情况时，作业人员有权立即停止作业或者在采取必要应急措施后撤离危险区域；作业人员应当遵守安全施工的强制性标准、规章制度和操作规程，正确使用安全防护用具和机械设备等；施工承包单位采购和租赁的安全防护用具、机械设备、施工机具及配件应当具有生产(制造)许可证和产品合格证，并在进入施工现场前进行查验。施工现场安全防护工具、机械设备、施工机具及配件必须由专人管理，定期进行检查、维修和保养，建立相应资料档案，并按照国家有关规定及时报废；施工承包单位应当对管理人员和作业人员至少进行每年一次的安全生产教育培训，其教育培训情况记入个人工作档案，安全生产教育培训考核不合格人员不得上岗；作业人员进入新岗位或者新施工现场前，应当接受安全生产教育培训，未经教育培训或者教育培训考核不合格的人员不得上岗作业；施工承包单位应当为施工现场从事危险作业的人员办理意外伤害保险，意外伤害保险费由施工承包单位支付，意外伤害保险期限为自草坪工程开工之日至竣工验收合格。

9.2.1.3　勘察单位安全责任

勘察单位应该认真执行国家有关法律、法规和工程施工强制性标准，在进行勘察作业时，应当严格执行操作规程，采取措施保证各类管线、设施和周边建筑构筑物安全，提供真实和准确的能够满足草坪工程安全生产所需勘察资料。

9.2.1.4　设计单位安全责任

设计单位和注册建筑师等注册执业人员应当对其设计负责；设计单位应当严格按照有关法律、法规和工程施工强制性标准进行设计，防止因设计不合理导致的生产安全事故，在设计中应充分考虑施工安全操作和防护需要，注明涉及施工安全的重点部位和环节，并对防范生产安全事故提出指导意见。

9.2.1.5　工程监理单位安全责任

工程监理单位应当审查施工组织设计中安全技术措施或专项施工方案是否符合工程施工强制性标准。工程监理单位在实施监理过程中，发现存在安全事故隐患，应当要求施工承包单位整改，情况严重，应要求施工承包单位暂时停止施工，并及时报告业主。施工承包单位拒不整改或不停止施工，工程监理单位应当及时向有关主管部门报告。工程监理单位和监理工程师应当按照法律、法规和工程施工强制性标准实施监理，并承担草坪工程安全生产监理责任。

9.2.2　施工主体单位的法律责任

施工主体单位法律责任可分为刑事责任、民事责任和行政责任，具体承担方式可以是人身责任、财产责任、行为能力责任等。

9.2.2.1　业主的违法行为及法律责任

业主违法行为主要包括对勘察、设计、施工、工程监理等单位提出不符合安全生产法律、法规和强制性标准规定的要求；要求施工承包单位压缩合同约定工期；将草坪工程发包给不具有相应资质等级施工承包单位，业主有以上行为之一，责令限期改正，处20万~50万元罚款；造成重大安全事故，构成犯罪，依照刑法有关规定对直接责任人追究刑事责任；造成损失，依法承担赔偿责任。

9.2.2.2　勘察设计单位的违法行为及法律责任

勘察设计单位违法行为主要包括未按照法律、法规和工程施工强制性标准进行勘察和设计；采用新结构、新材料、新工艺和特殊结构的草坪工程，设计单位未在设计中提出保障施工作业人身安全和预防生产安全事故措施建议。勘察单位、设计单位有以上行为之一，责令限期改正，处10万~30万元罚款；情节严重，责令停业整顿，降低资质等级，直至吊销资质证书；造成重大安全事故，构成犯罪，依照刑法有关规定对直接责任人追究刑事责任；造成损失，依法承担赔偿责任。

9.2.2.3　施工承包单位的违法行为及法律责任

施工承包单位的违法行为主要包括安全防护用具、机械设备、施工机具及配件在进入施工现场前未经查验或者查验不合格即投入使用；委托不具有相应资质的单位承担现场施工；在施工组织设计中未编制安全技术措施和施工现场临时施工方案。施工承包单位有以上行为之一，责令限期改正；逾期未改正，责令停业整顿，并处10万~30万元罚款；情节严重，降低资质等级，直至吊销资质证书；造成重大安全事故，构成犯罪，依照刑法有关规定对直接责任人追究刑事责任；造成损失，依法承担赔偿责任。

9.2.2.4　监理单位的违法行为及法律责任

　　监理单位的违法行为主要指未审查施工组织设计，而导致安全事故发生。监理工程师通过自己所掌握专业知识详细认真审查施工组织设计，以达到《条例》和技术规定的要求，当发现安全事故隐患（不安全状态和不安全行为）时，应及时要求施工承包单位整改或者暂时停止施工，如果施工承包单位拒不整改或者不停止施工，监理工程师应当立即向业主或者有关主管部门报告，否则监理单位要承担法律责任。监理单位是业主安排在施工现场的监管者，不仅要对质量、进度和投资进行控制，还要对安全进行控制，即对草坪工程安全生产承担监理责任。监理单位未能依照法律、法规和工程施工强制性标准对草坪工程安全生产进行监理，要承担相应法律责任。监理单位有以上行为之一，责令限期改正；逾期未改正，责令停业整顿，并处 10 万～30 万元罚款；情节严重，降低资质等级，直至吊销资质证书，5 年内不予注册；造成重大安全事故，终身不予注册；构成犯罪，依照刑法有关规定追究其刑事责任。

9.2.3　行政主管部门的监督管理职责

　　行政主管部门对草坪工程安全生产的监督管理职责包括贯彻执行国家有关安全生产法规和政策，执行和制定草坪工程安全生产管理的法规和标准，并监督实施；制定草坪工程安全生产管理中长期规划和近期目标，组织草坪工程安全生产技术开发和推广应用；统计草坪工程施工伤亡人数，掌握并发布草坪工程安全生产动态；负责审查企业申报资质的安全条件；组织草坪工程安全大检查，总结交流安全生产管理经验，并表彰先进；检查和督促工程施工中重大事故调查。

　　行政主管部门在其职责范围内有权检查有关单位安全生产的文件和资料，有权进入施工现场进行检查，并对违反安全生产要求纠正其行为和对存在安全隐患和危险情况进行处置，必要时可以责令其立即撤出人员或暂时停止施工。

9.3　草坪工程安全生产控制监理工程师的主要任务

9.3.1　安全事故防范措施

　　在草坪工程施工前，项目监理部应组织有关单位分析本工程的特点以及一般安全事故类型和安全事故影响，针对性地采取措施，做好安全事故的事前预控，必须做到坚持"安全第一、预防为主"；建立健全生产安全责任制；完善安全控制机构、组织制度和报告制度；保证施工环境和树立文明施工意识；安全经费及时到位和专款专用；做好安全事故救助预案，并进行演练；建立完善安全检查验收制度。在安全制度的基础上，设专人定期或者不定期地对施工现场安全状况进行检查，发现隐患应及时纠正，经过监理工程师检查验收合格后签字，方可继续施工。

9.3.2 审查安全生产控制

9.3.2.1 检查施工承包单位安全生产管理体系

检查施工承包单位安全生产管理体系包括检查施工承包单位的安全生产资质证书、施工承包单位项目负责人的安全生产资质、项目经理为首的安全生产管理体系、施工现场配备专职安全生产管理人员等。

9.3.2.2 检查施工承包单位安全生产管理制度

检查施工承包单位安全生产管理制度包括安全生产教育培训制度、施工现场文明管理制度、施工现场安全防火和防爆制度、施工现场机械设备安全管理制度、施工现场安全用电管理制度、施工现场班组安全生产管理制度、特种作业人身安全管理制度、施工现场门卫管理制度等。

9.3.2.3 检查工程项目施工安全监督机制

检查工程项目施工安全监督机制包括检查施工承包单位的安全生产规章制度、安全生产操作规程、安全生产责任制、安全施工措施、安全检查记录等。

9.3.2.4 检查文明施工

施工承包单位应当在施工现场入口、临时用电设施、基坑边沿等处设置明显的安全警示标志；施工承包单位应在施工现场建立消防安全责任制度，确定消防安全责任人，制定用火和用电，使用易燃、易爆材料等各项消防安全管理制度和操作规程，设置消防通道和消防水源，配备消防设施和灭火器材，并在施工现场入口处设置明显防火标志；施工承包单位应当根据不同施工阶段和周围环境及气候变化，在施工现场采取相应安全施工措施；施工承包单位对施工可能造成损害的毗邻建筑物和地下管线附近应采取专项防护措施；施工承包单位应当遵守环保法律和法规，在施工现场采取措施，防止或减少粉尘、废水、废气、固体废物、噪声、振动和施工照明对人和环境造成的危害和污染；施工承包单位应当将施工现场办公、生活和作业区分开设置，并保持安全距离。办公生活区选址应当符合安全性要求，职工膳食、饮水等应当符合卫生标准，不得在尚未完工建筑物内设置员工集体宿舍。

9.3.3 审查安全生产技术措施

审查安全生产技术措施主要审查施工组织设计安全措施、危险性较大分部分项工程编制专项施工方案、人工湖支护专项措施、土方开挖工程专项措施、施工现场临时用电安全专项措施等。对上述工程经施工承包单位技术负责人或总监理工程师签字，由专项安全生产管理人员进行现场监督。

9.3.4 施工过程的安全生产控制

9.3.4.1 安全生产的巡视检察

巡视检查是监理工程师在草坪施工过程中进行安全和质量控制的重要手段。在巡视检查中应该加强施工安全检测，以防止安全事故发生。在草坪工程施工过程中主要检察安全用电情况，防止触电事故发生；检察机械安全使用情况，对于不合格机械设备，责令施工承包单位清出施工现场，不得使用；检察机械操作人员资质和操作人员身体情况和防护情况、检查安全防护情况(安全帽、安全带、安全网、防护罩、绝缘服等)。

9.3.4.2　安全生产事故的救援和调查处理

　　当安全事故发生时,应急救援工作至关重要,应急救援工作可以及时挽救事故受伤人员生命,最大限度地减少财产损失。施工承包单位应当制定本单位生产安全事故应急救援预案,建立应急救援组织或者配备应急救援人员,配备必要的应急救援器材和设备,并定期组织演练。安全事故发生时,监理工程师应积极协助和督促施工承包单位按照应急救援预案进行紧急救助,最大限度地减少财产损失,挽救事故受伤人员的生命。在生产安全事故发生后,监理单位应督促施工承包单位及时如实地向有关部门报告,下达停工令,并报告业主,防止事故的进一步扩大和蔓延。

小结

　　本章阐述与草坪工程安全生产相关的概念、草坪工程安全生产的特点、草坪工程安全生产控制的意义、草坪工程安全生产控制的原则、草坪工程安全生产控制的任务、影响草坪工程安全生产的因素,进一步总结草坪工程安全生产控制中施工主体的责任(业主的安全责任、施工承包单位安全责任、勘察单位安全责任、设计单位安全责任、工程监理单位安全责任,提出草坪工程安全生产控制监理工程师的主要任务(安全事故防范措施、审查安全生产控制、审查安全生产技术措施、施工过程的安全生产控制),对草坪工程目标控制和项目管理具有重要意义。

思考题

　　1. 试述草坪工程安全生产控制的原则。
　　2. 在草坪工程施工过程中,影响草坪工程安全生产的因素有哪些?
　　3. 浅析我国草坪工程安全生产的现状。

第10章

草坪工程合同管理

在草坪工程项目管理过程中，合同管理具有较强的管理职能，已经成为依法治理国家建设事业和加强科学管理的重要环节，是保证工程建设质量、提高工程建设社会效益和经济效益的法律保障和重要工具，也是工程项目管理和监理工作核心。监理工程师必须熟悉合同内容，掌握合同管理手段，依据合同对工程质量、投资和进度进行控制，以保证工程施工顺利进行。

10.1 草坪工程合同管理概述

10.1.1 合同的概念

合同又称"契约"，是当事人或当事双方之间设立、变更、终止民事关系的协议。广义合同指所有法律部门中确定权利和义务关系的协议。狭义合同指一切民事合同。当事人依法享有自愿订立合同的权利，任何单位和个人不得非法干预。在签订合同过程中，合同当事人法律地位平等，一方不得将自己意志强加给另一方。《中华人民共和国民法通则》第85条规定："合同是当事人之间设立、变更、终止民事关系的协议。依法成立的合同，受法律保护。"《中华人民共和国合同法》第2条规定："本法所称合同是平等主体的自然人、法人、其他组织之间设立、变更、终止民事权利义务关系的协议。"《中华人民共和国合同法》第12条的规定："合同内容由当事人约定，一般包括以下条款当事人名称或姓名和住所，标的，数量，质量，合同价款或报酬，履行期限、地点、方式，违约责任，解决争议的方法。"

合同当事人包括自然人、法人和其他组织，明确合同主体对合同的履行和确定诉讼管辖具有重要意义。自然人姓名是指经户籍登记管理机关核准登记的正式用名，自然人住所是指自然人有长期居住意愿和事实的处所，即经常居住地。法人和其他组织的名称是指经登记主管机关核准登记的名称，如公司的名称以企业营业执照上的名称为准，法人和其他组织的住所是指它们的主要营业地或主要办事机构所在地。

标的是合同中权利和义务所指向的对象，草坪工程承包合同标的是完成草坪工程项目，标的是一切合同首要条款，没有标的或标的不明确，合同无法履行，不能成立合同。

数量是合同标的的具体化，标的数量一般以度量衡作计算单位，以数字作为衡量标的尺度，没有数量或数量规定不明确，合同无法完全履行。数量直接体现合同双方权利和义务的大小程度。

质量是合同标的的具体化，标的的质量标准、功能技术要求和服务条件表明标的的内在素质和外观形态。签订合同时，必须明确质量标准，合同对质量标准的约定应当是准确和具体。对于技术上较为复杂和容易引起歧义的词语，标准应当加以解释和说明。对于强制性标准，当事人必须执行，并且合同约定质量不得低于该强制性标准。

合同价款或报酬是接受标的的一方当事人以货币形式向另一方当事人支付的代价，作为对方完成合同义务的补偿，标的物的价款由当事人双方协商，但必须符合国家物价政策。

履行期限是合同当事人完成合同所规定各自义务的时间界限，履行期限是衡量合同是否按时履行的标准，合同当事人必须在规定时间内履行自己义务，否则应承担违约或延迟履行的责任。

履行地点指当事人交付标的和支付价款或酬金的地点，包括标的交付、提取地点、服务、劳务或工程项目建设地点、价款或劳务结算地点等，履行地点由当事人在合同中约定，没约定则依法律规定或交易惯例确定，履行地点也是确定管辖权的依据之一。

履行方式指合同当事人履行义务的具体方法，包括标的交付方式和价款或酬金结算方式等。

违约责任指合同当事人任何一方不履行或者不适当履行合同规定义务而应当承担的法律责任。当事人可以在合同中约定，一方当事人违反合同时，必须向当事人另一方支付违约金的数额，或者约定违约损害赔偿的计算方法。规定违约责任，一方面可以促进当事人按时和按约履行义务，另一方面又可对当事人的违约行为进行制裁，弥补守约一方因对方违约而造成的损失。

在合同履行过程中，不可避免地会产生争议或纠纷，合同当事人在履行合同过程中发生纠纷时，首先应通过协商解决，协商不成的，可以调解或仲裁、诉讼，仲裁和诉讼成为平行解决争议的最终方式。

10.1.2　合同的法律基础

10.1.2.1　合同法律关系的概念

法律关系就是法律规范规定和调整人们基于权利和义务所形成的一种特殊社会关系。人们共同生活在一个空间，由于生存而展开的工作、学习、生活加强彼此的往来和联系，结成各种各样的社会关系，在人与人的各种社会关系中，当某一社会关系受到特定法律规范确认或制约时，就上升为法律关系。

合同法律关系是指由合同法律规范所调整，并在民事流转过程中所产生的权利和义务关系。合同法律关系包括合同法律关系主体、合同法律关系客体、合同法律关系内容 3 个要素。缺少任何一个要素不能构成合同法律关系，改变任何一个要素就不再是原来意义上的合同法律关系。

10.1.2.2　合同法律关系主体

合同法律关系主体是指合同法律关系的参与者，是依法享有合同权利、承担合同义务的当事人，合同法律关系的主体可以是自然人、法人或其他组织。合同法律关系中，必定存在两个或者两个以上的主体，否则无法形成合同法律关系。

合同法律关系主体中的自然人是指基于自然状态出生而成为民事法律关系主体，自然人必须具备生命力和相应民事权利能力和民事行为能力。民事权利能力是指民事主体依法享有民事权利能力和承担民事义务的资格，是公民获得民事权利和承担民事义务的前提。自然人的民事权利能力始于出生，终于死亡；民事行为能力是指民事主体以自己的行为参与民事法律关系，享受民事权利和承担民事义务的能力。

合同法律关系主体中的法人指具有民事权利能力和民事行为能力，依法独立享有民事权利和承担民事义务的组织。法人是相对自然人而言的社会组织，是法律上的"拟制人"。我国《民法通则》规定，法人应具备依法成立，有必要的财产或经费，有自己的名称、组织机构和场所，并按法人章程健全组织机构等条件。法人可分为企业法人和非企业法人。企业法人从事生产、经营和服务性的活动，是以营利为目的的经济组织。非企业法人从事经营活动以外的文教、卫生等其他社会活动的社会组织，包括机关法人、事业单位法人和社会团体法人，是非营利性法人。

合同法律关系主体中的其他组织主要包括法人的分支机构、不具备法人资格的联营体、合伙企业、个人独资企业等，这些组织虽然不具备法人资格，但也可以成为合同法律关系的主体。

10.1.2.3 合同法律关系客体

合同法律关系客体是指合同法律关系主体权利和义务共同指向的事物，是构成合同法律关系要素之一。我国合同法律关系客体一般可分为物和行为。物是指自然界存在或劳动者生产，能被人们控制和支配，并具有一定经济价值的物质财富，它可以有或者没有固定形状，但必须对人们具有价值和使用价值，与自然科学界的"物"有着不同含义。行为指人们受一定意识支配，具有法律意义活动，合同法律关系客体行为一般表现为完成一定工作的行为，合同法律关系主体为一方利用自己资金和技术设备为对方完成一定工作任务，并有一定工作成果，对方根据完成工作数量和质量支付一定报酬。

10.1.2.4 合同法律关系内容

合同法律关系内容是指合同法律关系主体依法享有的权利和承担的义务。合同法律关系内容是合同的具体要求，决定合同法律关系性质，是连接合同法律关系主体纽带。合同权利指合同法律关系主体依法享有的某种权益，也就是要求义务主体做出某种行为以实现或保护自身利益的资格。合同权利的含义包括享有合同权利的主体，在合同法律和法规所规定范围内，可以根据自己意志从事一定活动，支配一定财产，以实现自己利益；合同权利主体依照有关法律和法规或约定，可以要求特定义务主体做出一定行为，以实现自己利益和要求；在合同义务主体不能依法或不依法履行义务时，合同权利主体可以请求有关机关强制其履行，以保护和实现自己的利益。合同义务指法律规定合同法律关系主体必须为一定作为行为或不作为行为的约束力，合同义务含义包括承担合同义务的主体依照法律、法规或合同规定，必须为一定作为行为或不作为行为以实现合同权利主张利益和要求；合同义务主体应自觉履行其义务，如果不履行或不全面履行义务，将受到国家强制力制裁；合同义务主体履行义务仅限于法律、法规或合同规定范围，不必履行上述规定以外的要求。

10.1.2.5 合同法律关系的产生、变更和消灭

合同法律关系只有在一定条件下才能产生、变更和消灭，能够引起合同法律关系产生、变更和消灭的客观现象和事实叫法律事实。合同法律关系不会自然而然地产生，只有在一定的法律事实存在条件下，才能在当事人之间产生一定的合同法律关系，或使原来合同法律关系发生变更或消灭。

10.1.2.6 代理关系及特征

通常行为人亲自参加民事法律行为，但在现代社会中，民事活动越来越复杂，公民、法

人亲自参加各种民事活动是不现实，这就需要将一些行为由他人代为完成，因此便产生代理关系。代理是指代理人以被代理人的名义在其授权范围内向第 3 人做出意思表示。代理涉及民事法律关系包括在被代理人与代理人之间存在着代理关系、在代理人与第 3 人之间实施代理民事法律行为（代理行为），即民事法律行为关系；在被代理人与第 3 人之间产生民事法律后果，即民事权利与义务关系。

代理特征包括代理人从事代理工作时，只能在代理权限范围内实施代理行为，这是由代理关系本质所决定；代理人必须以被代理人名义实施代理行为，代理人工作就是替代被代理人进行民事和经济法律行为，代理人只有以被代理人名义进行代理行为，才能为被代理人设定权利和义务，以被代理人名义做出代理行为所产生的法律后果，归属于被代理人；代理人代替被代理人实施法律行为必须属于法律行为，代理人受被代理人委托，进行某种代理活动是能够产生某种民事和经济法律后果的行为，如代理被代理人签订合同、履行债务，或者在法庭上代理诉讼等，代理这一特征使得代理行为与委托承办事实行为有所区别；代理人在代理权限范围内独立地表示自己的意思，代理人的代理行为是将授权内容通过自己思考和决策而做出独立和发挥主观能动性的意思表示，代理人以自己的意志去积极地为实现被代理人利益和意愿而进行具有法律意义的活动；代理行为所产生的法律后果直接由被代理人承担，代理行为是在代理人与第 3 人之间进行，由于代理人在代理权限内以被代理人的名义实施行为，因此所产生的法律后果，理所当然地归属被代理人享有和承担。

10.2　草坪工程合同管理

草坪工程合同管理指草坪工程监理单位依据相关法律法规和规章制度，采取法律和行政手段，对合同关系进行组织、指导、协调及监督，保护合同当事人的合法权益，处理合同纠纷，防止和制裁违法行为，保证合同得到贯彻实施的一系列活动。合同管理内容包括合同签订前合同相关方围绕签订合同所进行的一系列管理活动，如业主招标活动（施工单位、监理单位、设计单位的投标活动），合同签订后，以合同为基础来规范相关方草坪工程施工行为，保证合同得到贯彻实施的一系列活动。

10.2.1　招标和投标管理

招标投标是市场经济条件下进行工程项目发包、承包以及服务项目的采购和提供所采用的一种交易方式。其特点包括单一买方设定功能、质量、数量、期限、价格为主的标的，邀请多个卖方通过投标进行竞争，买方从中选择优胜者与其达成交易协定，合同签订后，按合同实现标的。

实行建设项目招投标制是我国基本建设管理体制的一项重大改革，招投标制的核心是企业面向市场实行公开和公平竞争；业主通过招标方式择优选择设计单位、监理单位和施工单位。草坪工程是商品，工程项目建设以招标投标的方式选择实施单位，通过竞争机制来体现价值规律。招标要有统一约束条件，众多投标者在同一约束条件下平等竞争，在这场竞争中，投标者不仅比价格高低，而且进行技术、经验、实力和信誉等方面比较，业主能够按照他所要求的目标，全面衡量、综合评价，最后确定中标者，各投标人依据自身能力和管理水平，按照招标文件规定的统一要求投标，争取获得实施资格，招标投标制是实现项目法人责任制的重要保障措施之一。

10.2.2　草坪工程施工合同的管理

10.2.2.1　施工合同文件的内容

《合同法》规定，合同可有书面、口头和其他形式订立，草坪工程施工合同通常采用书面合同。对施工合同而言，书面合同通常包括合同协议书、中标通知书、投标书及附件、合同条款、规范、图纸、工程量清单等。

合同协议书指双方就最后达成协议所签订的协议书，它规定合同当事人双方最主要权利和义务以及组成合同的文件及合同当事人对履行合同义务的承诺，并且，合同当事人应在这份文件上签字盖章。中标通知书指业主发给承包单位表示正式接受其投标书的函件，是业主的承诺。中标通知书中应写明合同价格以及有关履约担保等。投标书指承包单位根据合同各项规定为草坪工程施工、竣工验收和养护管理向业主提交中标通知书所接受的报价表，是投标者提交最重要的单项文件。在投标书中投标者要确认已阅读招标文件，并理解招标文件要求，申明其为了承担和完成合同规定的全部义务所需的投标金额，这个金额必须和工程量清单中所列总价一致。投标书附件指包括在投标书内的附件，列出合同条款所规定的一些主要数据。合同条款指由业主拟定或选定经双方协商达成一致意见的条款，规定合同当事人双方权利和义务。合同条款一般包含"通用条款"和"专用条款"。规范是施工合同中涉及的工程规范和技术标准，一般是国家规定强制执行，规范规定合同中工程工艺标准和技术要求。图纸指监理工程师根据合同向承包单位提供的所有图纸、设计书和技术资料，以及由承包单位提出并经监理工程师批准的所有图纸、设计书和技术资料。图纸应足够详细准确，以便承包单位在参照规范和工程量清单后，能确定合同所包括工程的性质和范围。工程量清单指已标价完整的工程量表，列有按照合同应实施的工作说明、估算工程量以及由投标者填写单价和总价，是投标文件的组成部分。

10.2.2.2　合同文件的优先次序

一般来说，构成合同的各种文件是一个整体，应能相互解释，互为说明。由于合同文件内容众多和篇幅庞大，很难避免彼此之间出现解释不清和有异议，甚至互相矛盾等情况。因此，合同条款中必须规定合同文件的优先次序，即当不同文件出现模糊或矛盾时，要有一个标准。一般来说，组成合同的各种文件及优先解释顺序为合同协议书 > 中标通知书 > 投标书及其附件 > 合同专用条款 > 合同通用条款 > 标准、规范及有关技术文件 > 图纸 > 工程量清单 > 工程报价单或预算书。如果业主选定不同于上述的优先次序，则应当在专用条款中予以说明，业主可将出现含糊或异议的解释和校正权赋予监理工程师，监理工程师向承包单位发布指令，对这种含糊和异议加以解释和校正。

10.2.2.3　草坪工程施工合同管理

（1）施工进度管理

开工后，承包单位应按照监理工程师确认的进度计划组织施工，接受监理工程师对进度的检查和监督。一般情况下，监理工程师每月应检查一次承包单位进度计划执行情况，承包单位需提交一份上月进度计划执行情况和本月施工方案和措施。施工过程中，由于受到外界环境条件、人为条件、现场情况等限制，经常会出现实际施工进度与计划进度不符，当出现这种情况时，监理工程师有权通知承包人修改进度计划，以便更好地进行后续施工协调管理。承包人应当按照监理工程师的要求修改进度计划，并提出相应措施，经监理工程师确认后执行。因承包单位自身原因造成工程实际进度滞后于计划进度，产生后果均应由承包单位自行承担。由于社会条件、人为条件、自然条件和管理水平等因素的影响，导致工期延误，不能按时竣工，监理工程师应依据合同责任来判定是否给延长工期。施工合同范本通用条款规定，业主不能按合同约定提供开工条件，不能按合同约定日期支付工程预付款和进度款，致使工程不能正常进行；监理工程师未能按合同约定提供所需指令、批准等，致使施工不能正常进行；设计变更和工程量增加；非承包人原因停水、停电、停气造成停工；不可抗力等原因造成的工期延误，经监理工程师确认后可延长工期。

（2）施工质量管理

监理工程师在施工过程中应采用巡视、旁站、平行检验等方式监督检查承包单位的施工工艺和产品质量，对草坪工程施工全过程进行严格控制，承包单位应认真按照标准、规范和设计要求以及监理工程师依据的指令施工，随时接受监理工程师及其委派人员的检查和检验，并为检查和检验提供便利条件。监理工程师一经发现工程质量达不到约定标准，应要求承包单位拆除和重新施工，承包单位应按监理工程师要求拆除和重新施工，承担由于自身原因导致拆除和重新施工的费用。经监理工程师检查检验合格后，若再次发现因承包单位原因出现的质量问题，仍由承包单位承担责任，赔偿直接损失。监理工程师的检查和检验不应影响施工正常进行。

隐蔽工程在施工中一旦完成隐蔽，将很难再对其进行质量检查，因此必须在隐蔽前进行检查验收，即所谓中间验收。对于中间验收，应在专用条款中约定，对需要进行中间验收的单项工程和部位进行检查和试验，不能影响后续工程施工。隐蔽工程按检验程序包括承包单位自检和共同检验。当工程具备隐蔽条件或达到专用条款约定的中间验收部位时，承包单位先进行自检，并在隐蔽或中间验收前 48 小时以书面形式通知监理工程师验收，通知包括隐蔽和中间验收的内容、验收时间和地点，监理工程师接到承包单位的请求验收通知后，应在通知约定的时间与承包单位共同进行检查或试验，检测结果合格，经监理工程师在验收记录上签字后，承包单位可进行工程隐蔽和继续施工，验收不合格，承包单位应在监理工程师限定的时间内修改后重新验收。如果监理工程师不能按时进行验收，应在承包单位通知的验收时间前 24 小时以书面形式向承包单位提出延期验收要求，延期不能超过 48 小时。如果监理工程师未能按以上时间提出延期要求，又未按时参加验收，承包单位可自行组织验收，经过验收检查和试验程序后，承包单位要将检查和试验记录送交监理工程师。

（3）支付管理

监理工程师对工程进度支付款管理是施工合同管理的重要内容之一，是投资控制的重要手段。确定工程进度支付款最直接依据是工程量，签订合同时在工程量清单内开列工程量是估计工程量，实际施工完成工程量与估计工程量有差异，在业主支付工程进度款前，应由监理工程师对承包单位完成的实际工程量予以确认或核实，按照承包单位实际完成永久工程的工程量进行支付。其程序为承包单位按专用条款约定时间向监理工程师提交本阶段（一般以月为单位）已完工程量的报告，说明本期完成的各项工作内容和工程量，监理工程师接到承包单位报告后 7 天内，按设计图纸核实已完工程量，并在现场实际计量，同时 24 小时前通知承包单位共同参加，如果承包单位收到通知后不参加计量，监理工程师自行计量结果有效，作为工程价款支付依据。若监理工程师不按约定时间通知承包单位，致使承包单位未能参加计量，则监理工程师单方计量的结果无效。监理工程师收到承包单位报告后7天内未进行计量，从第8天起，承包单位报告中开列的工程量即视为已被确认，可作为工程价款支付的依据。需要注意，监理工程师以设计图纸为依据，只对承包单位完成的永久工程合格工程量进行计量，因此，承包单位超出设计图纸范围的工程量、因承包单位原因造成返工的工程量、承包单位为保证施工质量自行采取措施而增加的工程量都不予计量。工程量确定以后，即可进行工程进度款计算，计算内容包括经过确认核实完成工程量、工程量清单或报价单、价格、应支工程款、设计变更应调整合同价款、本期应扣回的工程预付款、补偿承包单位的款项和应扣减的款项、索赔款等。

（4）材料和设备的质量控制

材料和设备质量对工程的质量影响较大，对工程质量进行严格控制，必须先对材料和设备质量进行严格控制。按合同约定，一般承包单位负责提供全部或部分材料和设备，应按照合同专用条款约定及设计要求和有关标准进行采购，并提供产品合格证明，对材料设备质量负责，承包单位在材料设备到货前24小时应通知监理工程师共同进行到货清点，当承包单位采购的材料设备与设计或标准要求不符时，承包单位应在监理工程师要求的时间内运出施工现场，重新采购符合要求的产品，并承担发生的费用。

（5）设计变更管理

设计变更属于工程变更的一种，在草坪工程施工中经常发生设计变更，设计变更来自监理工程师、承包单位或业主。《施工合同》通用条款明确规定，监理工程师依据工程项目需要和施工现场实际情况，可以更改工程有关部分的标高、基线、位置和尺寸，增减合同中约定的工程量，改变有关工程的施工时间和施工顺序等。业主需对原工程设计进行变更，应提前14天以书面形式向承包单位发出变更通知，变更超过原设计标准时，业主应报规划管理部门和其他有关部门进行重新审查批准，并由原设计单位提供变更的相应图纸和说明。监理工程师向承包单位发出设计变更通知后，承包单位应按照监理工程师发出的变更通知及有关要求进行变更。业主承担因设计变更导致合同价款的增减和承包单位损失。承包单位不得以施工方便为由要求对原工程设计进行变更，承包单位提出设计图纸、施工组织设计、材料、设备等变更时，须经监理工程师同意。未经监理工程师同意承包单位擅自更改或换用，承包单位应承担由此发生费用，并赔偿业主有关损失。监理工程师同意采用承包单位建议，发生费用和获得收益的分担或分享。

10.2.2.4　施工过程中不可抗力

不可抗力指合同当事人不能预见和不能避免外在因素，并且不能克服的客观情况。草坪工程施工不可抗力因素包括爆炸、火灾、风、雨、雪、洪水、地震等自然灾害，对于自然灾害形成的不可抗力，当事人双方订立合同时可在专用条款内约定。监理工程师应当有较强的风险意识，及时识别可能发生不可抗力的因素，督促当事人转移或分散风险（如投保等），监督承包单位采取有效防范措施（如加固措施）等。

不可抗力事件发生后，承包单位应当在力所能及的条件下迅速采取措施，尽量减少损失，并在不可抗力事件结束后48小时内向监理工程师通报受灾情况、损失情况和预计清理修复的费用，业主应尽力协助承包单位采取措施，如果不可抗力事件继续发生，承包单位应每隔7天向监理工程师报告一次受灾情况，并于不可抗力事件结束后14天内，向监理工程师提交清理和修复费用的正式报告及有关资料。《施工合同》通用条款规定，业主承担工程损害导致第三方人员伤亡和财产损失，业主和承包商双方人员的伤亡损失，分别由各自负责，承包单位承担机械设备损坏及停工损失。停工期间，应监理工程师要求，业主承担承包单位留在施工场地管理人员及保卫人员的费用。

10.3　草坪工程委托监理合同

10.3.1　草坪工程委托监理合同概述

10.3.1.1　草坪工程委托监理合同的概念

草坪工程委托监理合同，简称监理合同，是指草坪工程建设单位聘请监理单位对草坪工程建设实施监督管理，明确双方权利、义务的协议。建设单位称委托人，监理单位称受托人。草坪工程监理人员应掌握委托监理合同的基本内容。

10.3.1.2　草坪工程委托监理合同的特征

监理合同的当事人双方应当是具有民事权利能力和民事行为能力、取得法人资格的企事业单位、其他社会组织，个人在法律允许范围内也可以成为合同当事人。委托人必须有国家已经审核批准的工程建设项目及相关文件，以及落实投资计划的企事业单位、其他社会组织及个人。监理人必须是依法成立具有法人资格的监理单位，并且所承担的工程监理业务应与该监理单位资质等级相符合。

监理合同不同于其他工程合同，监理合同是委托合同的一种，并且监理合同的标的是服务，即监理工程师根据自己的知识、经验、技能，受业主委托为其所签订的其他合同的履行实施监督和管理，而不是草坪工程项目本身。

监理合同与草坪工程合同必须协调进行。监理合同应该与委托人与其他第三方签订的合同(设计、工程、劳务、采购等)协调进行，不能出现相互矛盾的情况。

10.3.1.3　草坪工程委托监理合同的基本内容

监理合同是委托任务履行过程中当事人双方的行为准则，合同的基本内容包括：合同所涉及的词语定义和遵循的法规、监理的范围和内容、委托人和监理人的义务、委托人和监理人的权利、委托人和监理人的责任、合同的生效及变更和终止、监理的报酬、违约责任、争议的解决等部分。

10.3.1.4　草坪工程委托监理合同示范文本的组成

目前，我国草坪工程委托监理合同一般采用《建设工程委托监理合同(示范文本)》，此"示范文本"由"建设工程委托监理合同""标准条件"及"专用条件"组成。

"建设工程委托监理合同"是一个总的协议，是纲领性文件。主要内容是当事人双方确认的委托监理工程的概况(工程名称、地点、规模及总投资)、合同签订及生效和完成时间、双方愿意履行约定的各项义务的承诺以及合同文件的组成等。

监理合同除"合同"之外，应包括以下内容：监理投标书和中标通知书、监理委托合同标准条件、监理委托合同专用条件、在实施过程中双方共同签署的补充和修正文件等。

"合同"是一份标准的格式文件，经当事人双方在有限的空格内填写具体规定的内容并签字盖章后，即发生法律效力。

标准条件内容涵盖合同中所用词语定义、适用范围和法规、签约双方的责任及权利和义务、合同生效及变更和终止、监理报酬、争议解决以及其他情况。标准条件内容是监理合同的通用文本，适用于各类建设工程监理，是所有签约工程都应遵守的基本条件。

由于标准条件适用于所有的建设工程监理，其中某些条款规定得比较笼统，需要在签订具体工程项目的监理委托合同时，就地域特点、专业特点和委托监理项目特点，对标准条件中的某些条款进行补充和修正。对委托监理的工作内容而言，认为标准条件中的条款不够全面，允许在专用条件中增加双方议定的条款内容。

所谓"补充"是指标准条件中的某些条款明确规定原则下，在专用条件的条款中进一步明确具体内容，使两个条件中相同序号的条款共同组成一条内容完备的条款。如标准条件中规定"监理合同适用的法律是国家法律和行政法规，以及专用条件中议定的部门规章或工程所在地的地方法规和地方规章"。这要求在专用条件的相同序号条款内写入应遵循的部门规章和地方法规的名称，作为双方都必须遵守的条件。

所谓"修改"是指标准条件中规定的程序方面的内容，如果双方认为不合适，可以协议修改。如标准条件中规定"委托人对监理人提交的支付通知书中酬金或部分酬金项目提出异议，应在收到支付通知书24小时内向监理人发出异议的通知"。如果委托人认为这个时间太短，在与监理人协商达成一致意见后，可在专用条件的相同序号内延长时效。

10.3.2　草坪工程委托监理合同的管理

10.3.2.1　双方的义务

（1）委托人的义务

委托人的义务主要包括：在监理人开展监理业务之前应向监理人支付预付款；负责工程建设的所有外部关系的协调，为监理工作提供外部条件（如将部分或全部协调工作委托监理人承担，则应在专用条款中明确委托的工作和相应的报酬）；在双方约定的时间内免费向监理人提供与工程有关监理工作所需要的工程资料；在专用条件约定的时间内，向监理人书面提交，并要求做出决定的一切事宜做出书面决定；授权一名熟悉工程情况、能在规定时间内做出决定的常驻代表（在专用条件中约定），负责与监理人联系；更换常驻代表，要提前通知监理人；将授予监理人的监理权利、监理人主要成员的职能分工、监理权限等，及时书面通知已选定的合同承包人，并在与第3人签订的合同中予以明确；在不影响监理人开展监理工作的时间内提供如下资料：与本工程合作的原材料、购配件、设备等生产厂家名录，提供与本工程有关的协作单位、配合单位的名录；应免费向监理人提供办公用房、通信设施、监理人员工地住房及合同专用条件约定的设施，对监理人自备的设施给予合理的经济补偿；根据情况需要，如果双方约定，由委托人免费向监理人提供其他人员，应在监理合同专用条件中予以明确。

（2）监理人的义务

监理人的义务主要包括：监理人按合同约定派出监理工作需要的监理机构及监理人员，向委托人报送委派的总监理工程师及其监理机构的主要成员名单、监理规划、完成监理合同专用条件中约定的监理工程范围内的监理业务，总监理工程师代表监理企业全面负责该项目的监理工作，监理人在履行合同义务期间，应按合同约定定期向委托人报告监理工作；监理人在履行合同前期，应尽快熟悉工程项目情况，收集各类工程项目资料；履行合同期间，应认真工作，为委托人提供与其水平相适应的咨询意见，公正维护各方面的合法利益；监理人使用委托人提供的设施和物品属委托人的财产，在监理工作完成或中止时，应将其设施和剩余的物品按合同约定的时间和方式移交委托人；在合同期内和合同终止后，未征得有关方同意，不得泄漏与本工程、本合同业务有关的保密资料。

10.3.2.2　双方的权利

（1）委托人的权利

委托人的权利主要包括：委托人有选定工程总承包人，以及与其订立合同的权利；委托人有对工程规模、设计标准、规划设计、生产工艺设计和设计使用功能要求的认定权，以及对工程设计变更的审批权；监理人调换总监理工程师需事先经委托人同意；委托人有权要求监理人提供监理工作月报及监理业务范围内的专项报告；当委托人发现监理人员不按监理合同履行监理职责，或与承包人串通给委托人或工程造成损失的，委托人有权要求监理人更换监理人员，直到解除合同并要求监理人承担相应的赔偿责任或连带赔偿责任。

（2）监理人的权利

监理人的权利主要包括：选择工程总承包人的建议权；选择工程分包人的认可权；对工程建设有关事项包括工程规模、设计标准、规划设计、生产工艺设计和使用功能要求，向委托人的建议权；对工程设计中的技术问题，按照安全和优化的原则，向设计人提出建议，如果提出的建议可能会提高工程造价，或延长工期，应当事先征得委托人的同意；当发现工程设计不符合国家颁布的设计工程质量标准或设计合同约定的质量标准时，监理人应当书面报告委托人并要求设计人更正；审批工程施工组织设计和技术方案，按照保质量、保工期和降低成本的原则，向承包人提出建议，并向委托人提出书面报告；主持工程建设有关协作单位的组织协调，重要协调事项应当事先向委托人报告；征得委托人同意，监理人有权发布开工令、停工令和复工令，但应当事先向委托人报告（如在紧急情况下未能事先报告时，则应在24 小时内向委托人做出书面报告）；工程上使用的材料和施工质量的检验权（对于不符合设计要求和合同约定及国家质量标准的材料、构配件、设备，有权通知承包人停止使用）；对于不符合合同规范和质量标准的工序、分部、分项工程和不安全施工作业，有权通知承包人停工整改和返工，承包人得到监理机构复工令后才能复工；工程施工进度的检查和监督权，以及工程实际竣工日期提前或超过工程施工合同规定的竣工期限的签认权；在工程施工合同约定的工程价格范围内，工程款支付的审核和签认权，以及工程结算的复核确认权与否决权（未经总监理工程师签字确认，委托人不支付工程款）；监理人在委托人授权下可对任何承包人合同规定的义务提出变更（如果由此严重影响了工程费用或质量、或进度，则这种变更须经委托人事先批准，在紧急情况下未能事先报委托人批准时，监理人所作的变更也应尽快通知委托人）；在监理过程中，如发现工程承包人员工作不力，监理机构可要求承包人调换有关人员；在委托的工程范围内，委托人或承包人对对方的任何意见和要求（包括索赔要求），均必须首先向监理机构提出，由监理机构研究处置意见，再同双方协商确定；当委托人和承包人发生争执时，监理机构应根据自己的职能，以独立的身份判断，公正地进行调解；当双方的争议由政府建设行政主管部门调解或仲裁机构仲裁时，应当提供作证的事实材料。

10.3.2.3　双方的责任

（1）委托人的责任

委托人的责任主要包括：委托人应当履行委托监理合同约定的义务，如有违反，则应当承担违约责任，赔偿给监理人造成的经济损失；监理人处理委托业务时，因非监理人过失而造成损失，可向委托人要求补偿损失；如果委托人向监理人提出赔偿的要求不能成立，委托人应补偿由该索赔所引起的监理人的各种费用支出。

（2）监理人的责任

监理人的责任主要包括：监理人的责任期即委托监理合同有效期，在监理过程中，如果因工程建设进度的推迟或延误而超过书面约定的日期，双方应进一步约定相应延长的合同期；监理人在责任期内，应当履行约定的义务，如果因监理人过失而造成委托人的经济损失，应当向委托人赔偿，累计赔偿总额不应超过监理报酬总额（除去税金）；监理人对承包人违反合同规定的质量和要求完工（交货、交图）时限，不承担责任；因不可抗力导致委托监理合同不能全部或部分履行，监理人不承担责任，但对违反合同规定，引起的与之有关的损失，监理人应向委托人承担赔偿责任；监理人向委托人提出赔偿要求不能成立时，监理人应当补偿由于该索赔所导致委托人的各种费用支出。

10.3.2.4　监理报酬的组成

我国建设工程监理有关规定指出："工程建设监理是有偿的服务活动，酬金及计提办法由监理单位与建设单位依据所委托的监理内容和工作深度协商确定，并写入监理委托合同"，监理报酬一般由正常监理工作报酬、附加工作报酬和额外工作报酬组成。

正常监理工作报酬又由直接成本和间接成本组成。

①直接成本　监理人员和监理辅助人员的工资，包括津贴、附加工资、奖金等；用于该项工程监理人员和监理辅助人员的其他专项开支（差旅费、补助费、书报费等）；监理期间使用与监理工作相关的计算机和其他办公设施、仪器、机械的购买和租赁费用；所需的其他外部协作和服务费用。

②间接成本　全部业务经营开支和非工程项目的特定开支；管理人员、行政人员、后勤服务人员的工资；经营业务费，包括为招揽业务而支出的广告费、宣传费及合同公证费等；办公费，包括文具、纸张、邮寄、账表、报刊、文印、会议费用等；交通费、差旅费、办公设施费（公司使用的水、电、气、环卫、治安等费用）；固定资产及常用工器具、设备的使用费；业务培训费、图书资料购置费；其他行政活动经费。

以上费用仅是正常的监理工作所产生的费用，在监理工作中支出费用还应包括：附加工作和额外工作的报酬。其收费应按照监理合同专用条件约定的方法计算，并按约定的时间和数额进行支付。

10.3.2.5　监理报酬的计算

我国现行的监理费计算方法主要有四种，即国家物价局、建设部颁发的价费字 479 号文件《关于发布工程建设监理费有关规定的通知》中规定：按照监理工程概预算的百分比计收；按照参与监理工作的年度平均人数计算（每人 3.5 万～5 万元/年）；不宜按以上两项办法计收的，由甲方和乙方按商定的其他方法计收；中外合资、合作、外商独资的建设工程，工程建设监理费由双方参照国际标准协商确定。

在上述四种计费方法中，其中第三种和第四种的具体适用范围已明确界定。第一种方法，即按监理工程概预算百分比计收，这种方法比较简单经济科学，在国际上是一种比较常用的方法，一般情况下，新建、改建和扩建的工程，都应采用这种方式。第二种方法，即按照参与监理工作的年度平均人数计算收费，主要适用于单工种或临时性，或不宜按工程概预算的百分比计收监理费的监理项目。

10. 3. 2. 6 监理报酬的支付

正常的监理工作、附加工作和额外工作的报酬，按照监理合同专用条件中约定的方法计算，并按约定的时间和数额支付。如果委托人在规定的时间未支付监理报酬，自规定之日起，还应向监理人支付滞纳金。滞纳金从规定支付期限最后 1 日算起。支付监理报酬所采取的货币币种、汇率由合同专用条款约定。如果委托人对监理人提交的支付通知中报酬项目提出异议，应当在收到支付通知书 24 小时内向监理人发出表示异议的通知，但委托人不得拖延其他无异议报酬项目的支付。

10. 3. 2. 7 监理委托合同的生效、变更与终止

合同在签字之日起立即生效。双方在合同履行期间，如认为完成时间需要延期，可双方商议顺延。如果由于委托人或第三方的原因，导致监理工作受阻或延误，以致增加了工作量或持续时间，监理单位应当及时通知委托方，由此增加的工作量视为附加工作，可得到额外酬金，并顺延完成监理工作。

在合同履行期间，实际情况会发生变化，监理单位因为实际情况的变化而不能全部或部分执行监理工作，监理单位应当立即通知委托人。该监理业务完成时间应予以延长。恢复执行监理业务的时间不得超过 42 天。

因解除合同使一方遭受损失，除依法可以免除责任的之外，应由责任方赔偿。变更或解除合同的通知或协议必须采用书面形式，协议未达成之前，原合同依然有效。

监理人在应当获得监理酬金之日起 30 天内仍未收到支付单据，而委托人又未对监理人提出任何书面解释时，或已暂停执行监理业务时限超过半年时，监理人可向委托人发出终止合同的通知。如果终止监理合同的通知发出后 14 天内未得到委托人答复，可进一步发出终止合同的通知，如果第二次通知发出后 42 天内仍未得到委托人答复，可终止合同，或自行暂停执行全部或部分监理业务。

当委托人认为监理人无正当理由而又未履行监理义务时，可向监理人发出指明其未履行义务的通知。若委托人发出通知后 21 天内没收到满意答复，可在第一个通知发出后 35 天内发出终止监理合同的通知，监理合同即行终止。

一般情况下，监理人向委托人办理完竣工验收或移交手续，承包人和委托人已签订工程保修责任书，监理人收到监理报酬尾款，监理委托合同即终止。

10. 3. 2. 8 监理委托合同争议的解决

因违反或终止合同而引起的对损失和损害的赔偿，委托人和监理人之间应协商解决，如未能达成一致，可提交主管部门协调，仍不能达成一致时，根据双方约定提交仲裁机关仲裁，或向人民法院起诉。

小结

在草坪工程项目管理中，合同管理已经成为依法治理国家建设事业和加强科学管理的重要环节，也是工程项目管理和监理工作核心。本章从合同的基本概念、草坪工程合同、草坪工程委托监理合同 3 方面对合同管理进行介绍，重点讲述合同的基本概念及其法律关系、草坪工程建设合同的管理内容、草坪工程委托监理合同的概念和内容，以及委托监理合同双方的权利和义务等。

思考题

1. 合同的概念及法律关系是什么？
2. 草坪工程施工合同管理的基本内容有哪些？
3. 草坪工程委托监理合同的特征是什么？
4. 草坪工程委托监理合同的基本内容有哪些？
5. 草坪工程委托监理合同双方的义务和权利都有哪些？
6. 监理报酬的计算办法有哪些？

第 *11* 章
草坪工程信息管理

随着信息化时代发展，信息已经成为草坪工程生存和发展的关键。目前，我国草坪工程信息管理处于最薄弱环节，多数草坪工程信息管理模式处于古老模式，较难适应新形势发展要求。需要进一步优化草坪工程信息管理模式，转变观念，提高管理效率，健全制度，规范运作，积极建立信息共享平台，保证草坪工程监理顺利实施。草坪工程信息管理是现代草坪工程管理的重要内容和重要手段。本章主要包括草坪工程信息收集、存储、传递、处理和管理等内容。

11.1 草坪工程信息管理概述

11.1.1 信息概念及特征

信息称资讯，是一个高度概括抽象概念，由于其具体表现形式多样性，很难用统一文字对其进行定义。信息是客观世界中各种事物存在方式和运动变化规律以及这种方式和规律的表征和表述，随着人类社会发展，信息范畴将进一步扩大。

一般地讲，草坪工程信息特点包括客观真实性、传递性、时效性、有用性(或目的性)、可处理性、可共享性等。信息是事物存在方式和运动变化规律的客观反映，客观性和真实性是信息最重要的本质特征，是信息生命所在。传递是信息的基本要素和明显特征，信息只有借助于一定载体(媒介)传递才能为人们所感知和接受，没有传递就没有信息，更谈不上信息的时效性。信息最大特点是在于它的不确定性、千变万化和稍纵即逝，信息的功能、作用、效益随着时间延续而改变，这种性能即信息的时效性。信息是人类社会的重要资源，人类利用信息认识和改造客观世界。信息的可处理性包括多方面内容，如信息的可拓展、可引申、可浓缩等，这一特征使信息得以增值或便于传递和利用。与一般物质资源不同，信息不属于特定占有对象，可为众多人们共同享用，实物转赠之后就不再属于原主，而信息通过双方交流，使双方都有得无失，这一特性通常以信息的多方位传递来实现。

11.1.2 草坪工程监理信息分类

草坪工程监理信息是在草坪工程监理过程中发生和反映草坪工程状态和规律的信息。监理信息除具有一般信息特征外，同时具有信息量大、来源广、动态性强和形式多样等特征。监理信息划分归类有利于满足不同监理工作需求，使信息管理更加有效。监理信息具有多种分类方式，主要按监理控制目标和按工程不同阶段进行分类。

草坪工程监理的目的是对工程进行有效控制，按控制目标可将监理信息分为投资控制信息、质量控制信息、进度控制信息、安全生产控制信息和合同管理信息等。投资控制信息指与投资控制相关的各种信息，如工程造价、物价指数、工程量计算规则、投资估算、设计概算、合同价、施工阶段支付账单、工程变更费用、违约金、工程索赔费用等。质量控制信息指与质量控制相关各种信息，如国家质量标准、质量法规、质量管理体系、工程项目建设标准、工程项目合同标准、材料设备合同质量、质量控制工作措施、工程质量检查、验收记录、材料质量抽样检查、设备质量检验、工程承包商资质及特殊工种人员资质等信息。进度控制信息指与进度控制相关各种信息，如工程项目进度计划、进度控制制度、进度记录、工程款支付情况、环境气候条件、项目参加人员、物资和设备情况、工程实际进度控制风险分析信息、进度目标分解信息、实际进度与计划进度对比分析、实际进度与合同进度对比分析、实际进度统计分析以及进度变化预测信息等。安全生产控制信息指与安全生产控制相关各种信息，如国家法律、法规、条例、安全生产管理体系、安全生产保证措施、安全生产检查、巡视记录、安全隐患记录等信息。合同管理信息指与合同管理相关各种信息，如国家法律、法规、勘测设计合同、工程建设承包合同、分包合同、监理合同、物资供应合同、运输合同、工程变更、工程索赔、违约事项等信息。

　　按草坪工程不同阶段可将监理信息分为施工前期信息、施工过程中信息和工程竣工阶段信息。施工前期信息包括可行性研究报告、设计任务书、勘察设计文件、招标投标等方面信息。由于草坪工程具有施工周期长和参建单位多等特点，施工过程中信息量最大。施工过程中信息包括有来自于业主方面信息，如业主指示、意见、看法及下达指令文件；来自于承包商方面信息，如向监理工程师或向有关方面发出各种文件、报告等；来自于设计方面信息，如设计合同、施工图纸、工程变更等；来自于监理方面信息，如监理单位发出各种通知、指令、工程验收等信息。工程竣工阶段信息一部分在整个施工过程中长期积累形成，另一部分在竣工验收期间根据积累资料整理分析形成。工程竣工阶段信息包括管理信息、施工信息和结算信息。管理信息包括竣工通知书、施工合同、项目监理机构文件、组织施工设计、工程图纸、开工报审表、工程开工令、回复及通知、竣工验收申请、工程竣工报验单、验收组成员名单、验收意见、竣工图；施工信息包括水准测量成果表、新增工程鉴证单、实验资料等；结算信息包括报审表、竣工结算表、工程竣工决算说明、工程造价对比分析表、竣工图、支付证书、单价分析表、施工日记等。

11.1.3　监理信息形式

　　数据是对信息的解释，解释方式多种多样。监理信息一般包括文字、数字、表格、图形、图像、声音等多种形式。

11.1.3.1　文字数据

　　文字数据和文件是监理信息一种常见表现形式。监理中通常以书面形式进行交流，即使口头指令也要在一定时间内形成书面文字，这就会形成大量文件。这些文件包括国家、地区、部门行业、国际组织颁布有关草坪工程法律法规文件，如合同法、条例、通知和规定、标准规范、招投标文件、工程承包资质、会议纪要、监理月报、监理总结、工程变更、隐蔽及验收记录资料等。

11.1.3.2　数字数据

　　数字数据是监理信息常见的表现形式。在草坪工程施工中，为了准确地说明各种工程情况，监理工作用科学数字进行说明、论证和证实，如计算成果、试验检测、设备和材料价格、工程量计算规则、价格指数、工期、劳动、机械台班、施工定额、工程进度数据、进度工程量签证及付款签证数据、专业图纸数据、质量评定数据等。

11.1.3.3　文字数据报表

各种报表是监理信息的一种表现形式。草坪工程各方常用文字数据报表包括开工申请单、施工技术方案报审表、进场原材料报验单、进场设备报验单、测量放线报验单、合同外工程单价申报表、计日工单价申报表、合同工程月计量申报表、额外工程月计量申报表、人工和材料价格调整申报表、付款申请表、索赔申请书、索赔损失计算清单、延长工期申报表、复工申请、事故报告单、工程验收申请单、竣工报验单、工程开工令、工程清单支付月报表、暂定金额支付月报表、应扣款月报表、工程变更通知、额外增加工程通知单、工程暂停指令、复工指令、现场指令、工程验收证书、工程验收记录、竣工证书、工程质量月报表、项目月支付总表、工程进度月报表、进度计划与实际完成报表、施工计划与实际完成情况表、监理月报表、工程状况报告表等。

11.1.3.4　图形、图像和声音

监理信息包括图形、图像和声音等表现形式，这些信息能直观、形象地反映工程，尤其隐蔽工程情况。声音信息主要包括会议录音、电话录音以及其他讲话录音等。图形和图像信息包括工程项目立面、平面和功能布置图形、项目位置和项目所在区域环境实际图形或图像、隐蔽部位、设备安装部位和预留预埋部位图形、管线系统、质量问题和工程进度形象图像。随着科技发展，还会出现更好信息表现形式，了解监理信息各种表现形式及其特点有助于信息收集和整理。

11.1.4　监理信息作用

11.1.4.1　监理工程师实施目标控制的基础

监理工程师按计划投资、质量和进度等目标完成草坪工程监理目标控制。监理信息贯穿在目标控制各个环节之中，与监理目标控制系统内部各要素之间、系统和环境之间有必然联系。实施目标控制主要任务是比较分析计划目标与计划执行情况，排除和预防产生差异原因，确保工程总体目标实现。全面充分可靠信息是监理工程师实施目标控制的基础。

11.1.4.2　监理工程师进行科学决策依据

决策是监理工程师首要职能。草坪工程中有许多问题需要决策，决策正确与否直接影响草坪建设总目标实现及监理单位信誉。决策确定需要考虑各种因素，其中最重要因素之一就是信息，如进度计划调整需要收集计划进度信息与工程实际进度信息。在整个工程监理过程中，监理工程师充分收集加工整理信息，才能做出正确决策。

11.1.4.3　监理工程师进行组织协调的纽带

信息是监理工程师进行工程项目协调的重要媒介。草坪工程项目施工是一个复杂和庞大系统。草坪工程施工参建单位多、施工周期长和影响因素多，施工过程中需要进行大量协调工作，同时，监理组织内部也要进行大量协调工作，工作协调都要依靠大量信息。协调各项工作是监理工程师重要任务，包括人际关系、组织关系、资源供求关系、配合关系和约束关系协调等。人际关系协调需要了解协调对象特点、性格、岗位职责、目标信息等；组织关系协调需要了解组织机构设置、目标职责等。资源供求关系协调需要掌握人员、材料、设备、

能源动力等资源方面计划信息、储备信息以及现场使用情况等信息。

11.2 草坪工程信息管理手段

11.2.1 监理信息收集

草坪工程施工过程中会产生大量信息，信息一经产生必然受到传输条件、人类思想意识和各种利益关系的影响。根据需求，监理工程师要有目的、有组织、有计划的收集有价值信息，并将有价值信息进行加工和筛选，从中选择出对决策有价值信息。收集信息是信息处理的前提。信息处理是对已经收集原始信息进行分类、筛选、分析、加工、评定、存储、检索和传递过程。信息收集的工作质量直接决定处理后信息价值。时效性强、真实度高、价值大、全面系统的信息经加工后得到的信息能为草坪工程监理工作提供较高参考价值。

11.2.2 监理信息收集的基本原则

（1）及时主动

监理工程师必须及时主动收集加工各类信息才能取得工程控制的主动权。监理信息信息量大、时效性强，草坪工程投资大、工期长、项目分散、参建单位多等特点要求监理工程师必须及时主动收集各类信息，否则必然影响各部门工作及监理工作质量。

（2）全面系统

监理信息贯穿草坪工程项目建设各个阶段和各分项工程，并反映监理工作质量。收集监理信息不能以点带面或不考虑事物之间联系。草坪工程各环节间的内在联系性要求监理工程师全面、系统、连续地收集信息。

（3）真实可靠

收集监理信息的目的在于有效控制工程项目。草坪工程、人际关系、经济利益的复杂性造成监理信息在传输过程中失真现象，必须严肃认真收集、严格核实、检测和筛选监理信息，保证信息的真实可靠性。

（4）重点选择

监理信息复杂性使得信息收集工作必须要有重点和针对性。针对性要求监理信息收集工作有明确的目标，有明确信息源和信息内容，所取信息符合监理工程需要。重点要求监理工作根据监理信息的不同层次、部门、阶段对信息进行有侧重点选择。

11.2.3 监理信息收集的基本方法

监理工程师通过多种方式记录收集的监理信息统称监理记录。监理记录是各种工程项目建设相关记录资料的集合，包括现场记录、会议记录、计量和支付记录、试验记录、工程照片、录像等。

（1）现场记录

现场监理人员必须每天利用日志或以其他方式记录工地上发生的各类事件，将所有记录始终保存在工地办公室内以供监理工程师及其他监理人员查阅。专业人员将现场记录整理成书面资料，每月报送监理工程师办公室。在施工现场当遇到突发事件，监理人员需采取紧急措施时，需将承包商发出的书面指令尽快报送上一级监理组织以征得其确认或修改指令。

现场记录通常包括现场监理人员对所监理工程范围内机械、劳力配备和使用记录；现场气候及水文情况记录；承包商每天工作范围、完成工程量、开始及完成工作时间、工程中出现技术问题、工程补救措施及补救效果等信息记录；工程施工过程中工序完工情况、现场材料供应和储备情况记录等。

（2）会议记录

由监理人员主持会议，专人记录员与会者签字确认形成会议纪要，会议纪要将成为今后解决问题重要依据。会议纪要应包括会议地点及时间、出席者姓名、职务以及他们所代表单位、会议中发言者姓名及主要内容、形成决议、决议由何人及何时执行、未解决问题及其原因等。

（3）计量和支付记录

计量和支付记录包括所有计量及付款资料，应清楚地记录计量或未计量、支付或未支付的工程量。

（4）试验记录

除正常试验报告外，试验室应由专人每天以日志形式记录试验室工作情况，包括对承包商试验监督和数据分析等。记录内容包括工作简述和监督承包商所作试验内容及结果。试验内容及结果包括承包人和试验人员配备、增减或更换试验人员建议、承包商试验仪器、设备配备、使用和调动情况、需新增设备建议、监理试验室与承包商试验室所做同一试验结果差异情况及原因等。

（5）工程照片和录像

监理工程师或监理员记录科学试验、隐蔽工程、工程试验、实验室操作及设备的工程照片和录像、能证明或反映未来会引起索赔、工程延期特征的照片或录像、能证实补救工程质量的照片或录像等。

11.2.4　监理信息加工整理

11.2.4.1　监理信息加工整理作用和原则

监理信息加工整理是对收集的大量原始信息进行筛选、分类、排序、压缩、分析、比较、计算的过程。原始信息比较零乱、孤立、低真实程度和低准确程度，经过分类、加工、整理、增补和综合使其标准化和系统化后才能满足信息使用、存储、提供检索和传递等要求，同时该过程也可得到许多有价值新信息。为了方便用户使用和交换信息、信息加工整理工作必须遵循准确、时效、适用、标准化和系统化的原则。

11.2.4.2　监理信息加工整理成果

监理工程师加工整理监理信息的过程中会形成各种资料，如各种来往信函、文件、指令、会议纪要、备忘录、协议和各种工作报告等。工作报告是信息加工整理过程中形成的主要成果，包括现场监理日报表、现场监理周报和监理月报。现场监理日报表是现场监理人员根据每天现场记录加工整理而成的报告，主要包括当天施工内容、参加施工人员（工种、数量、施工单位等）、施工用机械名称和数量、施工事故以及结合天气、工程进度等情况的综合评述等。通过加工整理监理日报信息形成现场监理工程师周报，现场监理工程师周报用于向项目总监理工程师汇报一周内发生的所有重大事件。通过加工整理监理周报信息形成现场监理月报，监理月报是集中反映工程实况和监理工作的重要文件。一般情况，项目总监理工程师组织编写监理月报，每月向业主上报一次监理月报。监理月报内容主要包括工程进度、工程质量、计量支付、安全生产管理、质量事故、工程变更、合同纠纷和监理工作动态评述。工程进度用以描述工程进展、工程形象进度和累计完成比率等情况，同时详细记录工程存在问题、问题原因及承包商、监理人员就问题采取补救措施。工程形象进度是用文字（结合实物量）或百分比简明扼要地反映已施工或待施工工程的形象部位和进度情况，一般分为总体形象进度和分项工程形象进度，用图表表示，在图上标注分部分项工程，并实时更新涂色，以示工程完成情况；形象部位是按分部工程填列。工程形象进度是考核施工单位完成施工任务的主要指标之一，是可以直观感觉到的进度。工程质量通过具体测试数据如实评价、反映工程质量状况。计量支付主要记录本期支付、累计支付和必要分项工程支付情况。计量支付记录要能形象地表达支付比例、客观反映实际支付与工程进度对照情况、承包商因流动资金短缺造成工程进度延误情况，准确说明各类事故原因。质量事故记录事故发生时间、地点、项目、原因、损失估计（经济损失、时间损失、人员伤亡情况）及事故补救、防范措施等情况。工程变更应说明变更原因、变更批准机关、变更项目规模、变更后工程投资量增减估计情况及工程变更后可能出现衍生事件的评估。合同纠纷记录纠纷内容、产生原因、调解措施及监理人员在解决纠纷过程中的体会、业主或承包商处理纠纷意向。监理工作动态描述本月主要监理活动，如工地会议、延期和索赔处理、现场重大监理活动、监理工作遇到的困难等。

11.2.5　草坪工程监理管理信息系统简介

在草坪工程施工过程中会产生大量信息（数据），需要迅速收集、整理和使用大量信息（数据）。传统信息处理依靠监理工程师经验对问题进行分析和处理。当今草坪工程复杂庞大，传统方法不足以科学有效处理大量信息（数据）。计算机技术发展给信息（数据）处理提供一个高效平台，监理管理信息系统使信息处理更加快捷高效。监理工程师的主要工作是控制草坪工程投资、进度、质量、安全和工程合同管理，协调各相关单位工作关系，监理管理信息系统应辅助管理各草坪工程目标。监理管理信息系统通常由文档管理子系统、合同管理子系统、组织协调子系统、投资控制子系统、质量控制子系统、进度控制子系统和安全生产管理子系统构成。投资控制子系统包括项目投资概算、预算、标底、合同价、结算、决算以及成本控制等。投资控制子系统功能包括项目概算、预算、标底编制和调整、项目概算与预算对比分析、标底与概算、预算对比分析、合同价与概算、预算、标底对比分析、实际投资与概算、预算、合同价动态比较、项目决算与概算、预算、合同价对比分析、项目投资变化趋势预测、项目投资各项数据查询、各项投资报表等。进度控制子系统功能包括原始数据录入、修改和查询、网络计划编制和调整、草坪工程实际进度统计分析、实际进度与计划进度动态比较、草坪工程进度变化趋势预测分析、草坪工程进度各类数据查询、各种草坪工程进度报表、网络图和横道图等。质量控制子系统功能包括设计质量控制相关文件、施工质量控制相关文件；建立材料质量控制相关资料、设备质量控制相关资料、草坪工程事故处理资料和质量监理活动档案资料。安全生产管理子系统功能包括安全生产管理法律、法规、安全生产保证措施、安全生产检查及隐患记录、文明施工、环保相关资料、安全事故处理资料、安全教育、培训相关资料记录。合同管理子系统功能包括合同结构模式的提供和选用、合同文件和资料登录、修改、删除、查询和统计、合同执行情况跟踪、处理和管理过程；为投资控制、进度控制、质量控制、安全控制提供有关数据。文档管理子系统功能包括公文编辑和处理、公文登录、查询和统计、文件排版、打印、有关标准、决定、指示、通告、通知、会议纪要存档和查询、信件和前期文件处理。组织协调子系统功能包括草坪工程施工相关单位查询和协调记录。

当今草坪工程信息管理系统是以计算机网络为基础，而建立国家、省、地和县 4 级工程数据库系统和综合统计系统，实现信息采集、存储、管理和传递的数字化、规范化和系统化。采用以地理信息系统为核心的"3S"技术，建立管理信息系统。加强草坪工程的空间信息管理，宏观上，有效监控工程总体布局；微观上，将工程管理落实到单位或个人。

草坪工程信息管理系统的主要功能包括：资源管理、综合统计、人员管理、资金管理、工程管理以及系统管理等。资源管理，管理各年度的草坪工程信息资源档案数据，输入各年度资源变化数据，进行查询、统计、现状分析、动态分析；综合统计，可以对工程实施过程中的各种统计数据进行管理，可进行输入、查询、分析；人员管理，对工程单位的人员情况进行管理，了解工程实施过程中各种人员的变化情况，对人员现状和变化情况进行分析；资金管理，对各年度的资金到位和使用情况进行分析；工程管理，辅助草坪工程项目的设计、检查验收工作(设计、查询、统计分析)，对草坪工程管护情况进行管理，包括设计、查询、统计分析；系统管理，系统注册、用户管理、代码管理、数据管理、数据交换(与外部)；信息查询，主要包括对地图的空间信息、属性进行查询以及查询结果的统计分析；信息发布，主要是对草坪工程的政策、法规、新闻、时事动态进行发布。

11.3　草坪工程监理文档资料管理

11.3.1　草坪工程项目文件组成

草坪工程监理工作过程必然涉及并产生大量信息和档案资料，包括投标文件、合同文件、业主针对该项目制定的有关工作制度或规定、监理规划、监理细则、旁站方案、监理工程师通知、专项监理工作报告、会议纪要、施工方案、监理验收或工程项目验收依据等。这些信息反映工程施工质量，并作为监理工作依据。监理工作中档案资料可分为两大类，第一类是监理机构监督施工单位管理工作，督促施工单位工作人员记录收集存档资料而产生的资料；第二类是监理机构本身进行资料和档案管理工作产生的资料。

11.3.2　草坪工程文档资料管理

草坪工程文档资料管理指对草坪工程中重要过程进行记录和资料整理，并立卷归档的工作。

11.3.2.1　归档文件质量要求

归档工程文件应为原件，文件内容必须齐全、系统、完整、准确，并与工程实际相符，工程文件内容及其深度必须符合国家有关工程勘察、设计、施工、监理等方面技术规范、标准和规程。采用耐久性强的材料书写工程文件，不得使用易褪色材料书写工程文件。工程文件应字迹清楚、图样清晰、图表整洁、签字盖章手续完备。工程文件纸张应采用韧力大、耐久性强，能够长期保存的纸张。除竣工图为新蓝图外，图纸一般采用蓝晒图。竣工图应加盖竣工图章。

11.3.2.2 工程文件立卷

（1）立卷原则

立卷应遵循工程文件自然形成规律，保持卷内文件有机联系，同时便于档案保管和利用等原则。一个草坪工程由多个单位工程组成，工程文件应按单位工程组卷。

（2）立卷方法

工程文件可按施工程序划分为工程准备阶段文件、监理文件、施工文件、竣工图、竣工验收文件。工程准备阶段文件可按施工程序、专业、形成单位等立卷；监理文件可按单位工程、分部工程、专业、阶段等立卷；施工文件可按单位工程、分部工程、专业、阶段等立卷；竣工图可按单位工程、专业等立卷；竣工验收文件按单位工程、专业等立卷。

（3）立卷要求

案卷不宜过厚，一般不超过40mm，案卷内不应包含重份文件，不同载体文件一般应分别立卷。

（4）卷内文件排列

按事项和专业顺序排列文字材料。同一事项按批复在前和请示在后、印本在前和定稿在后、主件在前和附件在后的顺序排列，且请示和批复、文件印本和定稿、主件和附件不能分开。按专业排列图纸，同专业图纸按图号顺序排列；既有文字材料又有图纸案卷，文字材料排前和图纸排后。

（5）案卷编目

卷内文件按书写内容页面进行编号，每卷单独编号，单面书写文件页号编写位置在右下角，双面书写文件，正面页号编写位置在右下角，背面页号编写位置在左下角，折叠图纸页号编写位置一律在右下角。成套图纸或印刷成册科技文件材料应自成一卷，原目录可代替卷内目录。案卷封面、卷内目录、卷内备考表不编写页号。卷内目录式样见表11-1，尺寸参见规范。

表 11-1　卷内目录

序号	文件编号	责任者	文件题名	日期	页次	备注

（6）工程档案验收和移交

在组织工程竣工验收前，提请施工档案管理机构对工程档案进行预验收。施工单位未取得施工档案管理机构出具认可文件，不得组织工程竣工验收。在进行工程档案预验收时，施工档案管理部门需重点验收工程档案是否齐全、系统和完整；工程档案是否真实准确反映草坪工程活动和工程实际状况；工程档案整理、立卷是否符合本规范规定；竣工图绘制方法、图式及规格是否符合专业技术要求；单位或个人签章文件签章手续是否完备；文件材质、幅面、书写、绘图、用墨是否符合要求。

（7）工程档案保存

根据保存期限，文件档案分为永久、长期、短期档案；根据密级，文件档案分为绝密、机密和秘密档案。永久档案是需永久保存的工程档案；长期档案指保存期限等同于工程使用寿命的工程档案；短期档案指工程档案保存期在 20 天以内的工程档案。当同一案卷内有不同保管期限文件时，该案卷保管期限等于长期限，同一案卷内有不同密级文件，以高密级文件优先。

11.3.3　草坪工程施工阶段监理文件管理

11.3.3.1　监理资料

施工阶段监理所涉及应该进行管理的资料包括施工合同文件、委托监理合同、勘察设计文件、监理规划、监理实施细则、分包单位资格报审表、设计交底、图纸会审会议纪要、施工组织设计（方案）报审表、工程开工/复工报审表、工程暂停令、测量核验资料、工程进度计划、工程材料、构配件、设备质量证明文件、检查试验资料、工程变更资料、隐蔽工程验收资料、工程计量单和工程款支付证书、监理工程师通知单、监理工作联系单、报验申请表、会议纪要、来往函件、监理日记、监理月报、质量缺陷和事故处理文件、分部工程、单位工程等验收资料、索赔文件资料、竣工结算审核意见书、工程项目施工阶段质量评估报告等专题报告、监理工作总结等文件。

11.3.3.2　监理月报

通过加工整理监理周报信息形成现场监理月报，监理月报是集中反映工程实况和监理工作的重要文件。一般情况，项目总监理工程师组织编写监理月报，经过签认后报送施工单位、业主和监理单位。监理月报报送时间由监理单位和施工单位协商确定。施工阶段监理月报内容包括本月工程概况和本月工程进度。工程进度包括本月实际工程进度与计划进度比较、完工情况及相关事件措施效果分析。工程质量包括本月工程质量及相关事件处理措施及效果分析。工程计量与工程款支付包括工程量审核、工程款审批、月支付、工程款支付等情况及其分析。监理工作小结包括本月进度、质量、工程款支付等情况评述、本月监理工作情况、有关本工程意见、建议和下月监理工作重点。

11.3.3.3　监理总结

在监理工作结束后，总监理工程师应编制监理工作总结。监理工作总结包括工程概况、监理组织机构、监理人员和投入监理设施、监理合同履行情况、监理工作成效和施工过程中出现的问题及其处理情况，必要时需提供工程照片。

11.3.3.4　监理资料整理

监理资料整理包括合同卷、技术文件卷、项目监理文件、工程项目实施过程文件整理及竣工验收文件整理。第一卷是合同卷，合同卷需要整理的资料包括合同文件、与合同有关其他事项文件、资质文件、施工单位对项目监理机构授权书和其他来往信函。合同文件包括监理合同、施工承包合同、施工招投标文件、各类订货合同；与合同有关其他事项文件包括工程延期报告、费用索赔报告和审批资料、合同争议、合同变更、违约报告处理文件；资质文件包括承包单位资质、监理单位资质，项目建设审批文件、各单位参建人员资质、供货单位资质、见证取样试验等单位资质文件。第二卷是技术文件卷，技术文件卷需要整理的资料包括设计文件、设计变更和施工组织设计。设计文件包括施工图、地质勘察报告、测量基础资料、设计审查文件；设计变更包括设计交底记录、变更图、审图汇总资料、洽谈纪要；施工组织设计包括施工方案、进度计划、施工组织设计报审表。第三卷是项目监理文件卷，项目监理文件卷需要整理的资料包括监理规划、监理大纲、监理细则、监理月报、监理日志、会议纪要、监理总结和各类通知。第四卷是工程项目实施过程文件卷，工程项目实施过程文件卷需要整理的资料包括进度控制文件、质量控制文件和投资控制文件。第五卷是竣工验收文件卷，竣工验收文件卷需要整理的资料包括分部工程验收文件、竣工预验收文件、质量评估报告、现场证物照片和监理业务手册。

11.4 监理月报表示例

监理月报表见表 11-2 至表 11-19。

表 11-2 工程概况

工程名称		施工单位	
工程地点		设计单位	
工程类型		监理单位	
总工期		总投资	

表 11-3 项目组织系统

单位	单位名称	负责人	职务	职称
施工单位				
设计单位				
监理单位				
总承包单位				

表 11-4 本月形象部位完成

序号	施工单位计划部位	月末实际到达部位	完成计划程序(%)

表 11-5 工程材料报验

序号	材料名称	规格型号	单位	数量	生产厂家	进场日期	质量和预控情况			结论	审定人
							出厂合格证及编号	检查及复试结果	材质外观		

表 11-6　工程设备报验

序号	设备名称	规格型号	单位	数量	生产厂家	进场日期	出厂合格证及编号	检查及复试结果	结论	审定人	备注

表 11-7　施工试验

序号	试验项目	施工部位	试验组数	合格组数	合格率(%)	审定人

表 11-8　分项工程完成

序号	分项工程名称	计量单位	本月施工单位申报完成工程量	本月监理核定完成工程量	完成程序(%)	
					本月	累计

表 11-9　分项工程质量验收

序号	分项工程名称	本月验收记录				本月验收累计		
		施工自评结果		监理验收结果		合格	不合格	累计
		合格	不合格	合格	不合格			

表 11-10　本月分部分项工程一次验收合格率统计

序号	分项工程名称	验收总次数	一次验收合格率(%)	二次验收合格率(%)	三次验收合格率(%)

表 11-11　本月工程质量分析

序号	工程名称	质量问题	处理措施	处理结果	监理验收签字	备注

表 11-12　工程质量事故

日期	事故部位	事故摘要	处理措施	处理结果	验收人	验收日期

表 11-13　暂停施工指令

暂停施工指令摘要	现场处理	复工指令摘要	暂停指令日期

表 11-14　工程变更

序号	编号	日期	变更部位	变更概述	变更理由	监理签认

表 11-15　安全文明施工

现场情况	检查日期	存在问题	处理情况

表 11-16　工程款支付　　　　　　　　　　　　　　　　万元

合同款项	工程合同总价款	合同内付款			合计	余额	合同外付款	
		工程预付款	工程进度款	预付款抵扣			本月	累计
			本月	累计				

表 11-17　气象数据

日期	星期	天气情况			
		最高温度(℃)	最低温度(℃)	风力/级	天气

表 11-18　监理人员构成

序号	姓名	专业	职务/职称	人数	备注

表 11-19　监理工作统计

序号	项目名称	单位	月份		备注
			本月	累计	

小结

　　在草坪工程信息管理中，对项目建设过程中的信息(文字数据、数字数据、文字数据报表、图形、图像和声音)进行及时准确地收集(现场记录、会议记录、计量和支付记录、试验记录、工程照片和录像)、存储、传递、处理和管理，进而对草坪质量、投资和进度等管理服务。在草坪工程实施中，有效地获取、存储、处理和交流草坪工程项目信息，对信息进行传输、组织和控制，对草坪工程项目的实施和管理有着重要的意义。

思考题

　　1. 在草坪工程项目施工阶段，应采取何种方法手段收集信息?

　　2. 请问草坪工程监理信息形式包括哪些内容?

第 *12* 章

运动场草坪工程监理

体育运动已经成为现代文明的标志之一。随着社会发展和经济繁荣，人们对健康和生活质量的要求越来越高，体育运动越来越受到人们的热爱和追捧，运动场草坪也随之产生，并蓬勃发展。良好的运动场草坪不仅能够使体育运动技能得到充分的发挥，而且能有效避免或减轻运动员由于场地质量问题而受伤。为了达到运动场草坪工程特殊要求，必须对运动场草坪工程的设计、建造和管理进行监理。

本章围绕运动场草坪工程设计、施工和管理等内容，依据运动场草坪工程建造基本原理，全面详细阐述运动场草坪工程的质量监理、材料监理、方法监理等；逐一介绍各个施工环节中的监理依据、监理流程、监理方法等；根据运动场地主要施工路线，提出各个重要施工节点和施工流程质量控制点，并描述运动场草坪工程质量监理的基本内容、监理基本方法和流程等；最后，详细介绍运动场草坪建植和养护过程中的质量要求和质量控制方法等。

12.1 运动场草坪工程简介

12.1.1 运动场草坪概述

运动场顾名思义就是用于体育锻炼或比赛的场地。

运动场草坪是一类具有特殊功能的草坪，是指在特定环境中人工培育的生长良好，有承受运动能力，能为人们提供良好运动表面的草坪。

随着社会的进步和经济的不断发展，体育运动越来越受到人们的热爱和重视，运动场草坪作为草坪家族中的"贵族"成员，正在蓬勃兴起和发展。运动场草坪一般包括球类运动场草坪和竞技运动场草坪，如足球、高尔夫球、棒球、垒球、橄榄球、草地保龄球、草地网球和赛马场等。

运动场草坪对于草上运动项目至关重要，是运动员竞技水平得以发挥的必要条件。对于运动员来讲，良好的运动场草坪不仅能够激发运动员技能的充分发挥，而且能避免运动员由于场地质量问题而受伤，从而延长运动员的运动寿命。运动场草坪必须要适应体育运动的要求，不仅要具有一般绿地草坪的特征，而且要具有较强耐践踏能力、良好回弹性和平滑度以及较强恢复再生能力等。而从观众的角度来看，碧绿运动场地使观众既能欣赏激烈精彩的比赛，又能获得视觉上美的享受，可以激发观众的观赏热情，这种互动良好的比赛氛围将会进一步激发运动员的比赛热情。由此可见，运动场草坪质量对运动员和观众来说十分重要。下面简单介绍几种常见运动场草坪。

12.1.1.1 足球运动场草坪

足球运动是一项古老的体育运动，1863 年 10 月 26 日，英国足球协会成立，同时，制定世界上第 1 部统一的足球比赛规则, 规则制定之前足球运动称为古代足球运动, 规则制定之后足球运动则被称为现代足球运动。

有关古代足球起源, 目前尚无准确的考证。国际足联认为, 古代足球起源于中国, 早在 2000 年前, "蹴鞠"在中国古代的史籍上就有记载。但现代足球诞生于英国。1863 年 10 月 26 日, 英国 11 个足球俱乐部在伦敦召开会议, 成立英国足球协会, 把 1863 年 10 月 26 日作为现代足球的诞生日。1904 年 5 月 21 日, 国际足球联合会(FIFA)成立, 标志着足球成为了一项世界性的体育运动项目。1900 年第二届奥运会将足球纳入正式比赛项目, 足球运动就成了世界性的比赛项目。我国大多数体育场是将足球场与田径赛道合并在一起, 足球场布局于田径跑道内。

12.1.1.2　高尔夫球场草坪

目前, 公认高尔夫运动于 700 多年前诞生于苏格兰。经过大约 500 年或更长时间的发展, 高尔夫运动已经成为一种世界性的休闲娱乐运动。

高尔夫球场草坪是进行高尔夫球运动时所需的场地。1 个标准的高尔夫球场包括 18 个洞, 高尔夫各球洞因地形变化而出现不等距离, 通常将不等距离分成长、中、短洞 3 种。18 个球洞中, 长距离和短距离的球洞各有 4 个, 中等距离的球洞有 10 个, 采用混合式排列。每个洞都有规定杆数, 整个球场标准杆数一般为 72 杆。球场由发球台、球道、果岭、长草区、沙坑、水池等组成。

12.1.1.3　棒球场草坪

棒球场是以 9 人为 1 方, 在室外场地进行的球类运动。棒球场分为内场和外场, 正方形的内场的 4 个角各有 1 个垒位, 内场也叫"方块"。在草坪场地上只有外场和内场内的方块区域有草坪覆盖, 而内场的跑垒区域没有草坪, 只有土质的平地。由于棒球运动的规则, 与足球场和橄榄球场草坪不同, 草坪棒球场受到的磨损和践踏较小。

12.1.1.4　草地网球场

从理论上讲, 任何能够满足场地大小平地均可以作为网球场。但是, 作为草地网球场必须有规范的设计和建造, 并且在精细养护下才能成为真正意义上草地网球场。剪草高度、球反弹高度以及球场持久性等都影响着球场质量。

12.1.1.5　草地保龄球

草地保龄球也称作草地滚球或滚木球, 是将 1 个偏心球(保龄球)在草坪上进行滚动的球类活动。草地保龄球起源于中世纪英国, 是由室外地滚球戏演变而来。为了保证保龄球能有真正意义上滚动, 场地精细管理极为重要。草地保龄球场表面必须均匀和平整, 且保持水平, 草坪草则需选择较为低矮或耐低修剪的草坪品种。

12.1.1.6　赛马场草坪

赛马场场地通常是一个呈长方形, 且两端半圆形或带有直线的椭圆形场地。马场跑道的周长一般在 1.4 ~ 2.4km, 不能小于 800m。跑道宽度在 42 ~ 50m 之间, 不能小于 15m。赛马场末端为圆弧, 1 个设计精良跑道直道末端的弯曲应该平缓, 即弯曲半径要尽可能大。弯道通常采用 1/15 ~ 1/20 的坡度, 以便使马匹远离护栏, 增加安全性。在设计直道时, 通常采用 2.5% 的坡降, 在转弯处, 坡降通常为 7.5%, 自然排水。多数赛马场面积在 6 ~ 8hm² 之间, 跑道外沿设有高 1.2m 的木栏杆, 内沿设有 60 ~ 80cm 高的木栏杆, 内沿栏杆支柱必须向跑道方向倾斜, 与地面成角 60° ~ 70°, 在顶端安置活动横杆, 以免碰撞发生危险。在跑道里每 100m 设置一个高达 4m 的木杆作为距离标志。

12.1.2　运动场草坪工程概述

运动场草坪建设是一个复杂的系统工程，包括坪床建设、排灌系统设计和安装、草坪草种选择、草坪建植以及建植后的维护和管理等。

高尔夫球场草坪可分为果岭、球道、长草区和隔离区等区域，不同区域的草坪草种选择和坪床建造要求不相同，其核心部位是果岭和发球台的坪床建造，整个球场草坪工程基本与足球场草坪工程类似，但建设工程项目更为繁多、工序更为复杂，这里不再赘述。

12.1.2.1　足球场草坪工程

足球场草坪工程在建设时常设有排水系统、喷灌系统和种植层(坪床)。

(1)排水系统

足球场排水系统包括地表排水系统和地下排水系统。地表排水是在球场表面设置 3%～5% 的表面坡度，将草坪内地表多余水分排向四周设置的排水沟内。地下排水系统则包括排水砾石或砾石层、排水管网和蓄水池。排水砾石一般由 4～10mm 的砾石铺设成 15～20cm 厚，是暂时储存水分的保水层，草坪草深层根系能够利用存储在砾石间大孔隙中的水分，降水(灌水)过多时，砾石层多余的水分又能在重力作用下排走。排水管网包括支管排水和主管排水。支管排水多用碎石盲沟、多孔陶管或有孔塑料管建造，主管排水多用混凝土管或铸铁管建造。蓄水池是收集从草坪地表和地下排出的多余水分，地表干旱时再以灌溉方式加以利用。

(2)喷灌系统

足球场常用灌溉方式为喷灌，主要有地埋式自动升降喷灌系统和固定式地上喷灌系统。目前以地埋式自动升降系统居多。地埋式自动升降喷灌系统由伸缩式喷头、输水管道、加压水泵和蓄水池组成。在 5～8Pa 水压下自动伸出浇灌草坪，灌水完毕时，关闭控制阀门或加压水泵，喷头伸出部分在弹簧作用下自动弹回。固定式地上喷灌系统则采用远射程的大喷头(半径≥30m)，喷头接口固定安装在场外或场内边沿处，灌水时将喷头临时安装在固定的快速接口上，灌水完毕后再将喷头卸下，用橡皮盖将界面处盖上。

(3)种植层

坪床是足球场草坪的基础，是决定足球场草坪运动质量和可持续性利用的主要因子之一。良好的坪床结构不仅有利于对草坪日常养护，而且可以为运动员创造良好的训练和比赛条件。

坪床建造包括床基平整、坪床种植层铺设、平整和压实等内容。床基需建造在坪床表面以下 40cm 处位置，若坪床结构中存在中间过滤层，床基位置应该再降低 5～10cm，同时，床基坡度与足球场的表面设计坡度一致。一般种植层的厚度约为 30cm，种植层的紧实度、平整度、表面疏松程度和坡度均需要达到设计要求。铺设完毕后应进行必要的压实和平整工作。

12.1.2.2　网球场草坪工程

为了避免出现地表积水和土壤板结，草地网球场土壤需要具有良好的渗透性。高尔夫球场常用修建材料也可以在草坪网球场中使用，这种材料一般包含有 80% 或更多的沙子，且与有机质均匀混合，不仅有很好的保水能力，而且具有良好的排水性能，可以减轻土壤板结。

12.1.2.3　草地保龄球场草坪工程

草地保龄球场地只有在干燥和紧实的状态下才能发挥最佳运动效果，与其他运动场草坪工程相比，草地保龄球草坪工程有以下主要特征：草坪清除枯草层频率较高，严格控制或限制灌溉量，场地表面紧实度和平整度要求较高。

12.1.2.4　赛马场草坪工程

赛马场地对草坪的践踏和破坏比较严重，要求草坪草的生长要繁茂旺盛和根系发达。地表排水和地下排水是赛马场场地重要组成部分，地表排水的坡度一般为 1%，地表土壤积水不利于草坪草根系的发育，同时，影响马的奔跑速度，严重时可导致马受伤。

12.2　运动场土方工程监理

运动场土方工程监理是检查土方工程质量标准的唯一方法。监理单位监理整个土方工程内容包括施工环境、质量控制、时间和目标、谈判、原材料供应商、供应表现、安全、卫生、成本、原材料、施工与工程设计、工程规范等。

监理工程师应协同业主、工程总监、设计师和施工方对施工方施工线路进行现场决定，在剥除表土工作开始前 7 天，施工方须向业主、工程总监和监理工程师提交一份施工方法计划。施工方法计划应包括相关地形详细图、工作区域、排水设计、预计挖土量、挖出材料放置地点和计划运输路线。施工顺序安排应保证对已完成区域造成的破坏最小。运动场土方与粗造型施工阶段监理应包括全部主要的场地清理、土方挖掘、土方回填和运动场地粗造型工程等。

12.2.1　场地清理监理

（1）场地清理监理

监理工程师应该根据场地清理图，对施工方放出清场范围和清理内容（树木、灌木、突出地表的树根、树桩、杂草、废弃建筑物、垃圾等）进行现场勘验，并做出批准或修改。电力、电讯构筑物拆除和坟墓迁移不应包括在此正常施工范围内。树木应注意保留或移栽到保留区，拆除废弃建筑物留下的砖石料等可用于场地其他景观工程。

（2）边界标示和保护监理

在整个清理和挖掘作业过程中，监理工程师应监督施工方标示和维护场地边界标识设置。如发现任何标识被移动，应督促相关单位对相应地点进行重新勘测和重新设置标识。在施工期间，监理工程师应检查施工方是否使用最适宜于该项目计划和项目规格所指定工作的设备进行施工，同时避免对项目计划规定应保留树木和其他植被产生破坏或损失，避免影响指定清理界线外的区域。

（3）废弃物处理监理

监理工程师应监督施工单位以合适方式处理，并清除所有清理作业所产生残渣。利用掩埋、焚烧或根据当地相应法规所允许方法，处理所有来自清理和挖掘作业所产生杂物，掩埋作业必须在球场设计特别指定的相应区域内进行，在掩埋区域，必须覆盖 80cm 厚干净填充土料，并彻底压实。

（4）清理工作验收

清场工作完成后，监理工程、施工单位和业主代表将共同对每一个已经完成部位进行检视，并以书面形式进行签证验收，签证验收后，方可进行下步工序施工。

12.2.2　临时施工道路工程监理

在土方施工开始前，需修建临时道路，监理工程师须与施工单位协商，并规划和批准临时道路布局。临时道路应便于施工区域内的土方调运，同时应考虑其他工程对临时道路利用率，建临时道路必须与运动场管理道路相结合。

临时道路是施工方用推土机或其他机械平整出一条符合施工使用宽度的车道，宽度通常为 4～6m，监理工程师对临时道路修建现场进行视验，确定其机械压实密度、表面排水等；同时，在整个施工过程中，监督临时道路要不断维护和维修，以利行车和进行其他工程。

12.2.3　土方挖填和调运工程监理

（1）土方挖填和调运监理

在土方挖填前，应先制定详细的土方调运和土方平衡图，并报请监理工程师批准，土方挖填应按土方调运及土方平衡图进行，土方工程的挖方和填方应尽量就近平衡。如果需要另外填土，可以从现场其他区域取土；若从场地外运土，土质最好是表土。土方施工按照测量桩和土方平衡图合理安排机械，减少窝工现象，避免超挖多填和远距离挖运等错误方法，同时应指挥运土车辆把土方拉运到位，方便推土机集中推土平整。车辆运土要注意行驶路线，尽可能避免长距离运输。运输道路要根据土方调配随时安排，推土机要能及时修整运输道路，以利提高运输效率。在场地边坡施工前，监理工程师应检查和视验测放线定位桩。施工方必须按设计坡度进行挖土修坡。根据场地造型图，在造型工程师指导下，适当调整坡度，修好坡后，用推土机压实。监理工程师应该在现场监督和查验，以确保施工方严格按图施工，并以土方到位达到设计要求为标准，误差符合要求。在施工过程中，所有进行施工的区域应保证良好排水情况。

（2）土方防尘降噪监理

在施工期间，特别是干旱季节，监理工程师要做好灰尘控制监理工作；在雨季，监理工程师要做好水土保持监理工作，施工方必须保证有效手段和足够设备以对场地作适当处理，并控制施工区域水土流入和流出；控制侵蚀、防止破坏和污染有效措施包括分阶段施工、有系统地复原破坏区域、转移和分散施工中集中水流、建立和维修淤泥拦截装置。

（3）爆破特殊工程监理

未经过特殊许可，监理工程坚决不允许爆破指令。如果施工中确需爆破，爆破有助于施工进程，不会对人员造成威胁和对其他财产造成损坏，爆破前必须向业主、监理工程师和当地相关主管部门提出申请。申请内容应包括：爆破需雇用专业爆破公司名称、炸药类型、安全和保护措施、炸药量、每一系列爆炸时间、每一系列爆炸对财产和人员预计影响，包括地面震动和飞起碎片的影响；如果得到许可，应按照相关国家标准和工程总监及监理工程师提出的条件，执行和留存施工爆破计划和爆炸过程记录。

12.2.4　土方施工方法监理

（1）测量放线验视

在分段施工区内，根据运动场等高线图及土方平衡图，确定各挖填方区域、挖填方量以及挖填方区域标高，并定桩放线核验。

（2）挖方区域施工监理

由于运动场地挖方通常比较薄，施工方可选择使用推土机就近将土方推至附近需要填方场地。挖方工程量较大和运距较远的土方，可用运输车辆转运。在挖方施工之前，根据设计高程及场地边界坐标，监理工程师查验测量定位、坡度和周边线等工作。在挖掘时，要安排机械一次性修平基础，测量工程师随时检查基础标高，防止出现超挖、漏挖等问题。根据测量桩和土方平衡图，土方施工人员合理安排机械，避免超挖、多填和远距离挖运等。

（3）回填区域施工监理

在回填区域清理后，才能回填区域基底。不得使用腐殖土、重土或湿土等进行回填。杂草表土、建筑渣土应回填于普通区域表层 0.8m 以下，有些特殊区域须在表层 1m 以下。回填区域压实密度须达到 80%~85%。回填应采用推土机分层填铺和碾压，分层填铺的厚度通常不超过 30cm。在边坡施工前，由测量工程师根据设计图打桩定位放线，根据设计坡度进行客土填高和修坡。根据运动场地造型，边坡坡度可适当调整，做出一定造型，并压实。

12.2.5　运动场粗造型工程监理

粗造型是指在土方挖填基本到位和充分压实的基础上，根据运动场造型等高线图，在一定范围区域内用推土机、挖掘机等专业设备，对已经到位土方进一步进行挖、填和运，最终形成地表，达到粗造型等高线设计的过程。

（1）测量定位验视

根据等高线造型设计图，监理工程师对测量工程师确定等高线控制点进行查验和批准，并指示施工方对控制点进行标示和保护。

（2）机械粗造型监理

在土方基本到位后，监理工程师指示施工方利用推土机根据照地面控制点桩和造型设计图整理地形，粗造型后等高线控制点要符合设计标高要求，误差应控制在设计精度范围以内。在粗造型挖填过程中，填方区域须清除草根树根等杂物，特别是一些重点区域必须清理。在粗造型过程中，填方区域必须经过机械反复碾压，达到设计要求密实度，地表层0.5m 范围内不需要彻底压实。粗造型工作完成后，监理方会同施工方和业主方共同对已经完成造型进行检视，并以书面形式对粗造型工程的完成进行签证验收。验收合格后方可进行下一步工序施工。

粗造型施工是完善造型设计过程，设计师或造型师会根据经验对场地粗造型进行局部调整，以充分体现设计与实地自然地形的有机结合，从而增强造型合理性和景观效果。粗造型要求应达到设计图纸要求。粗造型施工过程中，应注意掌握各种造型曲向，施工区域应保证平滑和流畅，确保有良好地表排水，地表排水坡度通常大于 2%。

12.3 运动场喷灌排水系统工程监理

12.3.1 运动场排水系统工程监理

运动场排水系统通常由地表排水系统和地下排水系统组成。运动场排水工程施工技术标准根据 1998 年由建设部发布施行的《给排水管道工程施工及验收规范》(GB 50268—2008)和美国高尔夫球协会颁布果岭建造技术规范执行。

12.3.1.1 地下排水系统工程监理

(1)施工工序监理

监理工程师必须核查和批准施工方提出的施工工序,测量定位放线、管沟开挖、弃土处理、铺设隔离网、砾石铺设、盲排管铺设、管沟回填。

(2)施工监理

监理工程师必须对施工方使用 HDPE 双壁波纹管或 PVC 孔管进行现场核验,核验管径、厚度等。根据运动场排水设计详图,排水工程师放线定位,经监理工程师同意后,方可开挖管沟。排水管沟宽度应符合设计要求,管沟底部应保持至少 0.5% 的坡度。根据现场情况,排水管沟挖出土方可进行现场散铺和压实或从现场清除运出场。管沟底面夯实。主管排水管道沿着场地的最大倾斜方向布设,支管与主管成 45°~90° 夹角布局,支管之间距离一般不超过 5m。管沟开挖完成后,经过监理工程师和业主方的视验,在整个管沟内铺设隔离网或土工布,在管沟底部铺设 50mm 厚干净砾石。排水管放置在管沟中央,防止泥土杂物等阻塞管孔。管道接口处应使用防渗漏套管连接,用胶带包裹。管道安装完成后,经过施工方、业主方和监理的共同验视签证后,才能用砾石填充管沟。在盲排管沟填充完砾石后,根据设计要求,砾石上面可铺设隔离网。在排水口处,管道是无孔管道。在主排水管上游末端安装一个通向地表外的冲刷口,在安装时,封堵冲刷口,记录冲刷口坐标位置,在排水管出现堵塞时,以便能够找到冲刷口,用高压水进行冲洗。

12.3.1.2 地表排水系统工程监理

地表排水系统是指通过场地造型,有计划地将雨水汇流到集水井或场地外的集水沟。根据运动场地表汇水量,合理安装不同管径的无孔排水管与集水井相连,将雨水输送和排放到指定集水系统。集水井位置和地面标高可根据场地造型设定,进水管底部标高应满足排水坡度要求。连接集水井的排水管宜采用 HDPE 或高强度 PVC 管。

(1)施工工序核查

通常施工工序为测量放线、开挖管沟、铺设排水管、修建集水井、管沟回填压实。

(2)施工监理

在粗造型完成后,由测量工程师根据设计图纸进行排水管及集水井的定位放线,集水井位置可结合实际造型后地形稍做调整,调整后一定要重新测量管道中心线位置及长度,确定各管段坡度。集水的位置应尽量远离场地重点区域,尽可能放在场地外面。

(3)管沟开挖核查

根据管沟中心线放线,开挖排水管沟,以管径、管材及埋深为依据,确定管沟宽度。管沟开挖应保证沟底原土层不受扰动,机械挖沟时挖至设计标高以上 50~100mm,由人工整修至标高,遇地下水时,可挖至设计标高以上 100~150mm。若出现少量超挖和无地下水时,可用原土回填夯实，密实度达到 95%；如果遇地下水时，应采用沙石混合骨料回填沟底。开挖堆土于管沟一侧，堆土线距沟边线不小于 0.5~1.5m，作土埂，以防雨水流入沟内造成塌方。挖掘出来不适合回填作业的材料，应按照图纸等要求，运离施工现场。

（4）铺设地段处理

在铺设前，监理工程师必须查验和测量工程师测量沟底坡度，如沟底有地下水，在铺设管道之前，应做好排水工作。

（5）排水管铺设监理

如果使用 PVC 排水管，根据管沟土质情况，确定管沟底部铺设沙垫层。下管前，监理工程师应对管材逐节进行质量检验，必须轻抬轻放 PVC 排水管，严禁将管材从沟边翻滚抛入沟中；将管材插口顺水流方向，承口须逆水流方向，由下游向上游依次安装，在插口处安放好橡胶圈，缓慢插入承口内，逐节依次安装，严禁用蛮力敲打管材，以免损坏。在管道穿过道路时，应根据管材直径，外套钢管套管，以增强排水管外部抗压能力。

如果使用混凝土排水管，混凝土管接口采用钢丝网水泥砂浆抹带接口。先将宽 200mm 的抹带范围管外壁凿毛，抹水泥砂浆一层，在抹带内埋置 10mm × 10mm 方格钢丝网，钢丝网两端插入基础砼中固定，上面再压 10mm 厚水泥砂浆一层。

（6）集水井施工监理

用 PVC 管或砖砌集水井为运动场集水井。监理工程师应对集水井材料进行核验。集水井水平高度和位置应符合设计图，集水井顶部应与周围斜坡的水平面一致。每个集水井周围 150mm 和底部应填 200mm 厚石子，井壁应有小孔，水可以自由流入。当集水井和排水管安装好后，用排水沙回填和压实。在紧靠集水井处，应插上带有明显标志旗帜。在植草之前，井口周围应建造临时淤泥保护装置，防止淤泥污染集水井。

（7）管沟回填

当管道铺设完毕，对坡度、管径等检查，对管沟进行回填。回填时必须采用人工从管两侧同时回填和压实，以防管线产生位移，人工夯实或灌水沉降。在管顶上方回填土达到 30cm 后，使用推土机等设备回填和碾压，压实密实系数达到 85% 左右。

（8）排水工程中间验收

排水管埋设中，应对管沟、布设和回填进行联合测量、验收和会签，作为结算依据。并以书面形式对排水工程进行签证验收。

12.3.2　运动场喷灌系统工程监理

运动场喷灌系统质量直接关系运动场草坪质量和品位，对一流运动场来说，设计和建造科学合理、性能优良、运行安全可靠的喷灌系统是必不可少的。在设计说明书中需要有专门备注喷灌系统的管道、阀门、喷头、泵安装等。喷灌工程通常是从泵房开始，以便喷灌工程和植草工程顺序展开。喷灌系统一般由水源、首部、管网和喷头等组成。运动场通常会采用人工修筑蓄水池作为喷灌水源，但在高尔夫球场通常用人工湖可作为喷灌水源，在整个草坪生长季节，水源必须满足供水保证。喷灌系统的首部作用是从水源取水，对水进行加压、水质处理和系统控制，包括动力设备、水泵、过滤器、泄压阀、逆止阀、压力表以及控制设备等。

（1）施工工序监理

运动场喷灌系统施工技术标准根据运动场设计文件和1998年国家建设部发布施行的《给排水管道工程施工及验收规范》（GB 50268—2008）执行。根据设计，安装喷灌系统，如果需要修改设计，应征得设计单位同意，经业主或主管部门批准。

（2）管沟开挖监理

根据设计要求，监理工程师应对管道中心线测量放线进行查验，在管线分支、喷头、闸阀等位置分别用不同桩号做出明显标记。管沟开挖采用挖沟机为主和人工为辅，主管挖深0.7～1.2m，最小沟宽应大于管径300mm，支管挖深0.6m。

（3）管沟清理视验

管沟开挖时，由专人负责保护现场定线标示物，以免丢失或损坏，不能随意改变标示物位置，保证开挖后标示物位置与放线结果一致。在管道安装前，应清除沟底杂物，尤其是坚硬锐利杂物。清理以人工清理为主，尽量使管沟平整和整洁。

（4）沟底铺沙视验

在铺设管道之前，在管沟底部铺设一层厚度为100mm左右沙。沙中不能有较大石块或卵石。沙应尽量铺设在管沟中央，主管铺沙宽度500mm左右，支管铺沙宽度300mm左右。如果管沟土质良好，在征得设计师或业主方同意情况下，可不用铺沙。

（5）管道铺设旁站

根据图纸铺设管道。主管和支管均采用承插接口和胶圈密封的接管方式。在管道安装前，必须检查管径、管材、管口裂缝、凹陷、弯曲、胶圈缺陷等。主管上弯头和配件均需采取一些保护措施。支管上弯头配件均采用胶接接口形式，要求在其部位务必垫实，以保护管道及配件。主管与支管的连接采用分水鞍分水，支管与千秋架的接口采用变径三通，通过千秋架调节喷头高度。在管道穿过道路时，应根据管材直径，外套钢管套管，以增强排水管外部抗压能力。支管上的电磁阀和手动检修阀距主管距离为3～4m处。

（6）自动喷灌控制线路铺设监理

根据图纸确定卫星控制站的位置。当给水主管敷设完毕后，沿管沟铺设控制信号线，根据图纸中电磁阀编号设置号码管，以便接线和维护。卫星站电源来自水泵房。采用压接管压接和焊锡焊接电线接头线，用防水绝缘自黏胶带进行绝缘处理。

（7）管沟回填监理

在回填管沟时，应清理出回填土中硬质杂物。在管顶处覆土厚度达到300mm，使用机械回填和压实管沟，回填土密实度与沟侧土壤密度一致。分层压实回填，以免沉降。应注意管头处用布包严，以防泥等杂物或小型动物进入；当管沟回填完毕，安装闸阀箱，闸阀箱顶与地面平齐或略低于草坪表面。

（8）中央控制系统、卫星站及变频柜安装监理

在中央控制系统等设备安装时，当设备到达现场后，及时验收检查产品包装、型号、规格、附件、配件、产品技术资料。卫星站基础尺寸通常为700mm×700mm×500mm，采用C_{20}砼现浇而成，高出地面200mm。柜体安装垂直度容许偏差<1.5mm/m。柜体接地应牢固良好。专业技术员接卫星站线路和负责调试。变频柜生产厂家工程师负责调试变频柜。

（9）快速取水阀监理

在草坪工程中，为了便于临时取水或喷灌不易到达的特殊地段进行人工浇水，在主管道

上一般需安装一定数量的快速取水阀。插入钥匙，阀门即可自动开启供水；取下钥匙，阀门会自动关闭。

(10)喷头安装监理

在安装喷头前，须对喷头进行预置。在出厂时，大多喷头转角为180°，根据实际地形和喷洒角度要求，调节喷头角度。最初安装喷头应高出地面75～100mm，在建植或成坪后，再重新调整喷头高度，安装喷头，喷头顶部应略低于草坪表面。用铰接接头（千秋架）连接喷头与支管，可有效防止机械冲击，同时，便于调整喷头安装高度。在喷头安装之前，应对主管道和支管道进行彻底冲洗，使每一个喷头部位处有足够水压和水速。

(11)喷灌检测监理

管道安装完成后，在正式使用前，监理工程师应该要求施工方对管道进行冲洗及试水试验，冲洗可清除在安装过程中残留的泥沙等杂物，检测管道有无漏水，喷头射程等是否达到设计要求。分区域分段进行试压检验，试压前，应安装和固定管道、压力表、加压水泵及排气阀等。试压合格后，监理工程师、施工单位和业主代表共同检验，以书面形式完成进行签证验收，可交付使用。

(12)喷灌终试监理

喷灌施工结束后，监理工程师会同业主方和施工方对喷灌系统进行终试。施工方把所有管道连接部位都露出来，排除整个系统空气，在最大正常运行压力时，操作泵站，在2小时内，观察连接部位漏水情况。

(13)自动控制系统终试

在对自动设施进行检测时，设计师、工程总监和监理工程师必须亲临现场，分别以手动、半自动、全自动的方式对所有附属控制器进行检测，任何一种检测方式的失败，均需重新确定检测时间。

(14)竣工图

喷灌系统施工结束后，监理工程师应该要求施工方向监理单位和业主提供一套完整记录喷灌系统完工的图纸，曾经核准变化和完成工作均应记录在图中，包括阀门位置、主要线路、管道、支线、自动阀门、真空阀门、快速耦合阀门和电子设备（配接箱、走线、控制器）等。工程竣工后，须提供清晰竣工图，竣工图包括显示完工主线、支线、喷头、阀门、控制器和快速偶合阀门等图纸；显示完工线路位置、配接箱和控制器以及从喷头位置到所有配接箱空间位置的电气图纸；显示每个自动阀门、主阀、检测阀门、真空释放阀门和快速耦合阀门空间位置的机械空间图纸；显示泵、完整管道、水泵安装、地窖等。施工方应提供两套维修手册。

(15)保修

通常竣工后12个月内为保修期。监理工程师可协助业主与施工方签订保修书，业主可扣留约定保修金，直到保修期到期为止。在保修期间，施工方应负责修复系统出现的任何故障。如果施工方未能修复系统出现任何故障，业主将有权进行修复，一切费用由施工方承担。超出保修金部分，业主会同监理方有权向施工方追偿。

12.4　运动场种植层工程监理

坪床是草坪立地条件。坪床质量是运动场草坪的基础和首要环节。坪床质量决定草坪质量和维护管理成本。理想坪床基质应当通气透水性强、保水保肥能力好、表面强度符合运动要求、养分含量充足、pH 值适中。我国许多运动场草坪常存在土壤结构不良、通透性不好、场地排水不畅、土壤保水保肥性能差等问题，这些问题与坪床结构的设计和施工等有关，加强运动场草坪坪床的设计与监理尤为重要。

12.4.1 坪床施工质量监理

在坪床工程施工过程中，根据合同要求，监理工程师对工程质量进行检查。只有每一个分项工程和重要工序检查，确认合格后，进行下一分项工程或下一道工序施工。未经监理工程师检查确认的分项或工序，监理工程师有权拒绝在承建单位提出付款申请书上签证。坪床工程质量检查主要有以下几方面内容：

（1）坪床平整度

坪床平整度反映建坪过程中施工的精细度。在坪床范围内，清理场地内所有杂物及不利于草坪生长各类障碍物，要求坡度合理和平滑一致，避免出现无法排水死角。

（2）坪床的质地

土壤固相主要由土壤矿质颗粒组成，土壤矿质颗粒大小对土壤理化性质及肥力有较大的影响。通过测定各种土壤矿质颗粒比例，确定土壤质地。土壤质地评价要以草坪用途和工程要求为准绳。

（3）坪床养分

坪床中能直接用于草坪草生长或经转化后能被草坪草根系吸收的矿质营养成分。草坪用途、要求和管理强度不同，坪床养分配比不同。坪床养分含量过多，增加管理强度和环境污染；坪床养分含量过少，影响草坪颜色和质量。

（4）坪床渗透性

坪床渗透性可反映床土排水透气性能，可用床土渗透排水速度来表示。用定水位法测定渗透系数，将混合均匀坪床基质样品存放于塑料封口袋中，取长 50cm、直径 5cm、下端用透水尼龙网封闭的无底量筒作为渗透筒，将其垂直固定在下端带有集水管的圆形玻璃器皿中，在渗透筒中加入 30cm 混合样品，上下两端垫上滤纸，渗透筒的上部留出 20cm 的空间，在渗透筒顶部不断加水，保持一定水位高度，用量筒接从集水管中流出的水，测定在一定时间内的渗透量。

（5）坪床土壤酸碱度

坪床土壤酸碱度反映坪床土壤溶液中氢离子的浓度，以及土壤胶体上交换氢、铝离子数量等的状况。用土壤 pH 值表示，pH = 7 的溶液为中性溶液，pH < 7 的溶液为酸性溶液，pH > 7 的为碱性溶液。其酸碱度大小可用 pH 计直接测定，也可用 pH 试纸进行比色测定。

（6）播前平整

施完种肥后，立即进行平整，面积较小时，常用钉齿耙完成；面积较大时，常用叶形耙、拖板、铁丝拖网等来完成。播前平整与播种之间的时间间隔不能太长，否则，遇雨易使土壤表皮板结变硬，不利于种子萌发出苗，土壤养分因淋溶或水土流失而损失。

（7）草种选择

草种选择是关键。运动场草坪要求草种好、配方佳、长势好、耐践踏、时间长、不退化、草层薄和地毯化。草种要具备生长旺盛、覆盖力强、根系发达、有弹性、耐践踏、耐修剪、绿期长和持续性好等特点。

运动场经常进行高强度和高频度的对抗性比赛，为了保证运动员安全和比赛舒适性，提高运动员比赛的积极性，运动场草坪的弹性及回弹性必须达到一定要求。运动员在比赛中激烈拼抢、冲顶、铲球等动作会对运动场草坪造成不同程度的损害，选择具有强分蘖能力或扩展能力草坪草，才可以在短时间内完成自我修复。

12.4.2　草坪苗期养护质量监理

从以下几个方面对运动场草坪苗期养护质量进行监理。

(1)成坪速度

成坪速度也叫成坪性，是指草坪在建植后形成草皮的速度。成坪速速取决于草坪草的生长速度，与草坪草种或品种的遗传特性有关，如多年生黑麦草、高羊茅等成坪速度快，在适宜的条件下，播种后 1 个月便可成坪；成坪速度受草坪养护管理水平和环境条件以及栽培管理措施的影响。

(2)草坪回弹性

草坪回弹性一般用回弹系数来表示，是将标准赛球从一定高度处自由落下，目测或用摄像器材记录第一次的回弹高度，从而用来判定外力作用消失时草坪恢复原来状态的能力。

(3)草坪滚球速度

草坪表面特征，是运动场草坪工程质量重要的评定指标。草坪滚球速度可以用滚动摩擦性与滑动摩擦性来衡量。在一定的坡度、长度和高度的助滑道上，让球自由滚动，记录球滚过草坪时的滑行长度和滑行方向变化角度等，以确定草坪滚球速度。在测定中，应选择若干个具有代表性样点，多次重复，最后求其平均值。

(4)草坪青绿期

草坪青绿期是指草坪从返青至枯黄的实际天数。较高养护管理水平可延长草坪青绿期，不同地区气候条件的差异性，在草坪青绿期判定上，必须要结合当地实际气候特点。

(5)草坪韧性

采用拉力测定器来测定草皮的韧性，重复 3 次以上，取其平均值。

(6)草皮强度

草坪耐受机械冲击、拉伸、践踏能力的指标。用草坪强度计测定，可以用目测法来评价。

(7)草坪恢复力

草坪恢复力是指草坪经受环境胁迫伤害后，恢复到原来状态的能力。用草坪再生速度或恢复率来表示。常采用挖块法或抽条法测定，即在草坪中挖去 10cm × 10cm 的草皮或抽出宽 10cm、长 30 ~ 100cm 的草条，然后填入土壤，任其四周或两边的草坪草自行生长，根据恢复速度来评判草坪的恢复力。

小结

本章主要介绍运动场草坪类型及不同运动场草坪工程的施工主要内容；草坪土方工程、喷灌工程、排水工程、植草工程和养护工程的施工工序，以及监理要点和工程施工质量评价指标等。通过工程施工监理，旨在提高我国运动场草坪的施工质量，延长运动员运动寿命，促进运动场草坪可持续发展。

思考题

1. 运动场草坪有哪些类型?
2. 运动场草坪工程施工分项内容有哪些? 监理的主要内容有哪些?
3. 根据所学知识,谈谈我国运动场草坪工程监理的现状和发展潜力。

第13章 生态修复草坪工程监理

随着科技进步、人口剧增和社会生产力的提高，资源过度消耗、环境污染、土地退化、生态破坏等问题日益突出，生态环境问题已成为世界各国普遍关注的一个焦点问题。我国的自然生态系统退化和环境破坏污染比较严重，政府采取了一系列工程措施，如植树造林、自然保护区建设、退耕还林、退牧还草等进行生态保护，但总体上我国的生态环境问题仍然比较严峻。目前，对环境通过生态工程积极进行修复、加强生态环境建设和优化人居环境是实现经济和环境的可持续发展、人与自然和谐相处的必要手段。草类植物具有保护和美化环境的作用，并且还可处理污染物，因此，由人工建植草类植物并经养护管理形成的草坪植被，被广泛应用于生态修复工程。而生态修复草坪工程监理是加强生态建设的必由之路，对提高生态修复工程建设质量和投入效益、巩固生态治理成果、完善后续管理、确保建设投资、制止项目立项随意性和盲目性具有深远的意义。

13.1 生态修复草坪工程概述

13.1.1 生态修复

自1980年Cairns主编的《受损生态系统的恢复过程》出版后，恢复生态学才开始作为生态学的一个分支进行系统研究。30多年来，国内外学者从不同的角度定义了恢复生态学的相关概念，目前应用较多的术语是"生态恢复"和"生态修复"。欧美国家主要用"生态恢复"，而生态修复主要应用在日本和我国。在现实工作中，完全的生态恢复不占主流，也更多地体现为生态修复。

生态修复是恢复生态学的核心内容之一，指对生态系统停止人为干扰，以减轻负荷压力，依靠生态系统的自我调节和自组织能力，使生态系统向有序方向进行演化，或者利用生态系统自我恢复能力，辅以人工措施，使遭到破坏的生态系统逐步恢复或使其向良性循环方向发展。生态修复主要指致力于在自然突变和人类活动影响下受到破坏的自然生态系统的恢复和重建工作，即通过人工方法，根据自然规律，恢复天然生态系统。

国际上一般认为，生态修复的是原生生态系统的多样性及动态过程，对生态修复的定义各有侧重点，迄今为止，尚未有统一的定义。Harper(1987)认为，生态恢复是关于组装，并试验群落和生态系统工作的过程。Diamond(1987)侧重于植被的恢复，指出生态恢复就是再造一个自然群落，或再造一个自我维持、并保持后代的具持续性的群落。而Jordan(1995)则认为，让生态系统回复到先前或历史上的(自然或非自然)状态成为生态恢复。同时，Cairns(1995)还提出，生态恢复是使受损生态系统的结构和功能恢复到受干扰前状态的过程。以上这些概念在涵义上虽有区别，但均具有"恢复和发展"的内涵，即使原来受到干扰或者损害的系统恢复后，使其可持续发展，并为人类持续利用。

在生态修复的研究和实践中，与生态修复涉及的相关概念包括：

①生态重建(ecological reconstruction)　去除干扰，使生态系统回复原有的利用方式；

②生态改建(ecological renewal)　对部分受损的对象进行改善，增加人类所期望的"人造"特点，减少人类不希望的自然特点；

③生态改良(ecological reclamation)　改良立地条件使原有生物生存，一般指原有景观破坏后的恢复；

④生态改进(ecological enhancement)　对原有受损系统进行改进，以提高某方面的结构与功能；

⑤生态修补(ecological remedy)　修复部分受损结构；

⑥生态更新(ecological renewal)　生态系统抚育与更新；

⑦生态再植(ecological revegetation)　恢复生态系统部分结构和功能，或恢复当地原来的土地利用方式。

13.1.2　草坪与生态修复

草坪是多年生的低矮草类植物，由天然形成或人工建植后，经养护管理而形成的相对均匀、平整的草地植被。除了提供开阔视野和宜人空间的美学价值，以及提供活动和休憩场所的娱乐功能，草坪改善环境的生态功能也是无可替代的，尤其是对城市中人工环境的改善具有重要意义。

如边坡开挖等出现的大量裸露土壤，往往是缺土少肥和贫瘠干旱的土质，除草类植物外，其他植物难以立足。而草类植物作为生态演替前期的 r-对策型生物，生活周期长、繁殖系数高，能适应恶劣的生态环境，可作为恢复植被、改善生态环境条件的先锋物种。按植被演替规律，对于条件恶劣的裸地，往往是一年生草类首先占据，然后是多年生草类和灌木，待水分和养分条件改善后，以乔木为主体的森林才能立足。因此，顺应生态系统演替趋势，就必须以草类植物作为生态恢复的先锋物种，为耐瘠薄、耐干旱、生命力旺盛的藤本、灌木或乔木的生长发育创造适宜的生态环境，最终达到退化生态系统的恢复重建。

草类植物不仅对环境具有保护和美化作用，而且可处理污染物，且具有效率高、投入低、不破坏原有生态环境、操作简便等优点，效果也较持久。因此，由人工建植草类植物，并经养护管理而形成的草坪植被，被广泛应用于生态修复。

13.1.3　生态修复草坪工程

生态修复基本上依托生态修复工程，作为先锋物种的草类植物对生态的恢复则通过生态修复草坪工程来实现。

13.1.3.1　生态修复草坪工程定义和特点

生态修复草坪工程指基于生态学、系统学、工程力学、植物学等学科的基本原理与方法，利用草类植物材料，结合其他工程材料，构建具生态功能的草坪植被系统，通过该系统的自支撑、自组织和自我修复等功能，达到降低环境污染、减少水土流失、维持生态多样性和生态平衡、美化环境等目的。

生态修复草坪工程具有以下优点：①植物资源丰富，开发和应用潜力巨大，在实践应用中有良好的技术保障；②能耗较低，可防止水土流失，创造生态效益和经济效益，符合可持续发展战略的理念；③修复工艺操作简单，成本低，减少公众担心，可以在大面积生态退化和环境污染范围内实施。

生态修复草坪工程的缺点是：①受环境条件和病虫害的影响较大；②因植物栽培和生长的限制，修复周期较长。

13. 1. 3. 2　生态修复草坪工程的类型

根据生态修复草坪工程的恢复目标，可将生态修复草坪分为生态草坪工程、污染环境的生态修复草坪工程和边坡防护生态修复草坪工程 3 类。

（1）生态草坪工程

在生态学原理指导下，将生态工程学的原理与方法贯彻于草坪的设计、建植与养护，形成兼具生态、景观、社会和经济效益的草坪称为生态草坪工程。

种植具有养护节水省能，不用或少用化肥和农药等特点，减少因养护而导致的碳排放和环境污染问题的本土草坪草种及品种，称为初级生态草坪。

经培育获得的优良草坪新品种具有抗虫、抗病、耐旱、耐湿、耐寒、耐热等特殊优良生态适应性，可建植更加节水省能、无农药和化肥污染、投入低、产出高的高级生态草坪。

（2）污染环境的生态修复草坪工程

利用草类植物及其根际圈微生物体系的吸收、挥发、转化、降解等作用机制，清除环境中的污染物质。即利用生态学和系统学等多学科的基本原理与方法，以草类植物忍耐和超累积某种或某些污染物的理论为基础，通过系统设计、调控和技术组装，对已污染的生态环境，结合草类植物及其根际圈生物体系，进行修复或重建的工程是污染环境的生态修复草坪工程。

草类植物修复主要对象是无机和有机污染物。无机污染物如氮、磷、重金属等；有机污染物如农药、炸药、有机氯化物、杀虫剂、除草剂等。

（3）边坡防护生态修复草坪工程

公路、铁路、水利等工程建设与自然环境密切相关。该工程规模大、项目多、涉及面广，土石填挖工程形成的大量土石裸露边坡，破坏原有植被，对当地生态环境影响较大。以往通常采用单纯的工程防护，如浆砌片石、喷锚防护等，但这些工程措施均导致原有植被破坏、水土流失、滑坡、边坡失稳等一系列生态环境和工程问题。现今开发出了多种既能起到良好边坡防护作用，又能改善工程环境、体现自然环境美的草类植物防护新技术，与传统的坡面工程防护措施共同形成了边坡草类植物防护工程体系，即边坡防护生态修复草坪工程。

13. 2　生态修复草坪工程的修复技术

13. 2. 1　针对环境美化的生态草坪工程技术

随着草坪的不断普及，许多城市把大面积栽植引进草坪设为唯一的"绿化验收"标准，许多有历史价值的古典园林被强行铲除了本土植被，更换为草坪；城市中许多大树被砍，为草坪式的绿化让道。但绿化后的问题也日渐突出，养护费用高、浪费水资源、"热岛效应"

越来越明显、生物多样性破坏、土地资源和水资源污染。种植自然的、环境友好、性价比高的生态草坪势在必行。

大多数自然草坪均具有节水、省能、无农药、无化肥污染等特点，而且完全可以模仿。生态草坪的建设，就是要通过人工技术，植造出尽可能接近顶级植物群落的草坪群落组织，即以本土草种为骨干草种，根据当地自然植被群落结构特征来配置草种、花卉、乔灌木，使之具有尽可能大的稳定性和改造环境、维护生态平衡的能力。该类草坪成本和维护费用较低，而生态价值、使用价值和美观效果均较好，能够取得生态效益、社会效益和经济效益的最佳结合。

建植生态草坪的根本目的是维护生态平衡，为人类谋求永续的优良生存环境。生态草坪与普通草坪之间本质的区别就是选用乡土草种及品种来建植草坪。乡土草种具有养护节水省能，不用或少用化肥和农药等特点，可减少因养护而导致的碳排放和环境污染等问题。

建植生态草坪的关键就是乡土草种的选择和品种选育。应在详细调查研究的基础上，了解当地自然原生植物群落的组成结构、地理分布、垂直分布、各植物间的内在关系及其与生态环境之间的相互作用关系，明确当地的顶级群落和次顶级群落，继而找出因子基础较好的、生态表现优良的、抗病虫害、抗污染较强的各种植物（乔木、灌木、草本、花卉），加以大批量繁殖培育，从而确定优势草种及乔、灌、花的配植，获得最佳生态草坪群落。

在种植地环境条件下，研究乡土草种生长情况，必要时可设法改地适草，如改善土壤种类、结构、pH值及排水等因素，使其更适宜于乡土草种的生长。了解选用乡土草种的耐旱、耐阴、耐踩、抗病竞争能力、颜色、质地、生长期和生长速度及使用功能等特性，选草适地满足使用功能。有条件地方进行品种选育，选育适应性强和养护成本低的草种，取代适应性差和养护成本较高的草种。

遵循生物多样性原则，根据生态原理合理配植，以2~3种乡土草种为骨干草种，其余为搭配草种，选用颜色、质地、高度、叶面形状等相近相似的品种，草坪中的乔木、灌木、花卉品种选用要互惠共生，整个生态草坪要求避免植物间生长的直接竞争，形成结构合理、功能稳定的复层式群落结构。

总的原则是坚持以生态平衡为指导思想，以生物多样性为基础，地带性植被为特征，适地适草，最终实现以乡土草种为主的，能发挥最大生态效益和景观效益的草坪生态系统，实现人与自然的和谐发展。

13.2.2　针对污染环境的生态修复草坪工程技术

针对污染环境的生态修复草坪主要是通过草类植物自身的光合、呼吸、蒸腾和分泌等代谢活动与环境中的污染物质和微生态环境发生交互反应，从而通过吸收、分解、挥发、固定等过程使污染物达到净化和脱毒的修复效果，属于植物修复技术。

根据草类修复植物修复功能和特点，可将针对污染环境的生态修复草坪技术分为：植物吸收/提取/萃取/促进修复技术、植物挥发/转移修复技术、植物稳定/固定修复技术、植物降解（包括根际圈微生物降解）修复技术和植物净化修复技术。

13.2.2.1　植物吸收/提取/萃取/促进

利用某些草类植物根系吸收污染土壤中的有毒有害物质，如重金属元素，并经过草类植物体内一系列复杂的生理生化过程，将其富集，并转运至草类植物根部、可收获部分或植物地上枝条部位，通过收割有毒有害物质富集部位，并进行集中处理，减少土壤中污染物的一种的技术，该技术称植物吸收/提取/萃取/促进修复技术。

用于吸收/提取/萃取/促进修复技术的植物有两类，超量积累植物和诱导超量积累植物。超量累积植物是指一些具有较强的吸收重金属能力，并可将重金属运输到其收获部位积累的植物；诱导超量累积植物是指一些本不具有超量积累特性，但通过一些过程可诱导出超量积累能力的植物。目前已发现有 700 多种超积累重金属植物，一般对 Cr（铬）、Co（钴）、Ni（镍）、Cu（铜）、Pb（铅）的积累量在 0.1% 以上，Mn（锰）、Zn（锌）可达到 1% 以上。连续种植这些植物，可达到降低或去除土壤污染的目的。

植物吸收/提取/萃取/促进作用是目前研究较多和较有发展前景的方法。

13.2.2.2　植物挥发/转移

当草类植物将某些易挥发性污染物吸收到体内后，再将其转化为气态物质，从草类植物表面组织空隙中挥发释放到大气中。如：桉树（*Eucalyptus* spp.）降解三氯乙烯（TCE）、甲基叔丁基醚（MTBE）；印度芥菜（*Brassica juncea* L.）降解硒化合物；烟草（*Nicotiana tabacum* L.）挥发甲基汞（CH_3Hg）。从植物茎叶挥发出的物质可能被空气中的活性羟基分解。如有毒的 Hg^{2+} 经植物挥发后变成了低毒的 Hg，高毒的 Se（硒）变成低毒的硒化物气体等。

通过叶表孔隙挥发水分形式，植物可以转移水系中的污染物。如银白杨（*Populus alba* L.）、桉树和香柏（*Thuja occidentalis* L.）等具有较深的根系，每天可以蒸腾大量水分，将土壤溶液或水中的某些污染物转移至植物体内，然后释放。

植物挥发/转移修复技术的缺点是挥发性重金属经植物体进入大气后，若未被分解，最终会沉入土壤或水体产生两次污染。

13.2.2.3　植物稳定/固定

植物稳定/固定修复技术指利用超积累植物或耐重金属植物降低重金属活性的技术。超积累草类植物将有毒有害污染物，如重金属，聚集在根系地带，降低其活动性，阻止其向深层土壤或地下水中扩散，从而减少重金属被淋洗到地下或通过空气载体扩散，进一步污染环境的可能性。这些重金属不能被草类植物利用，即根系对污染物起固定作用。该技术适用于相对不易移动的物质，主要应用在采矿、废气干沉降、污泥处置，如废弃矿山的复垦工程，各种尾矿库的植被重建等。其缺点是并未将重金属从土壤中彻底清除，当土壤环境发生变化时，仍可能重新活化恢复毒性。应用该技术时，应注意尽量防止植物地上部分吸收有害元素，以免导致昆虫、草食动物及牛、羊等牲畜在采食后污染食物链，危害人类健康。植物稳定/固定技术不是理想的修复方法。

13.2.2.4　植物降解

当草类植物的根、茎、叶吸收污染物后，通过体内代谢活动进行过滤、降解污染物质的毒性。主要的有机污染物如 PAHs（多环芳烃）、TPH（总石油烃）、PCB（多氯联苯）；无机污染物如氮氧化物、硫氧化物等。

紫花苜蓿（*Medicago sativa* L.）、黑麦草（*Lolium perenne* L.）已成功地用于土壤 PAHs 的修复；银合欢［*Leucaena leucocephala*（Lam.）de Wit］可以吸收和代谢二溴甲烷、三氯乙烯；转基因胡萝卜（*Daucu scarota* L. var. *sativa* Hoffm.）根须中聚集的苯酚浓度可达 1 000mmol/L，氯酚 50mmol/L，在 120 小时内可降解 90% 以上的苯酚类化合物。研究表明在黑麦（*Secale cereale* L.）与大豆［*Glycine max*（L.）Merr.］轮作的 TPH 消失量显著高于裸地。

植物能降解杀虫剂和除草剂，如桑科植物及蔷薇科植物的根系分泌物能促进 PCB 降解菌生长。柳树（*salix babylonica* L.）、鹅掌楸［*Liriodendron chinense*（Hemsl.）Sarg.］、落羽杉［*Taxodium distichum*（L.）Rich.］等植物均能有效降解除草剂灭草松。

强化根际降解：污染物通过根际吸附/吸收而进入植物体内，植物根系的降解作用与根际圈密切相关。根际圈是指由植物根系与土壤微生物之间相互作用所形成的独特圈带，以植物的根系为中心，聚集大量的细菌、真菌等微生物和蚯蚓、线虫等土壤动物，形成了一个特殊的"生物群落"。植物的根系从土壤中吸收水分、矿质营养，同时，也向根系周围土壤分泌大量的有机物质，产生一些脱落物，这些脱落物刺激某些微生物和土壤动物，在根系周围这些微生物和土壤动物大量繁殖和生长，使根际圈内微生物和土壤动物数量远远大于根际圈外，微生物生命活动，如氮代谢、发酵和呼吸作用及土壤动物的活动等，对植物根产生重要影响，植物根系与微生物和土壤动物形成互生、共生、拮抗及寄生的关系。

根际圈微生物含量是裸地土壤的 3~4 倍，微生物可以同植物相结合促进重金属降解，也可以矿化某些有机污染物。同时，植物可通过根际向土壤输氧，改变根际周围的氧化还原条件，进一步促进了根际微生物降解污染物的能力。

如，根瘤菌—豆科植物共生体系应用于重金属污染地的生态修复。

菌根是土壤中一些真菌侵染植物根部，而形成菌—根共生体，在自然界中普遍存在，而这种真菌则称为菌根菌。菌根菌不但可以直接对重金属产生直接作用，减轻植物的重金属毒害性，而且可以通过改变植物吸收磷养分的能力，改善植物根际、土壤微环境等间接作用，提高植物对重金属胁迫的抗性。

13.2.2.5　植物净化

植物净化修复指利用草类植物维持大气中的 O_2 和 CO_2 平衡，吸收空气中的污染气体和灰尘，减弱噪声和含菌量等，以保持大气及室内空气的清洁。

如城市屋顶平台铺植草皮或建植地被植物，利用草坪草吸收太阳的辐射热能，降低温度，提高空气湿度，调节小气候的能力，减缓城市"热岛效应"，与工程降温措施隔热板相比，屋顶草坪重量轻，费用少，绿化效果好。而且有些草坪草能分泌一定的杀菌素，减少空气中的细菌含量。除此之外，草坪具有较强的吸附和滞留粉尘的能力，是较好的空气过滤器，对城市二次扬尘和减缓噪声污染等也有较好效果。

13.2.3　边坡防护生态修复草坪工程技术

近年来，以传统坡面工程防护措施为基础，以草类植物为主要边坡植物，开发出了多种既能起到良好边坡防护作用，又能改善工程环境、体现自然环境美的边坡植物防护新技术。

13.2.3.1　液压喷播植草护坡

液压喷播植草护坡技术是利用液态播种原理，将草籽、肥料、黏着剂、纸浆、土壤改良剂和色素等，按一定比例在混合箱内配水搅匀，然后通过机械加压，喷射到边坡坡面，完成植草施工的绿化技术，是一种集机械、化学、生物、土壤学等为一体的先进综合技术。液压喷播技术可以与土工合成材料结合进行综合防护，如填料土质不良路堤，可以先对路堤、边坡进行加筋补强，保证路堤、边坡的稳定性，然后对坡面采用液压喷播植草，这样就能达到稳定边坡，又美化环境的效果。

OH 液植草护坡：该项技术是国外开发的一种边坡化学植草防护措施，通过专门机械，将新型化工产品 HYCEL－OH 液与水按一定比例稀释后同草籽一起喷洒于坡面，使之在极短时间内硬化，将边坡表土固结成弹性固体薄膜，达到植草初期的边坡防护目的。3~6 个月后，其弹性固体薄膜开始逐渐分解，草种已发芽和生长成熟，根深叶茂的植物已能独立起到边坡防护、绿化双重效果。该技术具有施工简单、迅速，不需后期养护，边坡防护绿化效果好等特点。

13.2.3.2　植生带/袋草坪护坡

植生带指利用特制的无纺布或木浆纸等作为载体，置优质草类种子于其上，并施入一定量的肥料等基质，经过专门机械的滚压和针刺等定位工序，复合而成的绿化产品，如草坪种子植生带和 PEWS 无土草坪植生带。

植生袋则是在植生带基础上发展而来的一种产品，由植生带与聚乙烯网或麻网复合，再将其按一定规格缝纫而成的袋状绿化产品。

植生带/袋具有护坡出苗齐、成坪快，操作简单等特点，工厂化生产，不受季节和气候的限制，在边坡上使用网与布的产品结构，可抗雨水冲刷与抗风蚀，适应不同坡面与施工环境。

植生袋法：将预先配好的土、有机基质、种子、肥料等装入聚乙烯网袋中，袋厚度随具体情况而变。袋厚度一般为 0.33m×0.16m×0.04m，在有一定渣土的坡面使用。沿坡面水平方向开沟，将植生袋吸足水后，摆在沟内。摆放时，植生袋与地面之间不留空隙，压实后用 U 形钢筋式带钩竹扦将植生袋固定在坡面上。

堆土袋法：将装土草袋子沿坡面向上堆置，草袋子间撒入草籽及灌木种子，然后覆土，依靠自然飘落的草本类种子繁殖野生植物。

生态植被毯法：利用稻草、麦秸等为原料，制成生态植被毯，在生态植被毯载体层添加乔灌草植物种子、保水剂、营养土等，根据需要可采用 3~5 层结构，在坡面整理、土壤改良、坡面排水等工程结束后，再铺设生态植被毯。植被毯与坡面利用"U"形铁钉或木桩进行固定，毯间要重叠搭接，搭接宽度为 0.1m。

13.2.3.3　土工网垫植草护坡

土工网垫植草护坡是国外开发的一种集边坡加固、植草防护和绿化于一体的复合型边坡植物防护措施。土工网垫是一种三维立体网，不仅具有加固边坡的功能，播种初期可起到防止冲刷、保持土壤以利于草籽发芽、生长的作用。土工网垫植草护坡施工工序是：平整边坡→铺设土工网垫→摊铺松土→人工(或机械)播种→覆盖砂土。随着植物生长和成熟，坡面逐渐被植物覆盖，植物与土工网垫共同对边坡起到长期防护和绿化作用。

(1)挂网客土喷播

利用客土掺混黏结剂和固网技术，使客土物料紧贴岩质坡面，通过有机物料的调配，使土壤固相、液相、气相趋于平衡，创造草类植物能够生存的生态环境，以恢复石质坡面的生态功能。该技术适用于花岗岩、砂岩、砂页岩、片麻岩、千枚岩、石灰岩等母岩类型所形成的不同坡度硬质石坡面。

(2)土工格室法

土工格室是由高强度和高密度聚乙烯(HDPE)宽带，经过强力焊接而形成的立体格室，根据坡面的立地条件选择格室规格，常见尺寸为 4m×5m，格室深 0.15m，宽 0.06m。铺设时，先在坡顶固定，再按要求展开，填充土石或混凝土料，构成具有强大侧向限制和大刚度的结构体。单元之间、土工格室与坡面之间的固定要牢固，填土时高出格室面1～2cm。

（3）三维网植被恢复法

三维网植被恢复法又称固土网垫，以热塑性树脂为原料，经挤出、拉伸等工序形成上下两层网格经纬线交错排布黏结，立体拱形隆起的三维结构。三维网具有较好的适应坡面变化的贴附性能，当坡面进行细致整平后，进行铺网，剪裁长度应比坡面长1.3m，让网尽量与坡面贴附紧实，网间重叠搭接0.1m，在坡面上，采用"U"形钉或聚乙烯塑料钉固定三维网，在上部网包层填改良土，并洒水浸润，至网包层不外露为止，最后采用人工撒播或液压喷播灌和草种子。

（4）蜂巢式网格植草护坡

蜂巢式网格植草护坡类似于干砌片石骨架护坡的边坡防护技术，是在修整好边坡坡面上拼铺正六边形混凝土框，形成蜂巢式网格后，在网格内铺填种植土。在预制场批量生产混凝土框，拼铺在边坡上，能有效地分散坡面雨水径流，减缓水流速度，防止坡面冲刷，保护草皮生长。其施工简单、外观齐整、造型美观大方，具有边坡防护、绿化双重效果，该技术多用于填方边坡的防护。

（5）植被混凝土生态护坡

采用特定混凝土配方和种子配方，对岩石边坡进行防护和绿化的新技术。利用锚杆与镀锌网对坡面进行加固，以达到边坡稳定的目的，然后用喷浆机将植被混凝土喷射到岩石上，形成近10cm左右厚度的植被混凝土。喷射完毕后，覆盖1层无纺布防晒保墒。经过一段时间洒水养护，青草就会覆盖坡面，揭去无纺布，茂密的青草将自然生长。植被混凝土生态护坡方法适用于开挖后的岩石坡面的保护和植生绿化，尤其对不宜植生的恶劣地质环境，如砾石层、软岩、破碎岩以及较坚硬的基础岩石和混凝土等，有着十分明显的植生效果。

13.2.3.4 原生植物移植

将坡面修成倾斜度（约35°以下），可以进行绿化，覆盖外运表土后，选取该地段附近的原生植物，进行移植，如行栽香根草（*Vetiveria zizanioides* L.），即坡上行栽香根草，进行边坡防护的一种工程措施。香根草，又名岩兰草，禾本科香根草属多年丛生草本植物，具有适应能力强、生长繁殖快、耐旱耐疮、抗病虫等特点，被世界上100多个国家和地区列为理想的水土保持植物。香根草根系发达，1年内一般可深入地下2～3m，根系抗拉强度高，约为等径钢材的1/6。此外，香根草无根茎或匍匐茎，主要靠分蘖繁殖，不会成为农田杂草。种植香根草护坡技术充分利用了香根草的优良特征，具有增强边坡稳定性和固土护坡功能。

13.3 生态修复草坪工程施工准备阶段监理

13.3.1 前期准备监理

在开展生态修复草坪工程之前，需要对修复现场进行调查、评价，确定草坪生态修复的适应性。

13.3.1.1 土壤现状调查

调查区域内不同土地利用类型现状、种植土层厚度、质地、容重、孔隙度、pH值、电导率（EC）、有机质、氮、磷、钾素含量等。

（1）土壤调查指标

①沙化土壤　植被覆盖度、流沙占耕地面积比例、土壤质地、反映沙化景观特征、农牧业生产情况等。

②盐渍化土壤　灌溉、地下水、土壤含盐量（表层土壤全盐量或 CO_3^{2-}、HCO_3^-、SO_4^{2-}、Cl^-、Ca^{2+}、Mg^{2+}、K^+、Na^+ 等可溶性盐的主要离子含量）、农牧业生产情况等。

③污染土壤　金属化合物，如 Cd（镉）、Cr、Cu、Hg、Pb、Zn；非金属无机化合物，如 As（砷）、氰化物、氟化物、硫化物等；有机化合物，如苯并（α）芘、三氯乙醛、油类、挥发酚、DDT、六六六等。

（2）土壤样品采集方法

①采样点　选择应具有代表性，土壤本身在空间分布上具有一定的不均匀性，故应多点采样和均匀混合，使所采样品具有代表性。采样地面积为 1 000～2 000m²，可在不同方位选择5～10 个有代表性样点。如果采样地面积较大，采样点可酌情增加。

②采样深度　一般采集深度 20cm 耕层土壤和深度 20～40cm 耕层下土壤。如果了解土壤污染深度，应按土壤剖面层次分层取样。采样时从下层向上层逐层采集。首先挖一个 1m ×1.5m 的长方形土坑，深度视情况而变。然后根据土壤剖面的颜色、结构、质地等情况，划分土层。在各层内，用小铲分别切取一片土壤。根据监测目的，可取分层试样或混合体。用于重金属项目分析的样品，需将接触金属采样器的土壤弃去。

③采样时间　采样时间随测定项目而变，如果只需了解土壤情况，可随时采集土壤；如需要了解土壤上生长植物受污染等的情况，则可依季节变化或作物收获期采集土壤和植物样品。

④采样量　样品采集量随分析测定项目量变化而变化，一般样品采集量为 1～2kg，如果采用多点均量混合采集样品，可反复使用四分法弃取，留下所需土量，装入塑料袋或布袋中备用。

13.3.1.2　植物及多样性调查

对修复工程所涉及的评价区域及外延伸区的植物现状，采用样线法和样方法进行调查。首先对评价区内植被分布及物种情况进行初步的踏查，在修复区域及其周边逐一进行调查，确定各区域的群落结构类型和植被类型及植物生境变化情况。根据群落结构类型和植被类型的差异性，布设样方，根据分布面积大小、生境代表性、群落结构完整性和物种丰富度等情况，每个群系设置 1～2 个代表性样方，进行群落学调查。

调查乔木层，设置 10m×10m 的样方，首先记录乔木层郁闭度、树种的组成和株数，并记录高 3m 以上树木的高和胸径，根据需要采集植物样品，拍照记录；其次在每个乔木层样方内沿着对角线设置面积为 5m×5m 的灌木样方，调查记录灌木的种类组成、盖度、高度、冠幅等；最后在灌木样方内设置面积为 1m×1m 的草本样方，调查记录草本的种类组成、株数/密度、盖度和高度等，采集每个草本植株样。同时利用 GPS、罗盘等测定、记录样方的经纬度、坡度、坡向等地理信息，拍摄样地群落结构等照片。在野外调查中，不能立即鉴定植物，采集标本，带回室内进行鉴定，记录植物科、属、种名及其生境特征。同时，收集该地区植物和植被的历史资料、科学考察报告、专项调查报告、森林资源清查报告、区域内其他建设工程环评报告等相关文献资料。结合野外调查，编汇形成工程区域内植物多样性目录表。同时根据《中国种子植物属的分布区类型》，分析评价区内植物区系特征。

在典型群落调查时，对乔木、灌木、草本各层生物量进行调查。通过分种实测不同径级树种的高、胸径和各器官生物量，建立不同树种生物量估算模型，推算群落乔木层生物量。采用样方收割法，估算灌木和草本地上部分生物量。

13.3.1.3 景观调查

景观生态环境调查采取主要方法是从大尺度上对工程区域进行环境监测与调查。通过景观要素的形状、大小、密度以及连接情况，计算景观指数(破碎度指数、斑块形状指数、分离指数、多样性指数等)，结合空间统计方法，采用空间分析、波谱分析等描述景观在空间结构上变化情况。

13.3.2 规划和设计阶段监理

13.3.2.1 设计阶段

在设计阶段前，监理工程师要认真结合当地自然植被群落类型，研究当地植物地理分布和垂直分布规律及自然演替规律，明确当地的顶极群落和次顶极群落，从而确定可以模拟的群落结构。从以往所植草坪的生长情况和演替规律，总结其成败经验和教训，最终确定选用的生态草种。

设计阶段，要监理设计方案是否遵循生态修复和重建的原则。生态恢复和重建原则包括3个方面：自然法则(地理学、生态学、系统学原则)、社会经济技术原则(经济可行性、技术可操作性、社会可接受性、无害化、最小风险、生物、效益、可持续发展)和美学原则(景观美学、健康、精神文化娱乐原则)。自然法则是生态恢复与重建的基本原则，只有遵循自然规律的恢复重建才是真正意义上的恢复与重建，否则只能是背道而驰，事倍功半。社会经济技术原则是生态恢复重建的后盾和支柱，在一定尺度上制约着恢复重建的可能性、水平与深度。美学原则是指生态恢复重建应给人以美的享受。

13.3.2.2 招标阶段

在招标阶段，监理工程师需要注意招标文件确定植物材料、种类、质量验收标准，要求招标文件尽可能详细列明生态修复工程施工步骤，这样既规范施工作业，又为下一步的监理提供依据，避免在施工阶段出现矛盾纠纷。

严格控制投入材料质量是确保工程质量的前提。对生态修复草坪工程材料(草种、肥料、药品等)质量审核时，可依据建设部颁布《城市绿化工程施工及验收规范》和各省、市制定的城市园林绿化植物种植技术规定。对投入材料的订货、采购、检查、验收、取样、试验均应进行全面控制，检验质量标准材料合格性，播种用种子应具有种子检疫合格证，注明品种、品系、产地、生产单位、采收年份、纯净度、发芽率等。肥料和药品应具备出厂合格证、化验单、质量保证书。从组织货源至使用认证，需层层把关。

13.3.3 开工审批

工程开工前，施工单位应向监理机构提交土方填筑工程自审合格报告，经监理人员抽检合格后，再申报护坡工程施工方案。监理机构主要审批施工方案可行性、技术准备、人员准备、机械准备、材料准备等情况，以及质量控制措施。验收合格后，方能签证质量验收合格单。

（1）播种草籽基面验收

在植草皮前，监理工程师验收上道工序设计位置、高程、断面尺寸等，应按设计要求改良不良基土，清除基面杂物和野草，平整坡面。未经监理工程师验收签证之前，基面不能进行草坪建植等施工工作。

（2）播种草籽检验

在播种植草前，施工单位根据设计要求，选择适合种植的草种，并对草籽进行现场发芽试验，以确定草籽质量和核实播种量。草籽现场发芽试验后，施工单位应将试验报告报监理工程师审批。未经监理工程师签证的草籽不能用于施工。

13.4　生态修复草坪工程施工过程监理

在施工过程中，要严格执行"三检"制度，"三检"合格后，报监理工程师复核确认方可进行下道工序，严格工序交接检验，未经监理工程师检验合格的工序，完工后不能进入下道工序施工。监理工作要深入施工现场，施工现场监理的关键是工序质量控制，搞好施工现场监理工作，才能使生态修复草坪工程质量监理和控制工作得到保证。一般通过检测点对施工现场进行调查研究，搜集地形地貌、地下管线、施工条件等有关资料，对质量、工期、效益目标做出规划。对每一道工序均认真核查，只要每一道工序质量均符合要求，整个工程质量能得到保证。若检测内容不达标，及时给施工单位下发监理通知单，令其限期达标。

13.4.1　植草检验

在植草过程中，现场监理人员应巡回检查，做好质量检查工作。监理人员应对检验内容进行抽查检测，如果发现问题，及时向施工单位指出，并督促施工单位处理问题。

检验内容包括基土、草块（或草籽）质量、植草程序、成活或发芽、植草后浇水、保护情况等。

在播种（或铺草皮）前，应先浇水浸地，保持土壤湿润，土壤稍干后，将表层耙平，再播种或铺草块。播草籽应覆盖 3～5mm 覆土，然后轻压浇水。应根据设计要求，采用密铺或间铺方式铺草块，草块均匀，草块厚度不应小于 3cm。密铺时，要注意相互衔接不留缝，采用间铺时，间隙均匀，填以种植土。

播植后应及时喷水，喷水均匀，浸透土层 8～10cm，除雨天外，应每天浇水，持续浇水，直至成活为止。

13.4.2　进度控制

进度控制时，首先，对施工项目申报施工方案的进度计划进行审批，查验进度计划与合同工期一致性；其次，在施工过程中，进行进度跟踪，检查发现与进度计划有偏差时，要求施工单位采取措施弥补进度，例如，增加人员、机械分段、平行作业等。

13.4.3　投资控制

投资控制主要工作内容是造价控制，在施工过程中，通过对工程费用的监测，确定项目实际投资额不超过项目的计划投资额。

在修复工程实施过程中，监理要考虑施工方法与实际情况的一致性，如发现施工方法与实际情况严重脱离，则考虑用其他施工方法代替原施工方法，以节省不必要的资金浪费。

13.4.4　安全控制

工程施工过程中的安全控制是保证施工人员安全，尤其在工程集中施工过程中，要注意车辆与人员的调配，随时告诫施工人员注意安全问题。

13.4.5　合同与信息管理

在项目实施之初，要建立完善的资料收集、整理、调用、传递、管理制度。在项目实施过程中，积极主动地收集和整理有关修复项目的批复、设计、计划文件及监理工作的第一手资料，按单位工程单独建立资料档案。

13.4.6　协调

在工程施工过程中，监理要协调建设单位与施工单位之间的关系，为确保项目顺利实施打好坚实的基础。

13.5　生态修复草坪工程质量评价

为科学地评判不同生态修复草坪工程质量，必须对其修复效果进行评价。工程质量评价属于事后控制，主要是对已完成和满足质量设计要求的单元工程进行复核评定，当施工单位自检合格后，施工单位上报监理单位，监理工程师复核单元工程，及时将评定结果向项目法人反馈。

13.5.1　评价体系

当前，国外尚未提出通用于生态修复绩效的评价体系，我国虽然建立了生态恢复绩效的动态综合评价标准，但评价指标体系尚不系统，也缺乏对生态绩效长期、系统的定位观测和研究。

生态修复草坪工程实际上属于植物修复工程。目前，对于边坡防护的生态修复草坪工程技术比较完善。以边坡防护的生态修复草坪工程为例，采用层次分析法，首先确定评价系统的目标层是对生态修复草坪工程的生态绩效进行评价；再以各生态恢复期的群落基本特征、土壤物理性质、土壤化学性质为准则层；最后选取以下指标：群落基本特征(盖度、高度、生物量、群落物种多样性指数、群落物种丰富度指数、群落物种消长指数、群落相似性指数、群落稳定性指数)、土壤物理性质(平均含水量、田间持水量、密度和总孔隙度)、土壤化学性质(有机质含量、总有机碳含量、易氧化有机碳含量、颗粒有机碳含量、pH 值、全氮、速效磷、速效钾)，作为生态修复草坪工程绩效评价的指标层。

13.5.2　评价方法

根据生态修复草坪工程类型，以生态修复草坪植被自然恢复初期的植被—环境特征，随恢复期增加的生态绩效为主线，采用固定样地调查、实地检测、实验分析和数理统计的综合方法，分析植物群落基本特征、土壤理化性质变化及其动态关系，对生态修复草坪工程的绩效进行持续跟踪研究及评价。

13.5.2.1　样地和样点布置

在不同恢复阶段，建立固定监测样地，在每个恢复阶段样地中，根据总面积大小，设置 6～16 个 1m×1m 的草本样方，在恢复区域周边约 1 000m 处的天然群落中，设置 6 个对照样方。

13.5.2.2　群落基本特征调查

在每年 7～9 月，对各样地进行 3 次调查，记录各样方中草本植物物种组成、高度、多度、盖度、生物量等。

草本植物生物量包括地上和地下生物量两部分。在不同恢复阶段样地及周边天然群落中，各选取 3 个 1m×1m 的典型小样方，采用完全收获法，将收获地上样品和根系样品装入袋中，带回实验室冲洗干净后，将根系样品与地上样品分别在 80℃ 恒温箱内烘至恒重，采用电子天平称其干重。

13.5.2.3　群落基本特征指标

根据实地调查结果，计算群落物种消长指数、群落相似性指数、草本植物重要值、物种多样性（物种多样性指数采用 Shannon-Wiener 指数、物种均匀度指数采用 Pielou 指数）和群落稳定性指数。

13.5.2.4　土壤取样和测定

在不同恢复阶段，在样地上各设置 3 个典型取样点，先清除表层植被枯落物，在采样点周围 20cm 处，使用直径为 5cm 土钻取 3 个土样，取样深度为 20～40cm（若测定污染物，取样深度为 40cm），以 3 个混合土样作为典型取样点土样。在周边约 1 000m 处天然群落中，设置 3 个典型样点，作为对照样点。每年重复取样 1 次。

将样品装入自封袋中，带回实验室，测定土壤物理和化学性质，即含水量、田间持水量、密度、容重和比重、总孔隙度、有机质、总有机碳、易氧化有机碳、颗粒有机碳、pH 值、全氮、速效磷和速效钾。

13.5.3　生态绩效评价标准

建立基于实地调查结果的生态绩效评价指标数据库，通过层次分析法获得各指标的权重，利用模糊综合评价体系，将生态绩效评价层次定为"优、良、中、较差、差"5 个等级（表13-1）。

选取 1 年恢复阶段为评级基准，将后期不同恢复阶段的评价指标均与 1 年恢复阶段相比，并依据恢复程度，参考表 13-1 评判绩效等级，对生态修复草坪工程的生态绩效进行综合评价。

表 13-1   生态绩效评价标准

类型	绩效评价指标	等级				
		优	良	中	较差	差
群落基本特征	草本层盖度增长率(%)	mA≥40	30～40	20～30	10～20	<10
	草本层高度增长率(%)	≥60	40～60	20～40	10～20	<10
	草本层生物量增长率(%)	≥30	20～30	10～20	5～10	<5
	群落垂直结构完整性	3	2	1		
	群落盖度增长率(%)	≥40	30～40	20～30	10～20	<10
	物种多样性指数减小值	<0.2	0.2～0.3	0.3～0.4	0.4～0.5	≥0.5
	群落物种丰富度指数	4	3	2	1	
	群落物种消长指数	0.8～1.10	1.10～1.50	1.50～2.00	其他	
	群落相似性指数变化	0.69～0.71	0.67～0.69	0.65～0.67	0.62～0.65	其他
	群落稳定性指数减小	≥4.0	2.00～4.00	0～2.00	-2.00～0	<-2.00
土壤物理性质	含水量减小(%)	<0.20	0.20～0.40	0.40～1.00	1.00～1.50	≥1.50
	田间持水量增加(%)	≥0.30	0.20～0.30	0.10～0.20	0～0.10	<0
	密度减小值(g/cm³)	≥0.35	0.30～0.35	0.25～0.30	0.20～0.25	<0.20
	总孔隙度增加值(%)	≥10.0	9.00～10.00	8.00～9.00	7.00～8.00	<7.00
土壤化学性质	有机质含量(g/kg)	≥19.0	15.0～19.0	8.0～15.0	0～8.0	<0
	总有机碳含量(g/kg)	≥6.000	4.000～6.000	2.000～4.000	0～2.000	<0
	易氧化有机碳含量(g/kg)	≥0.013	0.009～0.013	0.005～0.009	0～0.005	<0
	颗粒有机碳含量(g/kg)	<0.002	0.002～0.003	0.003～0.004	0.004～0.005	≥0.005
	pH值减小值	≥0.400	0.200～0.400	0.100～0.200	0～0.100	<0
	全氮增加值(g/kg)	≥0.080	0.050～0.080	0.020～0.050	0.010～0.020	<0.010
	速效磷增加值(mg/kg)	≥1.600	1.400～1.600	1.200～1.400	1.000～1.200	<1.000
	速效钾增加值(mg/kg)	≥30.000	20.000～30.000	10.000～20.000	5.000～10.000	<5.000

小结

生态修复是恢复生态学的核心内容之一,主要指致力于自然突变和人类活动影响下受到破坏自然生态系统的恢复和重建工作,即通过人工方法,根据自然规律,恢复天然生态系统。草类植物不仅对环境具有保护和美化作用,而且可处理污染物,经人工建植和养护管理形成草坪植被广泛应用于生态修复。

生态修复草坪工程指基于生态学、系统学、工程力学、植物学等学科的基本原理与方法,利用草类植物材料,结合其他工程材料,构建具生态功能的草坪植被系统,通过该系统的自支撑、自组织和自我修复等功能,达到降低环境污染、减少水土流失、维持生态多样性和生态平衡、美化环境等目的。根据生态修复草坪工程的恢复目标,可将生态修复草坪工程分为生态草坪工程、污染环境的生态修复草坪工程和边坡防护生态修复草坪工程。

生态修复草坪工程监理包括施工准备阶段监理、施工过程监理和工程质量评价。施工准备阶段监理分为前期准备、规划阶段和开工审批;施工过程监理包括植草检验、进度控制、投资控制、安全控制、合同与信息管理和协调;通过植物群落基本特征和土壤理化性质变化,对生态修复草坪工程的绩效进行持续跟踪研究及评价,以保证生态修复草坪工程质量。

思考题

1. 名词解释：

生态草坪工程　污染环境的生态修复草坪工程　边坡防护生态修复草坪工程

2. 建植生态草坪的关键是什么？

3. 如何强化植物根系降解污染物的作用？

4. 边坡防护生态修复草坪工程技术主要有哪几种？

5. 如何做好生态修复草坪工程施工现场的监理？

【案例分析】

在中国科学院地理科学与资源研究所环境修复中心研究员陈同斌带领下，环境修复课题组从1997年开始在全国范围内进行土壤污染状况调查，并进行栽培实验。1999年，在中国本土发现一种As（砷）超富集植物——蜈蚣草（*Pteris vittata* L.），其叶片含As可达5 070mg/kg，在含As 9mg/kg的正常土壤中，蜈蚣草地下部和地上部对As生物富集系数分别高达71和80。

2000年1月8日，郴州市苏仙区邓家塘乡发生一起严重As污染事故，导致600多亩稻田弃耕、2人死亡、400多人集体住院，诱发严重纠纷和暴力冲突。而蜈蚣草的发现，解决了As污染土地植物修复技术中的一系列关键难题。2001年，陈同斌在湖南郴州建立世界上第一个As污染土壤植物修复工程示范基地，并先后在广西河池和云南红河州开始推广应用。

蜈蚣草叶片富集As，As含量到达0.5%，是普通植物100 000倍，能够生长在As含量为0.15%~3%的污染土壤和矿渣上，具有极强耐As毒能力。蜈蚣草也具有超常吸收富集As的能力，其地上部As含量与根的比率为5∶1。蜈蚣草对As和P的吸收不表现颉颃作用，而表现协同作用，增施P肥可增强蜈蚣草对As吸收能力。蜈蚣草生物量大，富集As能力强，每年去除土壤As效率为10%左右。除水肥管理外，田间管理需锄草和冬季盖膜防冻等措施。通过As固定剂安全焚烧收割蜈蚣草。

参考文献

柴琦.2014.草坪工程[M].南京：江苏科学技术出版社.

陈志一.2004.生态草坪与草坪生态工程——我国草坪持续发展的必由之路[J].草原与草坪，104(1)：3-7.

韩烈保，等.1999.运动场草坪[M].北京：中国林业出版社.

郝婧，郭东罡，上官铁梁，等.2016.煤矸石场植被恢复初期生态绩效评价[J].生态学报，36(7)：1946-1958.

胡叔良，赖明洲.1999.高尔夫球场及运动场草坪设计建植与管理[M].北京：中国林业出版社.

劳秀荣.2002.现代草坪营养与施肥[M].北京：中国农业出版社.

刘景园，陈向东.2000.建设监理与合同管理[M].北京：北京工业大学出版社.

罗伯特·穆尔·格雷夫斯，杰弗里·S.科尼什.2006.高尔夫球场设计[M].杜鹏飞，李瑞芳，孟宇，等编译.北京：中国建筑工业出版社.

苏德荣，等.2011.高尔夫球场设计学[M].北京：中国农业出版社.

孙吉雄.1995.草坪学[M].北京：中国农业出版社.

孙小刚.2002.草坪建植与养护[M].北京：中国农业出版社.

吴芳.2010.工程招投标与合同管理[M].北京：北京大学出版社.

杨兆平，高吉喜，周可新，等.2013.生态恢复评价的研究进展[J].生态学杂志，32(9)：2494-2501.

詹姆斯·比尔德.1999.高尔夫球场草坪[M].韩烈保，张运乃，曾建成编译.北京：中国林业出版社.

张景纯，等.1996.高尔夫草坪管理与养护[M].兰州：兰州大学出版社.

张自和，柴琦.2009.草坪学通论[M].北京：科学出版社.

周香香，张利权，袁连奇.2008.上海崇明岛前卫村沟渠生态修复示范工程评价[J].应用生态学报，19(2)：394-400.